前言

ChatGPT 和 GPT-4 這兩個知名大型語言模型的發佈，讓大型語言模型迅速成為熱點，重新點燃了人們對通用人工智慧的熱情。很多國家和地區都開始致力於大型語言模型的研發、應用和推廣。我們認為，以巨量資料和人工智慧為核心技術驅動的新的科技革命即將到來，數位賦能一切的新的數位經濟範式也即將到來。面對數位經濟的時代大背景，無論從業者來自哪個行業（網際網路行業、通訊行業、金融行業、傳統製造行業或服務行業等）、從事哪種職業（研發人員、工程師、設計師、編輯等），都會受到數位經濟的影響。

大型語言模型研發更像一場遍佈全球的科技「軍備競賽」，模型的效果如果「差之毫釐」，面臨的結局可能就是「失之千里」。從技術發展的角度來看，我們認為，單模態大型語言模型只是過渡型技術，多模態大型語言模型將成為通用人工智慧賦能各行各業的重要技術底座。當前詳細介紹多模態大型語言模型的發展歷史、技術要點和應用方面的書籍少之又少，很多從業者即使想深入學習，也難以找到系統化的教材。所以，我們撰寫了本書。

大型語言模型的核心特徵是「大量資料、大算力和大參數量」，這幾個「大」字無疑極大地提高了人工智慧大型語言模型的研發、訓練、部署和應用門檻。中小公司有點玩不起人工智慧大型語言模型了，這是中小公司面臨的難題。基於此，本書詳細介紹了中小公司的大型語言模型建構之路，闡述了如何透過微調、量化壓縮等技術建構垂直領域的輕量級大型語言模型。

另外，為了更進一步地讓來自不同領域的讀者熟悉多模態大型語言模型的價值，我們還詳細闡述了多模態大型語言模型在六大領域（分別是金融領域、出行與物流領域、電子商務領域、工業設計與生產領域、醫療健康領域和教育培訓領域）的應用，幫助讀者更進一步地理解多模態大型語言模型的應用場景和可能產生的商業價值。

我們希望讀者能夠透過對本書的學習，更好、更快地拿起多模態大型語言模型這個「強大武器」，高效率地促進所在產業的數智化轉型和變革。同時，我們也希望透過本書的創作可以與研究和應用多模態大型語言模型的專業人士深入、廣泛地交流和合作。

4 位堅信「人工智慧改變世界」的夥伴（彭勇、彭旋、鄭志軍和茹炳晟）共同完成了本書的撰寫。彭勇是巨量資料應用和大型語言模型專家，彭旋和鄭志軍是大型語言模型演算法專家，茹炳晟是騰訊的技術專家。我們還要感謝在本書創作過程中給予我們支持的領導、家人、同事和朋友，同時感謝電子工業出版社博文視點公司的石悅老師。他們的信任、鼓勵和支持，是我們持續創作和不斷前進的動力。

彭 勇

目錄

第 4 章 看清 GPT 的進化史和創新點

第 5 章 大型模型 + 多模態產生的「化學反應」

第 6 章 多模態大型模型的核心技術

第 7 章 多模態大型模型對比

第11章 用多模態大型模型打造AI助理實戰

第12章 多模態大型模型在情緒辨識領域的應用

第13章 大型模型在軟體研發領域的實戰案例與前端探索

第 1 章

OpenAI 一鳴驚人帶來的啟示

ChatGPT 從天而降，重燃了人們對人工智慧（Artificial Intelligence，AI）的熱情之火。本章將重點探討 OpenAI 成功背後的邏輯及其帶給創業者的啟示。

縱觀人類的歷史長河，很多時候，技術並不是突然突破的。相反，技術突破是一個循序漸進的過程，是一個量變引起質變的過程，是「前人栽樹後人乘涼」的必然結果。我觀察到許多創業者一直在追趕熱點，也一直在變換公司的發展方向，前天搞智慧客服，昨天其公司搖身一變成為元宇宙科技公司，在 GPT（Generative Pre-trained Transformer，生成式預訓練 Transformer）模型紅了之後，立刻改弦易轍，把自己包裝成通用人工智慧（Artificial General Intelligence，AGI）科技創新公司，未來不知道還會穿上何種外衣。

在科技變革如此高速的時代，創業者如果只是追趕熱點，那麼其成功的機率是很低的。科技日新月異，熱點變化得太快，前天的熱點是雲端運算，昨天的熱點是元宇宙，今天的熱點是大型模型，明天的熱點可能就變成了 AGI 或其他。

對一本技術類別圖書來說，本書為什麼在開篇要討論 OpenAI 的成功背景？我們希望能夠找到一些有價值的見解，更清晰地複現核心科技突破的時代背景，更進一步地幫助科技創業者找到努力前行的動力、方向和勇氣。賽道選對了，就表示成功了一半，剩下的一半就靠人才和汗水。

大型模型越來越大，參數越來越多，需要的資料越來越多，對算力的要求越來越高，訓練一次的費用高達數百萬美金，如此龐大的支出不是中小公司能負擔得起的。可以說，AGI 賽道的競爭，至少在底座模型層面已經逐漸演變成一場大公司或資金十分充裕的公司之間的長期的「軍備競賽」。

中小公司是否還有機會？答案是肯定的，我們大膽地預測未來的產業格局：大公司建生態，中小公司提供垂直領域的服務，比如資料標注、算力最佳化等，但是這需要很多前提，比如行業開放共用、行業不出現壟斷等。

隨著 AGI 技術的日益成熟，我們相信會產生大量的科技類和服務類公司。千里之行始於足下，我們希望本章的內容能夠讓讀者從 OpenAI 的成功中得到一些啟示。

1.1 OpenAI 的成長並非一帆風順

貫穿人類發展的歷史長河，科學和技術始終是促進人類社會發展與變革的核心驅動力。比如，指南針的發明，助力人類大航海時代的開啟，讓人類的財富獲得了極大的增長。印刷術的發明，推動了人類文明的傳承，大幅度提高了生產力。蒸汽機的發明，標誌著人類進入了機械化時代。網際網路的發明，推動人類進入了資訊化時代。巨量資料技術和雲端運算平臺的廣泛實踐，標誌著產業邁入數智化時代。AlphaGo 和 AlphaFold 的誕生，預示著機器人在某些垂直領域內比人類更專業、更聰明。GPT-4 多模態大型模型（簡稱 GPT-4）的誕生，預示著人類距離 AGI 時代不再遙遠……

國外著名的資訊化諮詢服務企業 Gartner 每年都會發佈新興技術成熟度曲線（Hype Cycle for Emerging Technologies），以幫助市場了解當前的新興技術及其發展趨勢。引起人們興趣的是，這些技術有可能成為驅動下一次人類社會生產力變革和產業革命的關鍵技術。透過研究近 10 年（從 2014 年到 2022 年）Gartner 發佈的新興技術成熟度曲線，我們發現：與 AI 相關的技術一直處於行業的「熱點」地位，比如智慧型機器人、自動駕駛、深度強化學習、強人工智慧、機器視覺、生成式人工智慧等。這說明近 10 年來，AI 技術一直都處於行業研究和產業實踐的前端地位，也是人類科技發展的重要方向。

我們的觀點是，昨天的 AlphaGo、今天的 GPT-4，都是 AI 技術持續發展的必然結果。從整體而言，GPT-4 不是終局，AGI 之路還很漫長，未來大機率還會有新的範式和明星產品出現。

2015 年 12 月，特斯拉創始人伊隆・馬斯克和 Y Combinator 總裁山姆・奧特曼在蒙特利爾 AI 會議上宣佈 OpenAI 成立。因為 Google 在 AI 領域佔據強大的領導地位，所以 OpenAI 從成立之初就彷彿一直活在巨人的陰影之下。Google 在自然語言處理領域的研究碩果累累，比如 Google 大腦團隊在 2017 年發佈了 Transformer 預訓練模型，在 2018 年發佈了基於轉化器的雙向編碼表示（Bidirectional Encoder Representation from Transformers，BERT）模型，這兩個研究成果將機器對自然語言的理解推到了新的高度，也是 AI 發展史上里程碑式的研究成果。

下面詳細介紹從成立開始，OpenAI 的重要發展歷程。

（1）2018 年以前一直默默無聞，「兩耳不聞窗外事」，努力搞研發，做一些 AI 的基礎建設工作，雖然發佈了一些研究成果，但是由於效果一般，並沒有激起多少浪花。

（2）2018 年 2 月，由於理念不合，伊隆・馬斯克宣佈退出 OpenAI，一時激起千層浪。隨著伊隆・馬斯克的退出，OpenAI 的資金開始有些捉襟見肘。

（3）在 Google 的 Transformer 預訓練模型發佈後，OpenAI 團隊受到了極大啟發，發現強大的算力 + 預訓練 + 巨量資料的方式可以讓模型不斷迭代和最佳化。2018 年 6 月，OpenAI 發佈了生成式預訓練轉化器（Generative Pre-trained Transformer，GPT）小模型 GPT-1。雖然該模型在自然語言生成（Natural Language Generation，NLG）領域有一定的效果，但是在自然語言理解方面效果一般，因此沒有引起行業的廣泛關注。

（4）2019 年年初，為了解決資金問題，OpenAI 改變了非營利組織的商業形態，將公司拆解為兩個部分：技術部分仍是非營利組織，而商業部分變為營利組織，不過設置了投資回報率的上限，超過投資回報率上限的收益將轉為非營利組織的收益。

（5）2019 年 2 月，OpenAI 發佈了 GPT-2。與 GPT-1 相比，該模型的參數更多，效果更好，開始引起學術界的關注。

（6）2019 年 7 月，OpenAI 獲得了微軟 10 億美金的投資，並與微軟深度綁定。在解決了資金問題之後，OpenAI 開始專注於技術，發展進入了快車道。

（7）2020 年，OpenAI 推出了 GPT-3。GPT-3 引入了一些創新舉措，比如指示學習，使得其推理能力大幅度提高，引起了行業更多的關注。

（8）2022 年年底，OpenAI 推出了爆款產品 ChatGPT，快速紅爆全球，讓世人矚目，全球開始爭相模仿。

（9）2023 年，OpenAI 推出了 GPT-4，其能力比 ChatGPT 有了顯著提高，不論是在處理多模態任務上，還是在自然語言處理和生成能力上，都顯著強於 ChatGPT。一時間，GPT-4 讓全球膜拜，讓對手膽寒。

可惜 GPT-4 尚未開放原始碼，具體的技術細節還不得而知。我們覺得單模態大型模型 ChatGPT 只是過渡產品，多模態大型模型（類似於 GPT-4）才代表 AI 未來的發展趨勢。這也解釋了為什麼 OpenAI 在發佈 ChatGPT 短短幾個月後就發佈了具有劃時代意義的，效果遠超 ChatGPT 的多模態大型模型 GPT-4。

我們可以將 OpenAI 的發展歷程分為 5 個階段，分別是摸索期、低谷期、發展期、一鳴驚人期和高速發展期，如圖 1-1 所示。

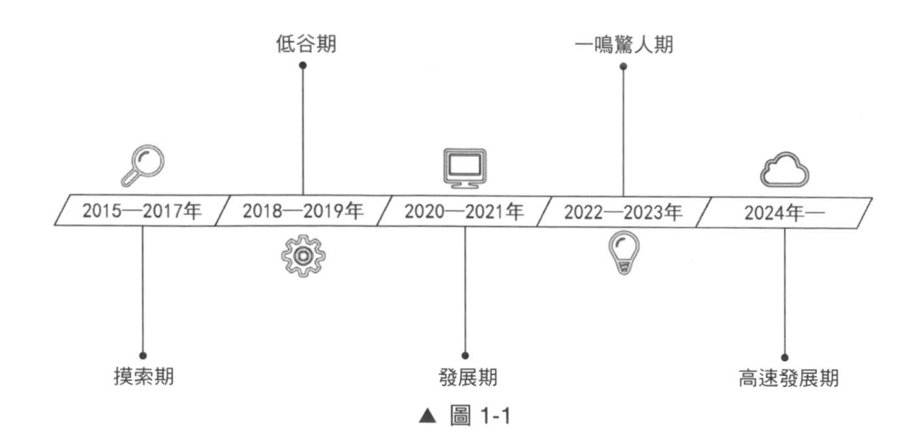

▲ 圖 1-1

（1）摸索期。2015—2017 年是 OpenAI 發展的摸索期和初級階段。在這個時期，OpenAI 主要架設平臺，尋找技術方向和打磨隊伍。

（2）低谷期。2018—2019 年是 OpenAI 發展的低谷期。OpenAI 遭遇了核心創始人的退出，也遭遇了資金方面的捉襟見肘。好在 OpenAI 有著強大的明星創始團隊和科技大佬的支援，找到了微軟這個「大靠山」。

（3）發展期。2020—2021 年是 OpenAI 處在修煉內功的發展階段，在解決了資金問題之後，找到了技術發展的方向，穩紮穩打，「擼起袖子加油幹」。

（4）一鳴驚人期。2022—2023 年，OpenAI 的發展一鳴驚人，分別推出了兩大明星產品 ChatGPT 和 GPT-4，讓世界矚目，也改變了整個 AI 行業。

（5）高速發展期。從 2024 年開始將是 OpenAI 的高速發展期，GPT 系列模型的能力會逐漸完善，新的版本也將陸續發佈，商業應用和賦能的場景會越來越多。

1.2 OpenAI 成功的因素

儘管 OpenAI 的發展並非一帆風順，經歷了創業前期的摸索、低谷和起伏，但是從整體而言 OpenAI 的發展十分迅猛。自 2015 年成立到 2022 年年底，短短 7 年時間，OpenAI 一躍成為 AI 領域的重要一極，甚至有成為領軍人的「潛力」，這著實讓人驚歎，也不禁讓人感歎這家公司的偉大。

7 年時間，彈指一揮間，很多公司倒閉了，很多公司裹足不前，為什麼 OpenAI 能夠快速崛起？ OpenAI 成功的因素到底有哪些？下面嘗試解答這些問題。

失敗的原因有很多，成功的因素無外乎資金、人才和資源。透過對 OpenAI 的創始團隊和公司發展歷程的研究，在資金、人才和資源的基礎上，我們總結出其成功的 6 個關鍵因素，如圖 1-2 所示。

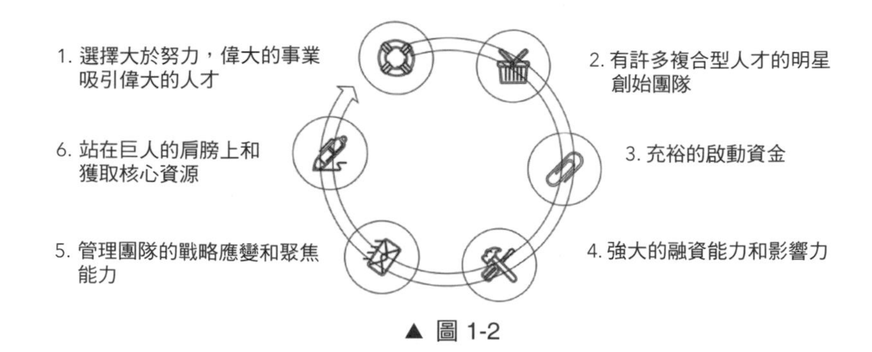
1. 選擇大於努力，偉大的事業吸引偉大的人才
2. 有許多複合型人才的明星創始團隊
3. 充裕的啟動資金
4. 強大的融資能力和影響力
5. 管理團隊的戰略應變和聚焦能力
6. 站在巨人的肩膀上和獲取核心資源

▲ 圖 1-2

（1）選擇大於努力，偉大的事業吸引偉大的人才。OpenAI 的創始團隊選擇 AGI 這個「偉大的事業」作為公司發展的方向，並勵志打破巨頭的壟斷，成為 AI 勢力中的重要一極。改變世界的夢想不一定適合所有創業者，畢竟不是每個人都適合做驚天地泣鬼神的大事，還有些人適合做立足於眼前的事情。對大部分初創公司來說，第一個成功的因素可以弱化為公司選擇的市場是否足夠大，影響面是否足夠廣，影響的人群是否足夠多。根據我們創業的經歷，這裡可以簡單地舉出一個市場容量的最低標準，比如對於 100 億元的市場盤子，假設公司能佔據的市佔率為 10%，那就是 10 億元的營收。這就是一家不錯的公司。

（2）有許多複合型人才的明星創始團隊。偉大的事業往往能吸引出類拔萃的人才。OpenAI 的創始團隊主要包含以下幾類頂尖人才：頂級的「金主」、拔尖的投資人、全球有影響力的科技大佬和「技術大拿」。這表示 OpenAI 在成立之初，就擁有了成功公司的 3 個因素：資金、人才和資源。當然，對大部分初創公司來說，這個條件也可以弱化為初創公司需要管理人才、融資人才、技術人才和商務人才。「一個好漢三個幫」，一個公司要想成功，至少需要這幾個方面的核心人才。

（3）充裕的啟動資金。OpenAI 在成立之初大概募資了 10 億美金，這保證了 OpenAI 現金流的穩定性，即使公司在前幾年發展方向不清晰，處於「不斷摸索的狀態」，也能保證公司輕鬆地「活下來」。對初創公司來說，資金十分關鍵，這是公司能夠戰勝競爭對手的核心武器之一。

（4）強大的融資能力和影響力。當公司發展處在低谷的時候，OpenAI 的創始團隊能快速融資，而且能找到大佬投「大錢」（微軟投資了 10 億美金）。這不僅能解決公司的生存問題，還可以依託大佬的資源，讓公司快速成長。對大部分初創公司來說，其實因素（3）和因素（4）也可以弱化為初創公司需要一個強大的 CFO（Chief Financial Officer，首席財政官），這個 CFO 能夠找到「金主」，為公司解決錢方面的後顧之憂。

（5）管理團隊的戰略應變和聚焦能力。在發現問題後，OpenAI 的管理團隊能快速地解決問題，而在發現方向不對後，能快速地調整方向。當發現方向可能是對的時，OpenAI 的管理團隊能做到戰略聚焦，持之以恆地攻堅克難。對大部分初創公司來說，因素（5）可以弱化為初創公司需要一個有能力和不斷學習的掌舵人。

（6）站在巨人的肩膀上和獲取核心資源。OpenAI 的成功其實離不開競爭對手（比如，Google、Facebook 等）的技術和人才，我們將其統稱為「巨人」。OpenAI 一直站在巨人的肩膀上。如前面所述，OpenAI 的爆款產品 ChatGPT 參考了 Google 提出的許多技術想法。微軟不僅給 OpenAI 帶來了「槍和炮」，還給 OpenAI 帶來了 AGI 應用的諸多場景，這可以幫助 OpenAI 的產品從實戰中快速得到驗證和迭代，並有助加快商業化處理程序。對大部分初創公司來說，因素（6）也具有現實價值，要努力找到自己創業的核心資源，這能夠讓創業事半功倍。

簡而言之，一個公司要獲得成功離不開資金、人才和資源。這 3 個因素是成功的充分條件。在有了這 3 個充分條件後，公司還需要確定正確的發展方向和願景，並具有強大的戰略應變、聚焦和執行能力。

1.3 OpenAI 特殊的股權設計帶來的啟示

我曾經參加過一個科技討論區，有一位知名的區塊鏈專家詳細介紹了 OpenAI 特殊的股權設計，並讚賞該股權設計，提出了「靈魂拷問」：為什麼在這種股權設計中，即使沒有絕對的掌控力，微軟也願意投鉅資？當然，專家並沒有給出問題的答案，只是簡單地提出自己的「靈魂拷問」。

OpenAI 為什麼要引入風險投資？我們認為，核心原因還是 OpenAI 的「巨量資料、大算力、大參數量、大型模型」模式太「燒錢」，大型模型完整訓練一次可能需要花費數百萬美金，這頭「吞金獸」很容易讓 OpenAI 陷入「地主家也沒有餘糧」的困境。

為了既解決資金問題，又保持一定的獨立性，2019 年，OpenAI 推出了全新的股權結構，在原來 OpenAI 非營利組織（OpenAI Inc）的基礎上，成立了一家有限合夥公司（OpenAI LP Ltd），由該公司作為 OpenAI Inc 的融資平臺，為 OpenAI Inc 提供資金支援，同時也允許該公司將利潤分配給風險投資人和員工。

為了保留對公司的控制權，OpenAI Inc 作為 OpenAI LP Ltd 的普通合夥人（General Partner，GP），主要負責 OpenAI LP Ltd 的管理和營運，而其他投資人、核心團隊作為有限合夥人（Limited Partner，LP）。無論 LP 佔股多少，都不直接參與公司的管理和營運，而只享受公司的投資回報。因為 OpenAI Inc 是非營利組織，所以無法上市，因此 LP 無法享受股票增值等收益，只能享受分紅等權益。

為了讓 LP 獲得足夠收益後合理退出，OpenAI 做了特殊的設計，讓 LP 可以從 OpenAI LP Ltd 的利潤中獲得回報。GP、LP 的股權設計在現代股權設計中十分普遍，在此不做贅述。

下面重點介紹 OpenAI 最具特色的退出機制。股東對 OpenAI LP Ltd 的投資回報並不是無窮無盡的。為了兼顧 OpenAI Inc 的非營利性和獨立性，OpenAI 設計了「回報封頂」的特殊退出機制。

「回報封頂」採用分級策略，第一批合夥人（First Close Partner, FCP ）最高可以獲得 100 倍的利潤回報，比如投資了 10 萬美金，最高可以獲得 1000 萬美金的利潤回報。後期進入的投資人的回報比例會有所降低，最高不會高於 20 倍。

所有 LP 在獲得「回報封頂」規定的收益後，其股份將無條件轉讓給 OpenAI Inc，至此將不再持有 OpenAI LP Ltd 的股份，也不再享有利潤回報。

以微軟為例，微軟累計給 OpenAI LP Ltd 投資了約 130 億美金，只享受公司的利潤分享權，並不能直接參與公司的管理和營運。在獲得「回報封頂」規定的收益後，微軟的股份將無條件轉讓給 OpenAI Inc，微軟不再享有直接的利潤回報。假設微軟的收益倍數是 10 倍，微軟投資了 130 億美金，其總收益為 1300 億美金，在微軟從 OpenAI LP Ltd 累計獲得 1300 億美金後，微軟的股份將無條件轉讓給 OpenAI Inc。

此外，OpenAI LP Ltd 也設置了詳細的規則，規定了退出的順序。退出機制可以簡單地分為 5 個階段，如圖 1-3 所示。

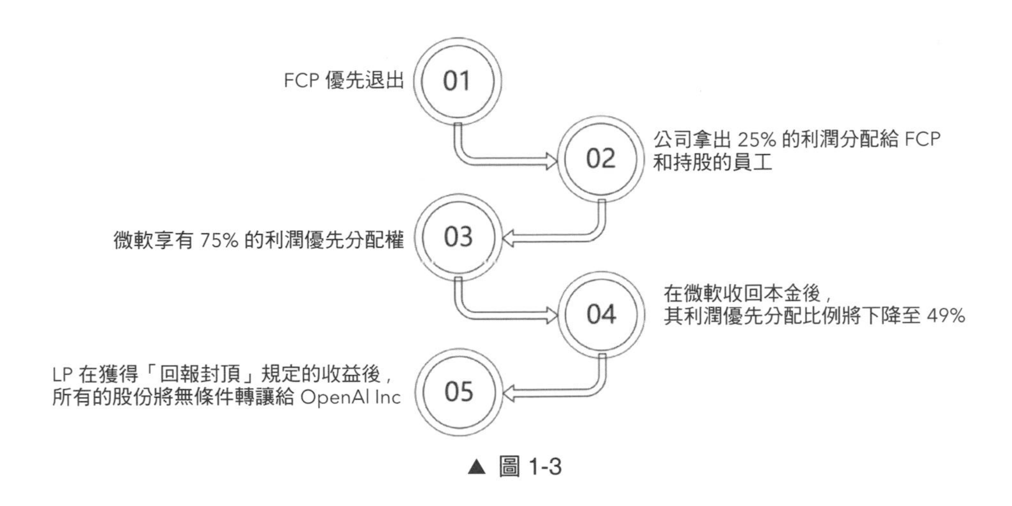

▲ 圖 1-3

（1）第一個階段：FCP 享有優先退出權。直到 FCP 收回投資本金後，其他的 LP 才能選擇退出。

（2）第二個階段：公司拿出 25% 的利潤分配給 FCP 和持股的員工，直到達到利潤的上限。

（3）第三個階段：微軟享有 75% 的利潤優先分配權，直到收回本金。

（4）第四個階段：在微軟收回本金後，其利潤優先分配比例將下降至 49%，其餘的部分繼續支付 FCP 和持股的員工的收益。

（5）第五個階段：LP 在獲得「回報封頂」規定的收益後，所有的股份將無條件轉讓給 OpenAI Inc。

OpenAI 的股權設計確實做了一些創新，按照當前 OpenAI LP Ltd 獲得的融資額，我們推算，其累計利潤到達 1500 億美金才能還完股東的投資本金和收益部分。根據公開發佈的財報數據，Meta 2022 年的淨利潤為 232 億美金，Google2022 年的淨利潤為 600 億美金，微軟 2022 年的淨利潤為 727 億美金，蘋果 2022 年的淨利潤為 998 億美金。這四大巨頭成立的時間分別為 2004 年、1998 年、1975 年和 1976 年，距今（2023 年）的成立年限分別為 19 年、25 年、48 年和 47 年。

OpenAI 在 2022 年還處於虧損狀態，大約虧損 5 億美金，因此要獲得 1500 億美金的累計利潤確實「路漫漫其修遠兮」，任重而道遠。由此可以看出，微軟花鉅資投資 OpenAI，可能看重的並不是短期回報或現金回報，而是 OpenAI 給微軟帶來的商業價值和股票方面的回報。

綜上所述，OpenAI 特殊的股權設計確實可以給從事硬科技研發且需要巨大投入的科技公司帶來一些啟示，這樣既能有效地解決資金問題，又能從長遠上保持經營的獨立性，值得行業參考。

OpenAI 的 FCP 和微軟等投資者，因為相信 AGI 的潛力和價值而選擇相信 OpenAI，同時也相信 AGI 具有巨大的商業價值。從事硬科技研發的中小公司能否給投資者同樣的願景，並獲得投資者的信任是一項重大挑戰。

此外，在 OpenAI 後期的投資者中，最關鍵的角色是巨頭微軟。我們認為最主要的原因是 OpenAI 的產品可以和微軟的產品形成戰略協作，從而大幅度提高微軟的商業價值。同時，微軟擁有豐富的應用場景，也能快速推動 OpenAI 的產品商業化。兩者其實是相輔相成、相互提高的關係。因此，從事硬科技研發的中小公司能否找到類似的戰略協作巨頭，也是能否快速成功的關鍵因素。

1.4 思考

作為一本技術類圖書，我們為什麼要在第 1 章寫 OpenAI 成功背後的邏輯？作為科技同好和從業者，我們想讓大家知道，要做成一件事，技術很重要，但是除了技術之外還有很多因素。從商業成功的角度來看，這些因素可能比技術本身還重要。

OpenAI 的從天而降重新點燃了各個行業對 AI 的熱情，也讓我們第一次感覺人類距離 AGI 越來越近。作為 2015 年的創業公司，短短 7 年時間，OpenAI 給行業帶來了兩款明星產品 ChatGPT 和 GPT-4，給這個世界帶來了如此大的震撼。OpenAI 到底能給創業者帶來哪些啟示？這是本章想重點研究的課題。1.2 節詳細討論了 OpenAI 成功的 6 個因素。我也是一名創業者，經過兩年的摸索，我發現要做成事業，這 6 個因素至關重要。當然，OpenAI 還有很多其他閃光點，比如其獨特的股權設計、戰略自我調整能力、協作夥伴的選擇能力、戰略聚焦和專注能力等，這些也是其快速成功的關鍵因素。

潮起潮落，花開花謝，AGI 之路肯定不會一帆風順，笑看風雲，只有用平常心態看待一時的高峰和低谷，才能獲得持續發展的能力和動力。在 AGI 領域，未來肯定還會誕生其他的明星產品，只要在這條路上堅持不懈，就肯定會有收穫。對於廣大的中小公司而言，道理也一樣，雖然資金和資源相對少點，但是只要方向正確，保持正向現金流，付出持之以恆的努力肯定就會有收穫。我們衷心希望透過深入挖掘 OpenAI 成功的因素，能夠對廣大的科技同好、從業者或創業者有所幫助，也衷心希望他們能為多模態大型模型的發展和應用做出貢獻，從而實現其商業價值。

此外，與單模態大型模型相比，我們認為多模態大型模型（比如 GPT-4）才是 AI 的未來，未來也會成為各行各業的基礎 AI 設施，而單模態大型模型（比如 ChatGPT）只是過渡產品。但是，我們發現當下很少有書籍或研究報告能夠將多模態大型模型的技術想法、技術亮點和實際應用案例詳細介紹清楚。大部分書籍或研究報告的介紹都是「蜻蜓點水」，點到為止，讀者看完也不明白如何應用多模態大型模型、如何和自己的場景結合產生商業價值。

基於這些痛點，在後面的章節中，我們會重點介紹 OpenAI 的兩大明星產品 ChatGPT 和 GPT-4 的技術原理與技術亮點，並透過實際案例清晰地展示如何應用 ChatGPT 和 GPT-4、如何產生商業價值。

第 2 章

自然語言處理的發展歷程

OpenAI 的第一個明星產品是 ChatGPT，其包含了 OpenAI 對大語言模型（Large Language Model，LLM）的主要認知、思考和技術亮點，也整合了行業各家對自然語言理解領域研究的先進思想。因此，可以認為 ChatGPT 博採眾家之長，是自然語言理解領域集體智慧的結晶。

ChatGPT 在誕生後，迅速在各行各業掀起了 AI 應用的潮流，比如智慧客服、AI 助理、文學創作、翻譯、情感分析等應用開始湧現。也許很多讀者只看到了聚光燈下的 ChatGPT，只看到了光鮮亮麗的 ChatGPT，但是我們深知：ChatGPT 這個明星產品的誕生並不是一蹴而就或一帆風順的。我們想把 ChatGPT 成長的故事呈現出來，讓讀者清楚 LLM 的發展史和 ChatGPT 的成長史，以便更進一步地理解 LLM 的技術選型、技術路線和技術堆疊。

此外，因為 ChatGPT 尚未開放原始碼，技術細節尚未公開發表，官網上只有隻言片語的介紹，所以難以看清 ChatGPT 的全貌，也無法看到其在自然語言處理公開資料集上的表現效果，同時也看不到 ChatGPT 和另一個網紅產品 BERT 的性能對比。一般而言，BERT 被廣泛地應用到自然語言理解領域，而 ChatGPT 在自然語言生成和推理上展現出了卓越的能力。

大部分人對 ChatGPT 的感知，來源於其友善的互動性介面和強大的數理推理能力，僅此而已。ChatGPT 的推出是自然語言處理歷史上重大的里程碑。本章首先介紹自然語言處理的里程牌，然後詳細分析 ChatGPT 和 BERT 的優缺點，並對兩者在自然語言處理能力方面進行全面對比，讓讀者清楚地看到 ChatGPT 的優勢和劣勢。

2.1 自然語言處理的里程牌

2.1.1 背景介紹

自從人類誕生以來，語言就成為人類交流、溝通的重要工具。語言的出現甚至要早於文字，人類社會先有語言後有文字。人類在交流、溝通的時候，經常會出現這樣的情況，一個沒有接受過語言教育的成人，在描述稍微複雜一點的事情時，雖然也能夠用語言闡述和表達（我們俗稱為口語表達），但是在很多情況下難以表達得特別清晰、明確或表達有歧義，讓聽眾難以聽懂，需要反覆溝通和確認才能完全明白他想要表達的內容。這也是自然語言的特點之一，自然語言是知識的邏輯組合。自然語言處理存在許多困難，下面總結了9個困難：

（1）有很多俚語、方言、敬辭、黑語等表達形式，還會有書面語和口語的表達形式。

（2）存在錯別字，或語法不規範的場景。

（3）新的用語層出不窮，比如網路新詞、網路新用語等。

（4）靈活度高，不同的單字可以靈活組合成更複雜的描述。

（5）規範性差異大，邏輯嚴謹性差異大。

（6）一詞多義，容易產生歧義。比如「蘋果，我喜歡」，到底要表達的是喜歡蘋果手機，還是蘋果這類水果？

（7）與語境和上下文密切相關。對於同樣的描述，在不同的語境裡表達的意思差別很大。

（8）需要處理情感。自然語言的表達是含有情感的，對於同一個描述，情感不同，意思可能完全相反。

（9）需要處理多輪對話。

在自然語言處理領域，學術界和工業界一直在努力解決上述問題，從自然語言處理技術的發展處理程序來看，Daniel Jurafsky 和 James H. Martin 在《自然語言處理綜論》（第二版）[1] 中，根據自然語言的建模方法，將自然語言處理的發展歷程分為 6 個階段，分別是萌芽期、符號和隨機機率期、四種範式期（符號模型、隨機模型、基於邏輯的系統、話語建模範式）、有限狀態模型期、基於機率和巨量資料驅動的融合模型期及淺層機器學習期，如圖 2-1 所示。

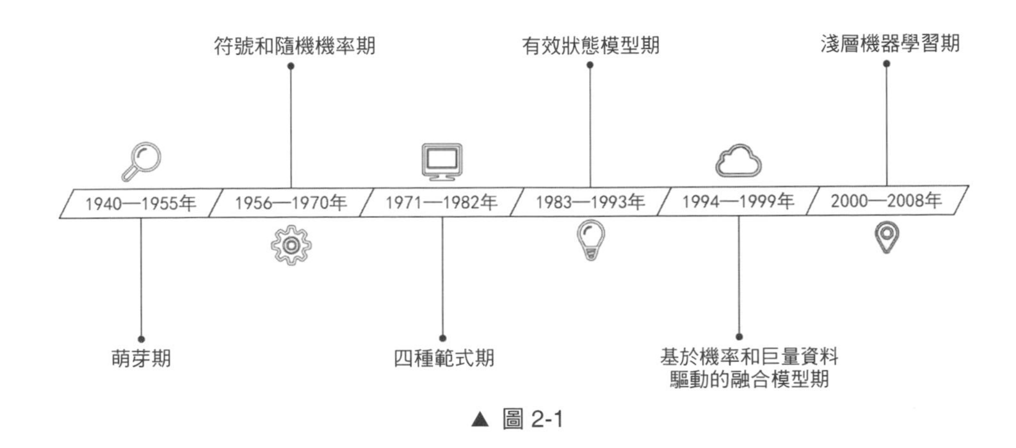

▲ 圖 2-1

值得注意的是，在 Daniel Jurafsky 和 James H. Martin 撰寫《自然語言處理綜論》（第二版）的時代，深度學習、預訓練語言模型、大型模型等技術或尚未誕生或方興未艾，因此並未列入分類中。

2.1.2 自然語言處理發展的 7 個階段

基於前輩們對自然語言處理的研究成果，從自然語言處理模型的範式變革角度，我們將自然語言處理的發展分為 7 個階段，如圖 2-2 所示。

1. 起源期（1913—1956 年）

起源期的主要代表人物有圖靈、馬可夫、史蒂芬·科爾·克萊尼和香農。在自然語言處理的起源期，比較典型的研究成果有圖靈演算法計量模型、馬可夫模型、固定權重的單層神經元模型 McCulloch-Pitts 和史蒂芬·科爾·克萊尼

1 Daniel Jurafsky，James H. Martin. 自然語言處理綜論 . 2 版 . 馮志偉，譯 . 北京：電子工業出版社，2018.

的有限自動機理論（包含香農的基於機率的有限自動機模型）。在起源期，學術界更多的是思考如何使用圖靈演算法計量模型來描述自然語言，描述詞語及詞語之間的關係，而且在這個階段更多的是在理論層面做一些探索，並沒有產生太多有價值的應用。

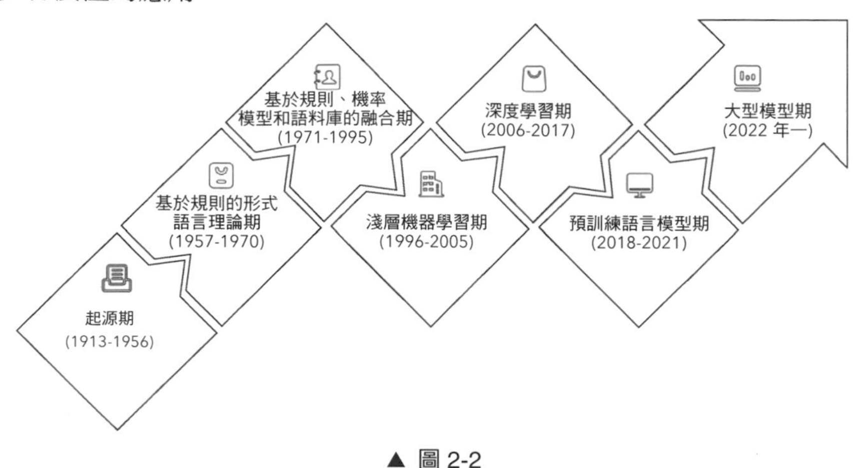

▲ 圖 2-2

說起自然語言處理的起源，就不得不提馬可夫模型。馬可夫認為語言之間存在某種連結性，並且可以使用機率模型進行表示。1913 年，馬可夫從普希金的小說《葉甫蓋尼．奧涅金》中選擇了 2 萬個字母（去掉標點符號、停頓符號、空格等）組成了字母序列。然後，馬可夫研究組成的字母序列，得出了如圖 2-3 所示的統計結果。

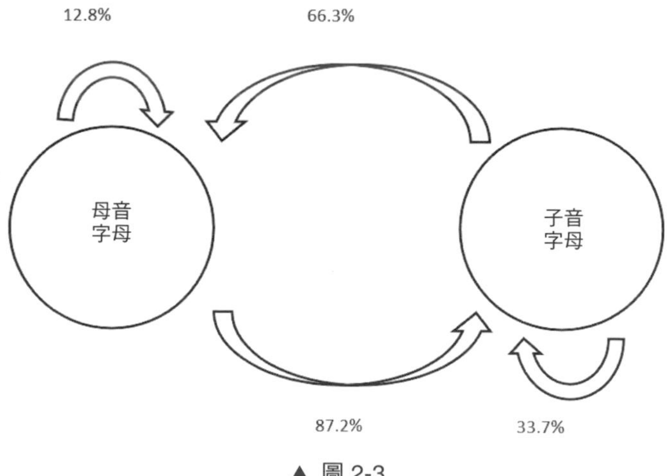

▲ 圖 2-3

從圖 2-3 中可以看出，小說《葉甫蓋尼・奧涅金》中的字母序列是存在一定機率統計規律的，子音字母後面跟著母音字母的機率最高，高達 87.2%，而母音字母後面還是母音字母的機率最低，只有 12.8%。

馬可夫透過深入研究進一步得出，某個事件下一個狀態的機率分佈只由當前狀態決定，從時間序列上看與前面的事件無關，這就是著名的馬可夫鏈。

結合馬可夫鏈和《葉甫蓋尼・奧涅金》中的字母序列的機率規律，可以透過機率的方法初步判斷在替定的文字中，某個單字或字母出現的機率。只要研究的統計樣本足夠多，算力足夠強，就可以透過馬可夫鏈的機率計算方法預估出下一個可能出現的字母或單字。

馬可夫模型 $\boldsymbol{\lambda}$ 可以使用三元組進行描述：

$$\boldsymbol{\lambda}=(S,\boldsymbol{\pi},A)$$

式中，S 為狀態序列中的狀態集合；$\boldsymbol{\pi}$ 為初始機率分佈；$\boldsymbol{A}$ 為狀態轉移機率矩陣。

香農在馬可夫鏈的基礎上，透過研究得出，語言的統計特性可以被建模，根據該機率模型還可以有效地生成語言。透過大量的實驗測試，香農還發現，挖掘更多基於機率的先驗知識建構的自然語言處理模型越複雜，生成的語言抗雜訊干擾能力越強，且越接近真實的自然語言。比如，給自然語言處理機器「餵入」大量的英文文字，自然語言處理機器可以從大量的文字中學習得到不同字母出現的統計機率、不同單字出現的統計機率、不同字母之間的機率轉移矩陣和不同單字之間的機率轉移矩陣。然後增加一些語法規則（比如句子的首字母要大寫、人名和地名的首字母要大寫等），基於這些機率模型和規則就可以有效地建構更複雜的自然語言處理模型。該模型生成的語言有可能比較接近於真實的英文。

在香農所處的時代，算力十分有限，香農無法給機器「餵入」巨量的英文文字。香農能做的就是在有限的小資料範圍內進行實驗。儘管如此，香農提出的觀點卻具有前瞻性，為之後的學者打開了透過機率建模生成語言的想法。

1959 年，Woodrow Wilson Bledsoe 等人建立的早期文字辨識系統，也受到香農提出的機率方法的影響，透過使用單純貝氏機率模型，將字母序列中所包含的每個字母的機率相乘，得到字母序列的機率，從而對單字和文字進行有效辨識。

2. 基於規則的形式語言理論期（1957—1970 年）

1957 年，諾姆．喬姆斯基在有限自動機理論的基礎上提出了形式語言理論，這一年註定會被載入自然語言處理的史冊。形式語言理論的重要基礎是有限狀態語言模型。

有限狀態語言模型按照線性順序選擇語言的基本組成部分（比如，主謂賓）生成句子，先選擇的組成部分會限制後選擇的組成部分，這種限制關係就是規則和約束。諾姆．喬姆斯基認為：語言就是由有限自動機產生的符號序列組成的，語法是研究具體語言裡用以建構句子的原則和加工過程[2]，它應該能生產出所有合乎語法的句子。

按照諾姆．喬姆斯基的觀點，語言的基本組成部分是符號，一系列符號的序列遵循特定的語法結構從而形成了句子，句子遵循某種句法結構從而形成了語言。

此外，諾姆．喬姆斯基發佈了 4 種形式的語言模型：正則語言模型、上下文無關語言模型、上下文相關語言模型與遞迴可列舉語言模型。下面舉一個例子讓大家更形象地理解形式語言理論。以上下文無關語言的表示為例，假設句法遵循主謂賓結構。

```
S1 : {
Sentence -> S V O ;
S ->  張三 | 小貓 ;
V -> 吃 | 做 ;
O -> 蘿蔔 | 魚 | 作業 | 手工
}
```

2 諾姆．喬姆斯基．句法結構．2 版．陳滿華，譯．北京：商務印書館，2022.

該形式語言描述 S1 可以生成 16 個句子，比如「張三吃蘿蔔」「張三吃魚」「小貓吃蘿蔔」「小貓做作業」「小貓做手工」等。但是在生成的 16 個句子中，有部分句子不符合大自然的客觀規律，比如「小貓做作業」和「小貓做手工」等。

要最佳化 S1 生成規則，可以考慮給 S1 增加一些約束規則，生成類似於 S2 的形式語言描述，S2 的具體表示如下：

```
S2：{
Sentence -> S V O；
S -> 張三 | 小貓；
V -> 吃 | 做；
O -> 蘿蔔 | 魚 | 作業 | 手工；
吃 O -> 吃 蘿蔔 | 吃 魚；
張三 做 O  -> 張三 做 作業 | 張三 做 手工
}
```

與 S1 可以生成 16 個句子相比，S2 總共只能生成 6 個句子。但是我們發現，在增加了約束規則後，S2 生成的句子更符合邏輯，不再出現類似於「小貓做蘿蔔」「小貓做作業」「小貓做手工」等不符合邏輯的敘述。

對比 S1 和 S2 這兩個語言描述，我們還可以發現，在增加約束規則後，S2 變為上下文相關語言描述。如何理解上下文無關語言描述和上下文相關語言描述的差別呢？

在 S1 中，S、V、O 之間是相互獨立的，不存在相互依賴的關係，這就是上下文無關的意思。而在 S2 中，部分規則存在依賴關係，比如吃這個動作對應的短語只能是「吃蘿蔔」或「吃魚」，這就是上下文相關的意思。

我們認為，形式語言理論的提出，開啟了學術界對自然語言結構的研究、建模和解析，從而為基於結構與規則的文字辨識、生成和翻譯開闢了一條康莊大道。在此之後，全球文字辨識、生成和翻譯的系統如雨後春筍般湧現。

基於形式語言模型，著名計算語言專家馮志偉在 20 世紀 80 年代發佈了多叉多標記樹狀圖模型，這是一個基於短語的機器翻譯模型。在此模型的基礎上，馮志偉人工設置了數萬筆語法和句法規則，研發了全球首款將中文翻譯成外語（英文、法語、德語、日語和俄語）的 FAJRA（FAJRA 是「法語 - 英文 - 日語 - 俄語 - 德語」的法語首字母縮寫）系統。如果輸入為常用的且規範的中文表達，FAJRA 系統翻譯的準確率就比較高（90% 以上）。但是如果擴大中文輸入的範圍和自由度，FAJRA 系統翻譯的準確率就大大降低（70% 左右）。這也間接說明，單純採用基於規則的形式語言方法，會遇到明顯的精度瓶頸，還需要結合其他自然語言處理的方法才有可能克服困難，突破瓶頸，取得更好的效果。

3. 基於規則、機率模型和語料庫的融合期（1971—1995 年）

自然語言處理經歷了 20 世紀 40 年代和 50 年代的摸索，在 20 世紀 70 年代中期開始高速發展，其中隱馬可夫模型（Hidden Markov Model，HMM）的誕生絕對是一個里程碑式的重大進展，其大大地推進了自然語言處理的發展處理程序，比如 19 世紀 80 年代享譽全球的基於 GMM-HMM 的語音辨識框架，就是 HMM 經典的應用。

1967 年，Leonard Esau Baum 等人在論文「An Inequality with Applications to Statistical Estimation for Probabilistic Functions of Markov Processes and to a Model for Ecology」中首次發佈 HMM。在很多應用場景中，我們只知道不同狀態轉移的機率矩陣，而不知道具體的狀態序列，換句話說模型的狀態轉移過程和狀態序列是隱蔽的、不可觀察的，而可觀察事件的隨機過程是不可觀察的狀態轉移過程的隨機函數。映射到實際應用中，相當於透過觀察事件的隨機過程去推測狀態序列。在自然語言處理中，有許多工可以轉化為「將輸入的語言序列轉化為標注序列」來解決問題，比如實體辨識、詞性標注等。

隱馬可夫模型 λ 的組成可以用五元組進行描述：

$$\lambda = (S, O, \boldsymbol{\pi}, \boldsymbol{A}, \boldsymbol{B})$$

式中，S 為狀態序列中的狀態集合；O 為每個狀態可能的觀察值；$\boldsymbol{\pi}$ 為初始機率分佈；$\boldsymbol{A}$ 為狀態轉移機率矩陣；$\boldsymbol{B}$ 為給定狀態下觀察值的機率分佈，也稱為生成機率矩陣。

下面以詞性標注為例，介紹隱馬可夫模型的應用。為了簡單，假設 S 只有兩個詞性狀態，分別為 N（名詞）和 V（動詞），已知觀察序列如下：

輸入：Cats like fish

輸出：N V N

在這個實例裡，觀察序列為輸入的敘述「Cats like fish」，隱含的狀態序列為「NVN」，其隱馬可夫模型如圖 2-4 所示。

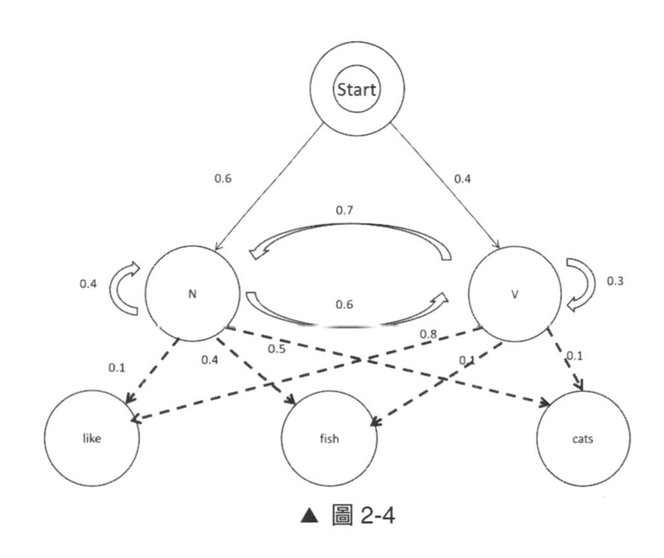

▲ 圖 2-4

在圖 2-4 中，Start 為初始狀態。由圖 2-4 可以得出該詞性標注的基礎參數，比如 $\boldsymbol{\pi}$ 、$\boldsymbol{A}$ 和 $\boldsymbol{B}$，現在需要計算最有可能的詞性序列，這屬於隱馬可夫模型的解碼 / 預測問題。事實上，圍繞著隱馬可夫模型通常可以有效地解決以下 3 類問題。

（1）模型評估問題（機率計算問題）。給定隱馬可夫模型 λ ，計算某一觀測序列 O_i （比如「Cats like fish」）的機率 $P(O_i \mid \lambda)$ 。

（2）解碼問題（預測問題）。給定隱馬可夫模型 λ 和某一觀測序列 O_i （比如「Cats like fish」），計算最有可能輸出的狀態序列的機率 $P(S_i \mid \lambda, O_i)$ 及對應的狀態序列。

（3）參數估計問題（屬於非監督學習演算法）。給定足夠的觀測序列集，估計模型的所有參數。

由於篇幅問題，我們不著重討論上述 3 個問題的解法，有興趣的讀者可以關注 Viterbi 演算法。本章的重點是展示隱馬可夫模型對自然語言處理發展的巨大推動作用。

從隱馬可夫模型的特點中可以看出，該模型有助解決自然語言處理中的諸多問題，比如實體辨識、詞性標注、分詞、語音辨識、機器翻譯等，所以我們認為隱馬可夫模型的發佈是自然語言處理發展的重要的里程碑。

另一個重要的里程碑是語料庫的引入。1993 年 7 月，在日本神戶召開的第四屆機器翻譯高層會議上，英國學者哈欽斯指出，自 1989 年以來，行業流行在基於規則的技術中引入機率方法和資料驅動的語料庫建構語言知識庫，這種建立在大規模真實文字處理基礎上的自然語言處理方法，帶來了一次機器翻譯研究史上的革命。

因為語料庫是大規模的真實文字，所以可以從中獲取更完整的統計語言知識。但是這種統計方法存在一些問題，尤其是在知識較少的場景中，自然語言處理的準確率會顯著下降。解決該問題可能有以下兩個想法：

（1）需要更完善和高品質的語料庫。

（2）增加一些短語結構和句法的知識與規則。

把上述兩者結合起來，往往能獲得更好的效果，這就是我們提到的融合方法。

著名計算語言專家馮志偉於 2017 年在公開演講時說道：「語言知識究竟在哪裡？語言知識固然存在於語法書裡，存在於各種類型的詞典裡，存在於語言學論文裡，但是，更全面的、更客觀的語言知識應當存在於大規模的真實文字語料庫裡，語料庫是語言知識最可靠的來源。」由此可見，語料庫對自然語言處理發展的推動作用巨大。

總之，融合方法大大地提高了自然語言處理的準確率和精度，也大大地提高了自然語言處理的抗噪性和堅固性，從而讓自然語言處理的發展開始真正走上快車道，一個個實用的自然語言處理產品開始湧現。

20 世紀 90 年代，基於規則、機率模型和語料庫的融合方法已經滲透到自然語言處理（如機器翻譯、文字分類、資訊檢索、問答系統、資訊取出、語言知識挖掘等）的應用系統中，逐漸成為自然語言處理研究的主流和標準配備。

4. 淺層機器學習期（1996—2005 年）

使用基於規則、機率模型和語料庫的融合方法後（後面統稱為傳統的融合方法），儘管在很多應用場景下自然語言處理的準確率大幅提高，但是仍存在一些難以解決的難題，最典型的有對語義的理解和處理。換句話說，傳統的融合方法更多的是依賴建構好的先驗知識庫，缺少學習能力，導致自然語言處理的泛化能力不強，這進一步影響了自然語言處理的準確率。

淺層機器學習演算法正好可以部分彌補傳統的融合方法的不足，展現一定的學習和推理能力，這有助提高自然語言處理的綜合能力，比如最佳化文字分類、消除歧義、增強語義分析、強化情感分析等。

最早應用在自然語言處理中的淺層機器學習模型是單純貝氏模型，該模型同時也可以被看作基於機率的統計模型。隨著基於機率的方法興起，該模型曾風靡一時。比如，1959 年，Woodrow Wilson Bledsoe 等人使用單純貝氏模型建立了早期的文字辨識系統。1961 年，M. E. Maron 發表了論文「Automatic Indexing: An Experimental Inquiry」，首次將單純貝氏模型用於文字分類。

單純貝氏模型的主要優點如下：模型簡單、穩定、高效，並且對小規模的資料表現很好，常被應用到文字分類、增量學習等場景中。但是單純貝氏模型也存在明顯的局限性，比如樣本獨立性假設與許多場景不匹配、難以計算出先驗機率、模型的準確率不高等，這大大地限制了單純貝氏模型的發展。

為了進一步提高自然語言處理的性能，隨後更多的淺層機器學習演算法開始湧現，比如 K 近鄰演算法、邏輯回歸模型、決策樹模型、隨機森林演算法、支援向量機、提升樹演算法等，並被廣泛地應用到自然語言處理任務中。與傳統的融合方法相比，淺層機器學習演算法能夠有效地應用於分類、聚類、預測等資料探勘任務中，且運算效率較高，演算法在準確性和穩定性方面也有了明顯提高。

此外，很多淺層機器學習演算法（比如線性回歸模型、決策樹模型）還有很好的可解釋性，使得其在多個領域（金融領域、電信領域、電子商務領域等）中有很深入的應用，也有效地推動了資料智慧的發展，大幅度提高了企業的商業價值。

特別值得強調的是，在許多淺層機器學習演算法中，提升樹演算法（比如 GBDT、XGBoost、LightGBM 等）的提出大幅度提高了模型的效果，而且幾乎適用於所有場景，在當時幾乎成為所有資料探勘和機器學習應用的標準配備。

然而，在使用淺層機器學習演算法解決實際問題的時候也遇到了一些痛點。比如，耗時費力的特徵工程、大量的資料標注、模型挖掘的資訊含量與人工投入的時間成正比、資料的非線性關係挖掘有限、輸入資料以結構化資料為主、模型的推理能力和泛化能力有限等。深度學習演算法的提出在一定程度上解決了上述問題，進一步提高了自然語言處理的推理能力、泛化能力和建模效率。

值得強調的是，深度學習演算法之所以能夠快速地實踐產生商業價值，也與算力的提高和資料大爆炸緊密相關。一般而言，深度學習的計算複雜度要遠遠高於淺層機器學習，需要強大的算力才能有效地支撐模型的計算和應用。更多的資料、更強大的算力，使得更複雜的計算和建模成為現實，也為深度學習的應用打下了堅實的基礎。所以，從某種角度來看，大算力是深度學習高速發展的重要基礎。

5. 深度學習期（2006—2017 年）

2003 年，Yoshua Bengio 等人在論文「A Neural Probabilistic Language Model」中提出了神經網路語言模型（Neural Network Language Model，NNLM），但受限於訓練和實現的難度，該模型當時只停留在理論層面，並沒有引起行業廣泛的關注。直到 2006 年，深度學習教父級人物 Geoffrey Hinton 和 Ruslan Salakhutdinov 發表了具有重大里程碑意義的一篇論文「Reducing the Dimensionality of Data with Neural Networks」，從此掀起了深度學習在自然語言處理領域高速發展的浪潮。Geoffrey Hinton 和 Ruslan Salakhutdinov 主要提出了以下 3 個觀點：第一個是多層神經網路能夠挖掘更多隱含資訊。第二個是多層神經網路能夠有效地實現特徵工程的自動化。第三個是可以透過逐層初始化的預訓練方式解決多層神經網路訓練的難題，相當於解決了 Yoshua Bengio 關於神經網路語言模型訓練的問題。這 3 個觀點有助解決淺層機器學習面臨的部分痛點，對學術界和工業界而言具有劃時代的意義。

另外，自然語言處理還有一個里程碑式的進展，是詞向量技術和表徵方法的提出。在詞向量技術誕生之前，自然語言文字在很多實際應用場景中存在高維和稀疏的特徵問題，這影響了文字辨識的準確率和精度。簡單來說，詞向量技術就是一種特殊的特徵提取技術，即將詞從稀疏空間（傳統獨熱編碼處理的結果）透過隱藏層投影到低維度的稠密向量空間中，語義相近的詞在較低維向量空間中距離也相近，不僅有效地解決了矩陣稀疏問題，還實現了特徵的自動提取。總之，詞向量技術將自然語言處理向前推進了一大步。

2008 年，Ronan Collobert 等人在論文「A Unified Architecture for Natural Language Processing: Deep Neural Networks with Multitask Learning」中提出了將詞向量作為深層神經網路的目標任務，打開了詞向量表徵技術的大門。2013 年，Tomas Mikolov 等人在論文「Efficient Estimation of Word Representations in Vector Space」中提出了比較經典的 Word2vec 詞向量表徵方法，該方法包含兩種詞向量表徵模型，分別是連續詞袋模型 CBOW（透過目標詞上下文的詞預測目標詞）和 Skip-gram（透過目標詞預測其附近的詞）。隨後，在自然語言處理領域中，學者們又陸續提出了其他經典的詞向量表徵模型，比如 Glove 和 ELMo。

隨著卷積神經網路（Convolutional Neural Networks，CNN）在影像處理領域中大放光彩，其開始被廣泛地應用到自然語言處理的各個任務中（比如文字分類、語義理解、文字生成、機器翻譯等），並且效果十分顯著。

CNN 有一個明顯的缺陷，即缺少記憶能力，而自然語言序列常常具有時序性和長程性，在自然語言處理時需要能記憶之前輸入的資訊。基於此痛點，學者提出了循環神經網路（Recurrent Neural Networks，RNN）。RNN 由於具有記憶能力，被廣泛地應用到語言建模、聊天機器人、機器翻譯、語音辨識等自然語言處理任務中。

RNN 在面對長序列資料時，存在梯度消失的缺陷，這使得 RNN 對長期記憶不敏感，容易遺失長期的記憶。換句話說，RNN 在面對長序列資料的時候，僅可獲取較近的文字序列資訊，而無法獲得較早的文字序列資訊。為了解決該痛點，RNN 的最佳化變種演算法長短時記憶（Long Short Term Memory，LSTM）網路和基於門機制的循環單元（Gate Recurrent Unit，GRU）被提出。

LSTM 網路和 GRU 透過加入門回饋機制有效地解決了 RNN 的梯度消失的缺陷。LSTM 網路加入了 3 個門，分別是輸入門、遺忘門和輸出門，而 GRU 引入了兩個門，分別是重置門和更新門。對比 LSTM 網路和 GRU，整體而言，LSTM 網路有更多的參數需要訓練和學習，因此收斂更慢，效率更低。換句話說，GRU 為了運算效率犧牲了部分精度。

類 RNN 演算法需要按照時序輸入，難以實現平行計算，因此整體的編碼效率低下。基於該痛點，2017 年，Ashish Vaswani 等人在論文「Attention is All You Need」中提出了 Transformer 模型，該模型的核心是採用自注意力機制。與 RNN 相比，Transformer 模型透過自注意力機制挖掘各類特徵，並能有效地記憶歷史資訊，而且支援並行運算。因此，Transformer 模型被廣泛地應用到自然語言處理的各個複雜任務中，並且獲得了比較好的應用效果。

6. 預訓練語言模型期（2018—2021 年）

預訓練語言模型到底解決了哪些問題？熟悉機器學習的讀者都知道，要想讓模型的效果好，就需要大量標注好的訓練資料和測試資料。而在現實生活中，與巨量的未標注資料相比，標注好的高品質資料如同滄海一粟。此外，標注大量的資料存在耗時長、成本高的問題。要解決該問題，並且讓模型更充分地利用巨量的未標注資料，預訓練的方法應運而生。

「預訓練」一般是將大量用低成本收集的訓練資料放在一起，經過某種預訓練方法去學習其中的共通性，然後將其中的共通性「移植」到執行特定任務的模型中，再使用特定領域的少量標注資料進行「微調」。這樣，模型只需要從「共通性」出發，去「學習」該特定任務的「特殊」部分即可。

預訓練其實就是將學習任務進行分解，首先學習資料量更龐大的共通性知識，然後逐步學習垂直領域的專業知識。比如，想讓一個不懂中文的機器人成為中文法律專家，因為法律領域的標注資料比較少，所以可以考慮將該任務進行分解：

第一步，先讓機器人學習中文，達到能夠熟讀和理解中文的水準。中文方面的標注資料量很大，而且中文各類知識的資料量也十分龐大，資料來源十分豐富，這有助讓機器人學到充分的知識。

第二步，讓機器人學習法律領域的專業知識。透過學習到的共通性知識，結合法律領域的專業知識，可以大大地提高學習的效率和效果。當然，也可以進一步對第二步的任務做分解，先學習法律行業的共通性知識，然後學習更垂直領域的專業知識，這樣也能提高學習的效果。

設想一下，如果直接讓機器人從 0 到 1 學習中文法律知識，受到語料庫有限、文字庫和標注資料缺乏等因素的影響，那麼機器人的學習效果和效率大機率達不到預期。

我們認為，預訓練語言模型的誕生是自然語言處理行業的里程碑。預訓練機制大大地降低了自然語言處理的門檻，讓創業公司能輕輕鬆松地在預訓練語言模型的基礎上進行最佳化，並在各個垂直領域的應用中獲得良好的效果。這極大地推動了自然語言處理在各行各業中的快速應用和賦能，也為 AI 快速「飛入尋常百姓家」立下汗馬功勞。

2018 年，Jacob Devlin 等人在論文「BERT: Pre-training of Deep Bidirectional Transformers for Language Understanding」中提出了 BERT 模型。根據該論文展示的測試效果，其在多個自然語言理解任務中的表現均刷新了當時的紀錄，一

時間成為最熱門的模型。

值得肯定的是，在那個時代，許多學者各展所長，透過提出建設性的最佳化方法不斷最佳化自然語言處理模型的效果。在同一時期，比較有代表性的知名預訓練語言模型還有 GPT、XLNet、MPNet 和 ERNIE。以 XLNet 為例，Zhilin Yang 等人發表論文「XLNet: Generalized Autoregressive Pretraining for Language Understanding」，在 BERT 模型的基礎上提出了許多最佳化舉措，也讓部分任務的效果有所提高，具體最佳化舉措包含採用自回歸模型替代自編碼模型，提出雙向注意力機制和參考 Transformer-XL 模式。

值得注意的是，OpenAI 的 GPT 的推出時間比 BERT 模型更早，兩者的主要差別是 BERT 模型採用的是雙向 Transformer 的編碼器（Encoder），能獲取上下文資訊，適合做自然語言理解，而 GPT 採用的是單向 Transformer 的解碼器（Decoder），更適合自然語言生成的應用場景。而其他的預訓練語言模型主要在 BERT 模型或 GPT 這兩個預訓練範式基礎上進行最佳化，而且主要在方法論上進行最佳化，而非單純地增加模型的參數和複雜度。

從整體而言，上述預訓練語言模型的參數基本上都為 4 億個以下，因此在上述預訓練語言模型基礎上做垂直任務的最佳化成本可控，即使小的創業公司也能負擔得起，這就是預訓練語言模型在各行各業中能夠快速實踐的重要原因之一。

7. 大型模型期（2022 年－）

2022 年 11 月，OpenAI 發佈了 ChatGPT。優異的自然語言生成和推理性能使其迅速紅遍全球。在短短的 2 個月內，ChatGPT 的活躍使用者超過 1 億人，同時掀起了 AGI 新一輪發展的熱潮。

與傳統的幾億個參數的預訓練語言模型相比，ChatGPT 的參數量高達 1750 億個，是名副其實的 LLM。ChatGPT 在很多自然語言處理任務中表現出優秀的能力，比如聊天、機器翻譯、文案撰寫、程式撰寫等。

儘管大型模型目前在自然語言生成方面展現出了十分優秀的推理能力、問答能力和泛化能力，但是其智慧距離 AGI 還有較大差距，前路仍然漫漫。我們大膽預測，LLM 技術只是邁向 AGI 徵途的「過客」，或是一個很重要的技術手段。預計未來隨著算力和計算效率的提高，AGI 技術肯定也是複雜的大型模型，其模型參數大機率要比現在的 GPT-4 還要多。

如果與算力相關的技術能快速發展，使得算力的 C/P 值大幅提高，就能降低中小公司的建模和應用門檻，讓大部分中小公司能負擔得起高額的建模和微調支出，這會加快 GPT-4 的應用節奏，真正讓其發展走上快車道。

從嚴格意義上來說，隨著 GPT-4 的推出，AI 已經進入多模態大型模型時代，如圖 2-5 所示。我們認為單模態大型模型 ChatGPT 只是過渡產品，其高光時刻會停留在 2022 年，大型模型的未來屬於多模態大型模型。從性能上也可以看出，GPT-4 的效果和使用體驗要遠遠優於 ChatGPT。換句話說，GPT-4 完全可以代替 ChatGPT，但是 ChatGPT 無法代替 GPT-4。

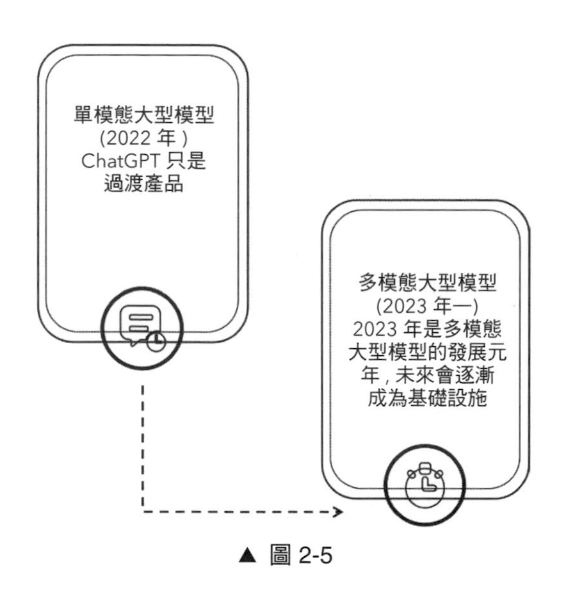

▲ 圖 2-5

多模態大型模型將引起各行各業的範式革命，AI 將成為各行各業的基礎設施，驅動各個領域的數智化轉型和商業價值的大幅度提高。2023 年將是多模態大型模型元年，未來 3 ～ 5 年將是多模態大型模型的高速發展期。

儘管我們認為與 GPT-4 相比，單模態大型模型 ChatGPT 只是過渡產品，但這並不表示 LLM 沒有發展的必要。多模態大型模型最主要的兩個模態是自然語言和影像資訊，這兩個模態的發展至關重要，能為多模態大型模型提供強大的支援。

2.2 從 BERT 模型到 ChatGPT

回想前幾年在 BERT 模型流行的小模型時代，大概兩台低顯示記憶體的 GPU（圖形處理器）伺服器就可以完成大部分模型的訓練。如果模型的建構者了解 BERT 演算法原理，那麼整個模型的訓練和最佳化過程將十分透明，模型的建構者也覺得靠譜。這種「可信」和「透明」的行為實現了「讓 AI 飛入尋常百姓家」，讓中小公司也能在某個垂直領域輕鬆玩轉 AI。

在大型模型時代，如果要從 0 到 1 訓練模型，那麼對算力和財力的要求很高，動輒就要花費上千萬元，中小公司確實難以承受如此龐大的支出，對大型模型從 0 到 1 訓練顯得不太切合實際。

即使微調，兩台低顯示記憶體的 GPU 伺服器也只能使用幾十億個參數的模型作為底座模型。如果要使用千億個級參數的模型做底座模型進行微調，那麼至少需要數十台高顯示記憶體（一般大於 16GB）的 GPU 伺服器，這也是一筆巨大的花費。

此外，大型模型微調對演算法工程師來說其實就是對「一個黑箱」操作，給這個黑箱「餵入」一些資料，效果怎麼樣只能依靠反覆測試。如果沒有足夠的算力支援，那麼微調一次十分耗時。在微調過程中，演算法工程師能做的工作十分有限。

從結果上來看，ChatGPT 在文字生成和推理等任務中的效果確實比 BERT 模型明顯提高，在本章後面的內容中會詳細介紹。隨之帶來的後果就是中小公司開始逐漸玩不起 AI 了。因此，我們不禁要問：為什麼 ChatGPT 能紅得一塌糊塗？為什麼 ChatGPT 需要如此龐大的參數量？ BERT 模型和 ChatGPT 的差距很大嗎？具體差別是什麼？

2.3 BERT 模型到底解決了哪些問題

BERT 模型由 Google 於 2018 年發佈。其主要創新點在於提出了預訓練的思想，並且使用 Transformer 的編碼器作為模型的基礎架構。

在 BERT 模型提出之前，其實 OpenAI 已經發佈了 GPT-1。從 BERT 模型提出者 Jacob Devlin 等人發表的論文「BERT: Pre-training of Deep Bidirectional Transformers for Language Understanding」中可以發現，他們已經關注了 GPT-1 的系統架構。他們在論文中寫道，除了注意力機制的遮擋視窗不同，BERT 模型和 GPT-1 的基礎架構幾乎是一樣的。這間接說明，BERT 模型和 GPT-1 存在比較深的淵源。我們知道，GPT-1 採用了 Google 提出的 Transformer 和自注意力的思想。

接下來，我們再詳細研究一下 BERT 模型到底解決了哪些問題，使其能夠一鳴驚人，被學術界和產業界廣為採用。更早誕生的 GPT-1 為什麼沒能激起浪花？基於這些問題，我們推測背後深層次的原因可能是模型在解決實際問題時展現的效果差異。

在下面 10 個自然語言處理任務中對 BERT 模型做了詳盡的資料測試，並與 GPT-1 做了效果對比，下面分別介紹。

1. 語法對錯二分類

該任務主要使用的是 CoLA（The Corpus of Linguistic Acceptability，語言可接受性語料庫）資料集。該資料集一共包含 10657 個句子，來源於 23 個語言學出版物。該資料集的標注者按照語法的對錯進行了標注，如果語法是正確的，那麼標注為 1，否則標注為 0。

該資料集主要包含 4 列，分別為句子來源、語法是否正確、是否該資料集的標注者標注（若是該資料集的標注者標注的，則標注為 *，否則標注為空）和句子。實例節選如表 2-1 所示。

▼ 表 2-1

句子來源	語法是否正確	是否該資料集的標注者標注	句子
clc95	0	*	In which way is Sandy very anxious to see if the students will be able to solve the homework problem?
c-05	1		The book was written by John.
gj04	1		The building is tall and wide.
gj04	0	*	The building is tall and tall.

對於該資料集中的很多句子，非英文專業的大學生可能都不一定能發現語法錯誤，但是從語言學嚴謹性的角度考慮，有些句子確實是存在語法錯誤的。

BERT 模型能夠高精度判別這些句子是否有語法錯誤。因此，BERT 模型其實在語法錯誤判別上，可能比大部分大學生還要強。

2. 電影評論情感分析

該任務使用的是 SST-2（Stanford Sentiment Treebank，史丹佛情緒樹）資料集。該資料集摘取了 11855 筆電影評論，從中生成了 239231 個短語。該資料集的標注者對這些評論標注了區間在 [0,1] 之間的評分用於情感分析，評分越高，代表評論越正面，反之，則代表評論越負面。實例節選如表 2-2 所示。

▼ 表 2-2

評論	情感評分
Assured , glossy and shot through with brittle desperation.	0.76389
It's a big time stinker .	0.11111
At best this is a film for the under-7 crowd . But it would be better to wait for the video. And a very rainy day .	0.27778
The turntable is now outselling the electric guitar ...	0.5
comes from the heart.	0.75

情感分析是自然語言處理的重要能力，對人類來說只要能正確理解評論的意思，是很容易進行情感判斷的。對機器人來說，情感分析確實是一項重大挑戰。

3. 語義相近判斷

該任務使用的是 MRPC（Microsoft Research Paraphrase Corpus，微軟研究語義解釋語料庫）資料集。該資料集包含了從網路新聞中提取的 5800 個句子對。該資料集的標注者對句子對是否語義相近進行人工標注，如果同一個句子對中的兩個句子語義相近，那麼標注為 1，否則標注為 0。

舉個例子，下面兩個句子被標記為語義相近，因此標注為 1。

句子 1：Amrozi accused his brother, whom he called "the witness", of deliberately distorting his evidence.

句子 2：Referring to him as only "the witness", Amrozi accused his brother of deliberately distorting his evidence.

再舉個例子，下面兩個句子被標記為語義不相近，因此標注為 0。

句子 1：A BMI of 25 or above is considered overweight; 30 or above is considered obese.

句子 2：A BMI between 18.5 and 24.9 is considered normal, over 25 is considered overweight and 30 or greater is defined as obese.

4. 語義相近評分

該任務使用的是 STS-B（Semantic Textual Similarity Benchmark，語義文字相似度基準）資料集。該資料集收集了來自圖片註釋、新聞頭條、社區討論區等不同來源的 8628 個句子對。該資料集的標注者對每對句子的語義相近程度進行評分，賦分為 1 分到 5 分，分數越高，表示語義越相近。

舉個例子，下面兩個句子的語義相近程度被標記為 5 分。

句子 1：Neither was there a qualified majority within this House to revert to Article 272.

句子 2：There was not a majority voting in Parliament to go back to Article 272.

再舉個例子，下面兩個句子的語義相近程度被標記為 1 分。

句子 1：The man played follow the leader on the grass.

句子 2：The rhino grazed on the grass.

5. 問題對語義相近

該任務使用的是 QQP（Quora Question Pairs，問答對）資料集。該資料集收集了 Quora 網站上的各種問題對。該資料集的標注者對兩個問題是否在語義上相近進行了標注，若語義相近則標注為 1，否則標注為 0。與 MRPC 資料集的差異點在於，QQP 資料集重點針對問題對，判斷問題對的語義是否相近。

6. 句子對關係判斷

該任務使用的是 SNLI（The Stanford Natural Language Inference，史丹佛自然語言推理）資料集，該資料集包含大概 570000 萬個句子對。每個句子對的第一個句子是前提，第二個句子是推斷。

同時，該資料集還包含對句子對之間的關係的標注結果，主要包含 3 類關係，分別是蘊含（entailment）、相互矛盾（contradiction）和無關（neutral）。

用於處理相近任務的資料集還有 MNLI（The Multi-genre Natural Language Inference，多類型自然語言推理）和 RTE（Recognizing Textual Entailment，辨識語義蘊含）資料集。

舉個例子，下面兩個句子的關係是蘊含。

前提：A soccer game with multiple males playing.

推斷：Some men are playing a sport.

再舉個例子，下面兩個句子的關係是相互矛盾。

前提：A man inspects the uniform of a figure in some East Asian country.

推斷：The man is sleeping.

7. 問答

該任務使用的是 QNLI（Qusetion-answering Natural Language Inference，問答自然語言推理）資料集。該資料集主要用於處理自然語言推理任務。

每個測試任務都包含一個問題和一個敘述，模型需要判斷兩者之間是否存在蘊含關係，若蘊含則標注為 1，若不蘊含則標注為 0。

8. 實體辨識問題

該任務採用的是 NER（Named Entity Recognition，命名實體辨識）資料集。該資料集包含 20 萬個單字並且每個單字都被標注為四類實體之一，分別是 Person（人）、Organization（組織）、Location（方位）、Miscellaneous（各式各樣的其他實體），整個任務是一個四分類任務。

9. 閱讀理解

該任務使用的是 SQuAD（The Stanford Question Answering Dataset，史丹佛問答資料集）。該資料集是一個閱讀理解資料集，由維基百科文章上提出的各類問題、包含問題答案的一段文字描述和問題的答案組成。該資料集用於處理的任務是預測段落中的答案文字範圍或得出「No Answer」（找不到答案）的結果。目前該資料集最新的版本是 SQuAD2.0。下面舉例說明。

文字描述：Computational complexity theory is a branch of the theory of computation in theoretical computer science that focuses on classifying computational problems according to their inherent difficulty, and relating those classes to each other. A computational problem is understood to be a task that is in principle amenable to being solved by a computer, which is equivalent to stating that the problem may be solved by mechanical application of mathematical steps, such as an algorithm.

問題 1：What branch of theoretical computer science deals with broadly classifying computational problems by difficulty and class of relationship?

回答：computational problems

問題 2：What branch of theoretical computer class deals with broadly classifying computational problems by difficulty and class of relationship?

回答：<No Answer>

10. 克漏字

該任務使用的是 SWAG（Situations With Adversarial Generations，對抗生成的情境）資料集。該資料集包含 113 000 個克漏字的句子，每個句子裡都有部分詞語是空缺的。該資料集用於處理的任務是對詞語進行補全。

從 Jacob Devlin 等人的研究成果中可以發現（如表 2-3 所示），從準確性角度來看，不同的模型使用 MNLI、QQP、QNLI、SST-2、CoLA、STS-B、MRPC 和 RTE 8 個資料集處理任務的綜合測試效果顯示[3]，BERT 模型（12 層神經網路、1.1 億個參數）的效果比 GPT 的效果提高了約 6%，而 BERT 大型模型（24 層神經網路、3.4 億個參數）的效果提高了約 9.3%。此外，BERT 模型在上述 8 個任務中的效果也要顯著優於更早誕生的 OpenAI 的 GPT-1 的效果。

▼ 表 2-3

模型	使用 MNLI、QQP、QNLI、SST-2、CoLA、STS-B、MRPC 和 RTE 資料集的平均測試效果	使用 QQP 資料集的測試效果	使用 CoLA 資料集的測試效果	使用 RTE 資料集的測試效果
GPT	75.1	70.3	45.4	56.0
BERT 模型	79.6	71.2	52.1	66.4
BERT 大型模型	82.1	72.1	60.5	70.1

目前很多知名模型使用 CoLA 資料集處理語法對錯二分類任務，使用 QQP 資料集處理問題對語義相近任務，使用 RTE 資料集處理語義理解任務的效果比

3 使用資料集的測試效果用 0 ～ 100 表示。0 表示效果最差，100 表示效果最好。

較差。即使是 BERT 模型，在使用這幾個資料集處理相關任務時也差強人意，這說明在 BERT 模型誕生之時（2018 年），自然語言理解還未能較好地解決語法正確判斷和複雜語義理解問題。

下面繼續看一看 BERT 大型模型在另外兩個自然語言理解領域比較高階、比較難的任務中的表現。表 2-4 和 2-5 分別為 BERT 大型模型使用 SQuAD 和 SWAG 資料集處理任務的測試效果。

▼ 表 2-4

模型	EM（完全匹配）評分	F1 評分
Human（人類）	86.9	89.5
BERT 大型模型（Single）	80.0	83.1

▼ 表 2-5

模型	Accuracy（準確率）評分
Human	85.0
BERT 大型模型	86.3

從表 2-4 中可知，BERT 大型模型在閱讀理解任務中的表現十分優秀。儘管其和人類的理解能力還會有一定的差距，但是差距不太大。

從表 2-5 中可知，BERT 大型模型在克漏字任務中的表現略好於人類。

綜上所述，儘管 BERT 模型的整體表現確實比較優秀，但是在某些任務中的表現差強人意，比如語法對錯二分類任務、問題對語義相近任務。另外，BERT 大型模型在閱讀理解上的表現和人類也有一定的差距。BERT 模型的上述能力缺陷，成為其他模型重點突破的方向，也為 ChatGPT 提供了研究方向。

此外，隨著 BERT 模型的成功，行業學者和專家們也總結出提高自然語言處理效果的 3 個方向，這 3 個方向也為後續其他性能更優秀的模型（比如 ChatGPT）的研發指明了方向。

（1）BERT 大型模型的效果顯著優於 BERT 模型的效果，因此增加深度學習的層數，增加參數量成為行業最佳化的方向。

（2）預訓練模型和微調機制的結合也成為最佳化自然語言處理效果的方向。

（3）多工學習也成為一個重要的方向，有助資料相互挖掘，從而帶來模型效果的提高。

2.4 BERT 模型誕生之後行業持續摸索

BERT 模型在誕生後，由於優秀的性能和開放原始碼的特性，其很快被應用到各行各業和各類自然語言處理任務中，比如智慧客服、語音質檢、對話機器人和搜尋引擎等，產生了巨大的商業價值，一度激發了行業對 AI 的熱情。

隨著應用的日漸深入，行業對自然語言理解系統的期望日益提高，BERT 模型的應用開始陷入困境，比如 2.3 節提到 BERT 模型在處理多個任務時存在性能問題，而且本身存在一些缺陷（比如 BERT 模型的雙向 Transformer 結構並沒有消除自編碼模型的約束問題）。此外，BERT 這類自動編碼模型由於訓練階段和微調階段不一致，導致在自然語言生成任務中性能不盡如人意。

雖然研究者對 BERT 模型一直最佳化，但是未取得飛躍式的進展。這讓很多從業者再次進入了困頓期，對 AI 的信心開始逐漸減弱，覺得現階段 AI 距離 AGI 的路還很長。

OpenAI 的學者們也看到了 BERT 模型的問題，同時參考了行業新提出的一些研究方法和結論，堅持對 GPT 進行持續最佳化，一直努力朝著 AGI 的方向前行。有了發展目標、巨人的肩膀、資料、資金、人才，剩下的就交給時間了。從 2018 年到 2022 年，在自然語言處理領域湧現了許多卓有成效的研究成果。比如，RoBERTa 模型使用了更大的批次處理大小、更多的未標記資料和更大的模型參數量，並增加了長序列訓練。在處理文字輸入時，與 BERT 模型不同，

RoBERTa 模型的分詞方式採用了位元組對編碼（Byte Pair Encoding，BPE）方法，即使輸入序列相同，BPE 方法也對每個輸入使用不同的遮罩序列。

為了實現雙向編碼，同時獲取序列的上下文資訊，排列語言模型被提出。排列語言模型源於自回歸語言模型。與傳統的自回歸語言模型不同的是，排列語言模型不再模擬序列次序，而是舉出了序列所有可能的排列，以最大化全部排列的期望對數來更新模型的梯度。這樣，任何位置的 Token（詞根）都可以利用來自所有位置的上下文資訊，使排列的語言實現雙向編碼。最常見的排列語言模型是 XLNet 和 MPNet。

Pual Christiano 等人介紹了基於人工回饋的強化學習機制在自然語言中的應用。John Schulman 等人提出了近端策略最佳化（Proximal Policy Optimization，PPO）演算法，PPO 演算法的核心思想是新策略和舊策略不能差別太大，新策略網路需要利用舊策略網路採樣的資料集進行學習，否則就會產生偏差。OpenAI 專家 Jan Leike 等人提出了語言對齊機制，並強調按照使用者的意圖來訓練語言模型的重要性。

ZEN 是一種基於 BERT 模型的文字編碼器，採用 N-gram 增強了性能，並有效地利用大量細粒度的文字資訊，其收斂速度快，性能好。H. Tsai 等人提出了一種用於序列標記任務的多語言序列標籤模型，其採用知識提煉導向的方法，以達到在詞性標注和複數的形態學屬性預測這兩項任務中取得更好的性能的目的。

表 2-6 為在 BERT 模型提出之後，ChatGPT 誕生之前，行業提出的一系列自然語言處理模型。整體而言，這些模型主要分為 3 類：第一類是在 BERT 模型的基礎上最佳化的模型，比如 ERNIE、StructBERT 和 ALBERT 等。第二類是以 GPT 為框架最佳化的模型，比如 GPT-2 和 GPT-3 等。第三類是結合 BERT 模型和 GPT 的優勢改良的模型，比如 XLNet 和 BART（Bidirectional and Auto-Regressive Transformers）等。

▼ 表 2-6

年份	模型	框架
2019	ERNIE	Transformer Encoder
2019	InfoWord	Transformer Encoder
2019	StructBERT	Transformer Encoder
2019	XLNet	Transformer-XL Encoder
2019	ALBERT	Transformer Encoder
2019	XLM	Transformer Encoder
2019	GPT-2	Transformer Decoder
2019	RoBERTa	Transformer Decoder
2019	Q8BERT	Transformer Encoder
2020	SpanBERT	Transformer Encoder
2020	FastBERT	Transformer Encoder
2020	BART	Transformer
2020	XNLG	Transformer
2020	K-BERT	Transformer Encoder
2020	GPT-3	Transformer Decoder
2020	MPNet	Transformer Encoder
2020	GLM	Transformer Encoder
2020	ZEN	Transformer Encoder
2021	PET	Transformer Encoder
2021	GLaM	Transformer
2021	XLM-E	Transformer
2022	LaMDA	Transformer Decoder
2022	PaLM	Transformer
2022	OPT	Transformer Decoder

因為 BERT 模型在誕生之後一躍成為網紅產品，所以行業推出的各類自然語言處理模型中第一類模型的佔比最高，其次是第三類模型，第二類模型的佔比最低。這說明，在那段時間內，GPT 技術選型還處於非主流狀態。另外，當時行業攻堅克難的方向主要放在自然語言處理上，而非自然語言生成上。

2.5 ChatGPT 的誕生

站在巨人的肩膀上，再加上 OpenAI 的堅持不懈，從 GPT-1、GPT-2、GPT-3、InstructGPT、GPT3.5 到 ChatGPT，OpenAI 的 GPT 系列終於開始紅了。ChatGPT 迅速吸引了全球的目光，瞬間成為全球的熱點。

如前面所述，從 2018 年到 2022 年，行業的大部分研究精力都花費在自然語言理解任務和對 BERT 模型的最佳化上。儘管行業在部分自然語言處理任務的效果上有了微小的提高，但是距離行業的期望和實現 AGI 的路還很遙遠。這也說明要解決自然語言處理的關鍵問題，任重而道遠。

與 BERT 模型相比，ChatGPT 在文字生成方面的效果提高十分明顯，讓行業感知到 ChatGPT 的神奇魅力，其火熱程度要遠遠高於同時期的 BERT 模型。ChatGPT 誕生之後的幾個月，全球一下子湧現了數百個大型模型，一時間多個國家、多個企業都開始或表示即將開始啟動大型模型建設工作。

大部分人只看到了 ChatGPT 的爆紅，卻不知道 ChatGPT 到底好在哪裡，或到底比 BERT 模型好在哪裡。其實 ChatGPT 和 BERT 模型的目標代表自然語言處理的兩個方向：BERT 模型特別注意的是自然語言處理任務，而 ChatGPT 重點突破的是自然語言生成任務。

如何理解這兩個任務的差異呢？用一句通俗的語言描述如下：BERT 模型的目標是嘗試取代普通的自然語言工作者，而 ChatGPT 的目標是做人類的幫手，協助人類解決創意和推理問題，提高人類的能力。

從工程應用角度來看，大家能顯著看出達到這兩個目標的難度差異，顯然 BERT 模型的目標更難達到，而 ChatGPT 做人類幫手的目標更容易實現。

2.5.1 InstructGPT 模型的建構流程

在介紹 ChatGPT 之前，先介紹 ChatGPT 的孿生兄弟「InstructGPT」。下面介紹 InstructGPT 模型（簡稱 InstructGPT）到底在哪些領域的表現超過人們的預期。OpenAI 專家 Long Ouyang 等人在論文「Training Language Models to Follow Instructions with Human Feedback」中表明，模型建構分為以下 3 個步驟。

第一步：微調 GPT-3.0。

按照要求收集並標記演示資料，為監督學習做準備。從流程上，第一步又可以分為以下 3 個步驟。

（1）建構 Prompt 資料集：比如「向小孩解釋登月」「講講白雪公主的故事」等。

（2）對資料集進行標註：主要透過人工進行標注，比如「登月就是去月球」。

（3）使用標注資料集微調 GPT-3：使用監督學習策略對模型進行微調，獲得新的模型參數。

第二步：訓練獎勵模型。

收集訓練獎勵模型（Reward Model，RM）所需要的比較資料集。標注資料指示對於給定輸入使用者更偏好哪個輸出，依據此進行獎懲，從而訓練 RM 來更進一步地按照人類偏好進行模型輸出。

第二步也可以進一步分為以下 3 個步驟：

（1）模型預測：用微調過的 GPT-3 對採樣的任務進行預測。

（2）資料標注，獲得比較資料集：對模型預測資料結果按照從好到壞的規則進行標注，獲得比較資料集。

（3）得到 RM：用比較資料集作為輸入資料訓練，得到 RM。

第三步：使用 PPO 演算法更新模型參數。

透過強化學習手段，使用 PPO 演算法最佳化 RM。使用 RM 的輸出作為標量獎勵，同時使用 PPO 演算法對監督政策進行微調以最佳化 RM。第三步也可以分為以下 3 個步驟：

（1）使用 PPO 演算法預測結果：透過強化學習手段，使用 PPO 演算法最佳化 GPT-3 並建構新的生成函數，然後輸入採樣的 Prompt 資料集，獲得模型輸出。

（2）使用 RM 評分：使用第二步訓練好的 RM 給模型輸出進行評分，獲得 Reward（獎勵）評分資料。

（3）更新模型參數：根據 Reward 評分資料來更新模型參數。

模型建構的第二步和第三步可以迴圈操作，只需要收集關於當前最佳策略的更多比較資料集，用於訓練新的 RM，然後使用 PPO 演算法訓練新的策略。

從以上的 InstructGPT 的建構流程和方法介紹中可以看到，InstructGPT 的建構流程相對簡單，並沒有涉及特別複雜的方法論和技術，也沒有涉及很多原創的理論，更多的是站在巨人肩膀上的專案實踐方面的創新。

InstructGPT 在 14 個自然語言處理的公開資料集上進行了測試，並分別與 GPT-3.0、微調 GPT-3.0 進行了比較。表 2-7 列出了部分測試結果。從表 2-7 中可以看出，InstructGPT 處理以下任務的效果要顯著好於 GPT-3.0，分別是使用 Truthful QA 資料集處理回答真實性判斷任務和使用 RTE 資料集處理句子對關係判斷任務。

▼ 表 2-7

測試資料	測試標準	指令形式	GPT-3.0 的效果（1750 億個參數）	InstructGPT 的效果（1750 億個參數）
Truthful QA	True	Instruction	0.570	0.815
RTE	Accuracy	Few-shot	0.614	0.765

2.5.2 ChatGPT 和 InstructGPT 的差異

透過對話形式，ChatGPT 能夠回答問題、承認錯誤、對模糊的需求進行詢問、質疑不正確的前提和拒絕不適當的請求等。ChatGPT 是 InstructGPT 的兄弟模型，被訓練為在提示中遵循指令並輸出回饋結果。

我看到網上有很多文章把 ChatGPT 和 InstructGPT 弄混淆了，使用 InstructGPT 的模型建構原理來介紹 ChatGPT。儘管 ChatGPT 的模型訓練流程和 InstructGPT 的模型訓練流程基本相同，但是兩者存在許多差別，比如 ChatGPT 主要是透過對話型任務的樣例進行訓練的，而 InstructGPT 是基於指令資料集進行訓練的。我們總結了 InstructGPT 和 ChatGPT 的主要差異，如表 2-8 所示。

▼ 表 2-8

模型	InstructGPT	ChatGPT
底座模型	GPT-3.0	GPT-3.5
資料集	指令資料集	人工互動標注資料 + 指令資料集， 最後轉化為對話資料集
應用場景	更適合指令型文字生成任務	更適合對話型文字生成任務
推理能力	中	較強
程式生成能力	弱	較強
泛化能力	中等	較強

兩者的底座模型不同，導致兩者的性能差異較大，尤其表現在推理能力、程式生成能力、泛化能力上。與 GPT-3.0 相比，GPT-3.5 從預訓練模型角度做了大量的最佳化，比如引入了指令微調機制、程式生成和程式理解、推理思維鏈等技術和方法。這些最佳化手段讓 GPT-3.5 的性能大大優於 GPT-3.0。

如前面所述，InstructGPT 在 GPT-3.0 上做了一些最佳化，比如引入了指令微調和 PPO 演算法，使得 InstructGPT 的性能在部分場景（比如文字生成、閱讀理解等）中有所提高，但是 InstructGPT 在程式生成、推理等方面的能力還有所欠缺，而 ChatGPT 有效地克服了上述缺陷，綜合能力要顯著高於 InstructGPT。

另外，從資料集上來看，InstructGPT 的資料集基本上都是單輪 Prompt（指令）語料，這些資料要應用到 ChatGPT 中，需要轉化為對話格式的。值得注意的是，最常見的閒聊機器人的應用場景是多輪對話。對於該類應用場景，傳統的單輪對話資料集顯然不夠用，因此單輪 Prompt 語料還需要補全為多輪對話格式的，而補全可以採用人工或人機互動的對話標注方式。

2.5.3 ChatGPT 和 BERT 大型模型在公開資料集上的測試

眾所皆知，ChatGPT 擅長文字生成，在多個文字生成任務中效果顯著。Qihuang Zhong 等人在 2023 年發表了論文「Can ChatGPT Understand Too? A Comparative Study on ChatGPT and Fine-tuned BERT」。在該論文中，在自然語言理解領域常用的 8 個資料集上，作者們詳細比較了 ChatGPT 和 BERT 大型模型的測試效果，如表 2-9 所示。

如表 2-9 所示，ChatGPT 在大部分自然語言理解上的測試效果不如參數量遠遠低於 ChatGPT 的 BERT 大型模型。儘管如此，ChatGPT 在推理任務中（比如 MNLI 和 RTE 資料集用於處理的任務）的表現明顯要優於 BERT 大型模型。這也能看出 ChatGPT 的優勢和劣勢所在。

▼ 表 2-9

資料集	BERT 大型模型的測試效果（3.4 億個參數）	ChatGPT 的測試效果（1750 億個參數）
CoLA	62.4	56.0
SST-2	96.0	92.0
MRPC	91.7	72.1
STS-B	88.3	80.9
QQP	88.5	79.3
MNLI	82.7	89.3
QNLI	90.0	84.0
RTE	82.0	88.0

2.5.4 高品質的資料標注

從前面介紹的內容中可以發現，ChatGPT 強大的自然語言處理能力與樣本的標注資料和品質密切相關，不論是指令資料集還是比較資料集，都離不開資料標注者的工作。OpenAI 對資料標注主要有以下 3 個要求。

（1）簡單而多樣。標注者可以提出一個任意的任務，只需要確保任務具有足夠的多樣性即可。

（2）Few-shot（少數樣本學習）。在樣本很少的情況下，模型要取得良好效果的前提之一是標注者需要提供提示（Instruction）和多個查詢 / 回應該提示的問答對。

（3）使用者導向的。OpenAI 收集了很多用例，要求標注者舉出與這些用例相對應的指令（Prompt）。

以 InstructGPT 為例，其資料主要用於處理的多樣性任務和不同的任務對應的統計分佈如表 2-10 所示。

▼ 表 2-10

用例	佔比
文字生成	45.6%
開放問答	12.4%
腦力激盪	11.2%
閒聊	8.4%
重寫	6.6%
總結和歸納	4.2%
分類	3.5%
封閉問答	2.6%
取出	1.9%
其他	3.5%

從表 2-10 中可以得出，佔比接近一半的指令資料集用於處理的任務是文字生成方面的，12.4% 的指令資料集用於處理的任務是開放問答方面的，然後是腦力激盪方面的，佔比為 11.2%。

由於 InstructGPT 的主要任務偏重於基於指令的文字生成，因此我們初步推測：在 ChatGPT 中，開放問答任務的比例會有所提高，而文字生成任務的比例會有所下降。下面分別以文字生成、開放問答和腦力激盪 3 個任務為例說明如何編輯指令。

範例一：文字生成

指令：請生成一篇關於描寫機器學習的技術報告！

範例二：開放問答

指令：請問誰建造了自由女神像？

範例三：腦力激盪

指令：請列出 6 個觀點說明 AI 技術如何改變汽車行業！

此外，對於指令還可以進一步細分和刻畫，比如模棱兩可、敏感內容、與身份相關、包含明確的安全限制、包含明確的其他限制和意圖不明確等。在測試過程中，我們發現：指令意圖越明確，需求描述越清晰，模型回答的效果越好。

因為 ChatGPT 的目標是執行更廣泛的自然語言處理任務，所以其對資料標注的範圍和品質都要求很高。相應地，其對資料標注廠商和人員的能力、敏感度十分重視。能力代表標注資料的品質，敏感度代表標注資料的符合規範和安全。以敏感性資料標注為例，OpenAI 建立了一個提示和完成語的資料集，會為提示或完成語涉及敏感內容（即任何可能引發強烈負面情緒的內容，包括但不限於有毒的、性的、暴力的、評判性的、政治性的內容等）的資料貼上敏感標籤。

2.6 思考

自然語言處理主要有兩類任務：一類是自然語言理解，另一類是自然語言生成。在本章前面的內容中，我們詳細闡述了自然語言處理的發展歷程。接下來，我們再從另一個維度（里程碑）總結一下自然語言處理的重大事件。圖 2-6 為自然語言處理歷史上的 12 個里程碑事件或重要的技術，我們覺得這些事件或技術對推動自然語言處理的發展具有劃時代的意義。這 12 個重大事件或重要的技術在前面的內容中已經做了詳細介紹，在此不再贅述。

圖靈獎得主 Yann LeCun 認為，對於底層技術而言，ChatGPT 並沒有特別的創新，也並非革命性的創新。許多研究實驗室正在使用類似的技術。更重要的是，ChatGPT 在很多方面都是由多方多年來開發的多種技術所建構的。按照 Yann LeCun 的看法，ChatGPT 更像一個依託於大算力的專案實踐，而非 AI 技術的巨大進步。

我們一直在探索大型模型在部分領域中的應用，透過實踐發現，ChatGPT 要產生好的效果，有以下幾個明顯的阻力。

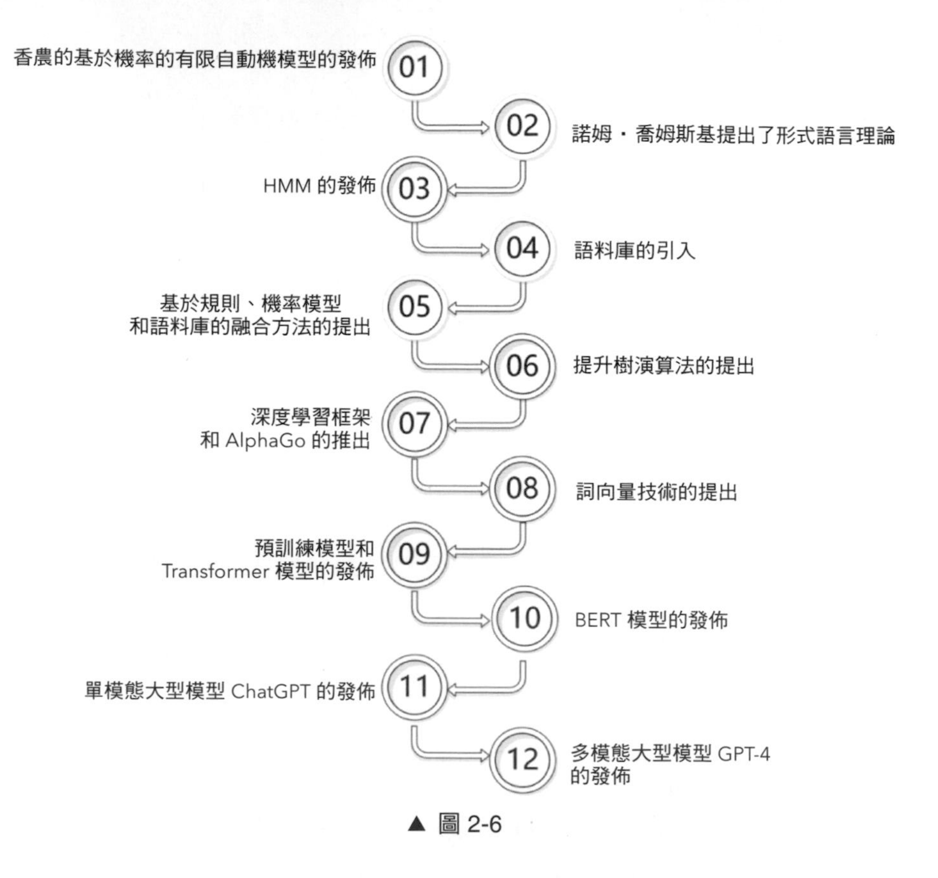

▲ 圖 2-6

（1）ChatGPT 對大算力的要求，使得使用門檻較高。

（2）ChatGPT 太複雜，對演算法工程師來說完全是一個黑箱，微調的效果全憑反覆嘗試，存在許多不可控性。

（3）ChatGPT 更適合偏文創的文字生成場景，難以保證結果的準確性和一致性。

（4）在許多應用場景中還需要融合 ChatGPT 和其他自然語言處理技術，但是 ChatGPT 的黑箱屬性，會加大融合的難度和不確定性。

（5）存在法律符合規範和道德倫理等問題。

（6）不支援多模態輸入，難以提供多模態整合式的服務體驗。

第 3 章

讀懂 ChatGPT 的核心技術

第 2 章已經詳細介紹了 LLM 的發展歷程及 ChatGPT 的優勢和劣勢，同時也提及了 ChatGPT 的部分核心技術。本章將對基於 Transformer 的預訓練語言模型、提示學習與指令微調、基於人工回饋的強化學習、思維鏈方法進行闡述，同時也會重點介紹整合學習。在本章中，我們不會堆積公式，不會推導每一個方法背後的數理邏輯。我們將聚焦於各種方法的核心流程，讓讀者明白每個方法的原理和業務價值。

3.1 基於 Transformer 的預訓練語言模型

ChatGPT 強大的底座模型是在 Google 提出的原始 Transformer 模型上的變種。Google 提出的原始 Transformer 模型是一種基於自注意力機制的深度神經網路模型，與 RNN 框架不同，其可以高效並行地處理序列資料，因此可以獲得更好的精度。

原始 Transformer 模型以編碼器（Encoder）- 解碼器（Decoder）架構為基礎，主要包含兩個關鍵元件：編碼器和解碼器，其框架示意圖如圖 3-1 所示。編碼器用於將輸入序列進行映射，轉化為中間矩陣，而解碼器則將中間矩陣轉為目標序列。編碼器和解碼器都由自注意力層和前饋神經網路層組成。

自注意力層的主要作用是學習序列中不同位置之間的依賴關係，使得 Transformer 模型能夠有效地處理長距離依賴關係。而前饋神經網路層的主要作用是對特徵進行非線性變換，提高整個網路的資訊表達能力。Softmax 函數將多分類的輸出值轉為範圍在 [0, 1] 之間的機率分佈，且所有的機率值的和為 1。透過 Softmax 函數映射即可獲得預測下一個詞語的機率值。

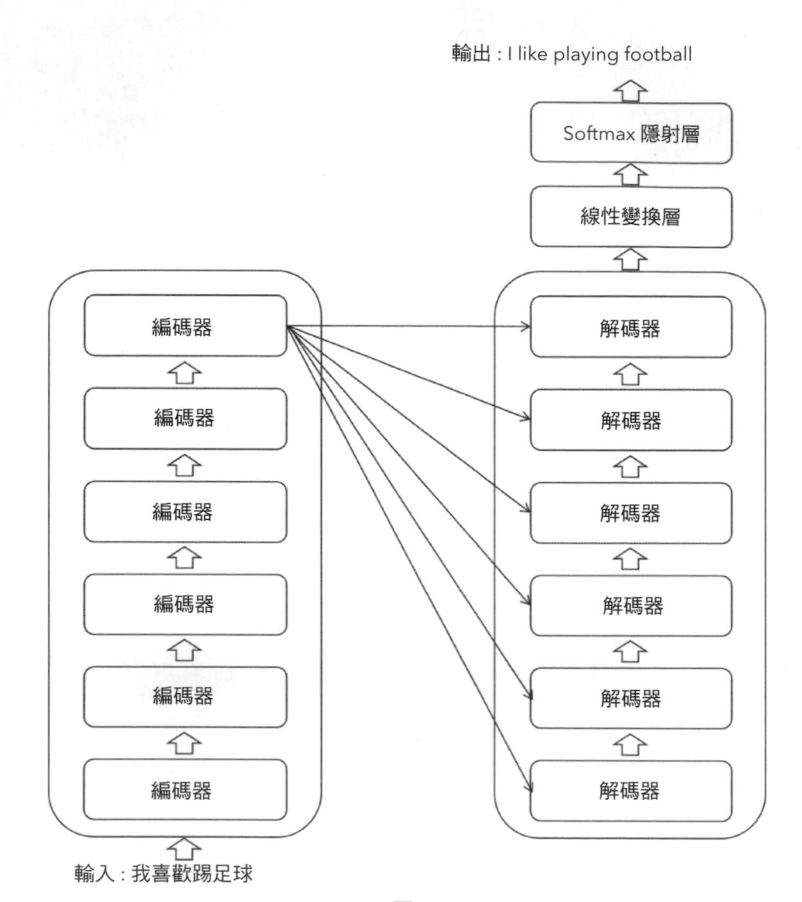

▲ 圖 3-1

編碼器的詳細結構如圖 3-2 所示，每一個編碼器都包含一個多頭自注意力層和一個前饋神經網路層，並且每層的輸出都需要經過殘差連接和歸一化層進行資料處理。

殘差連接的作用是將輸入矩陣 X 和經過多頭自注意力層轉化之後的新矩陣連接在一起，即 X+MultiHeadAttention(X)。殘差連接是行業解決多層網路訓練梯度爆炸或梯度消失等問題，讓網路只關注殘差部分的通用做法，使得網路能夠學習更深層的特徵表示。歸一化的作用是讓每一層神經元的輸入分佈都具有相同的平均值和方差，這有助加快模型的收斂速度，從而提高建模效率。

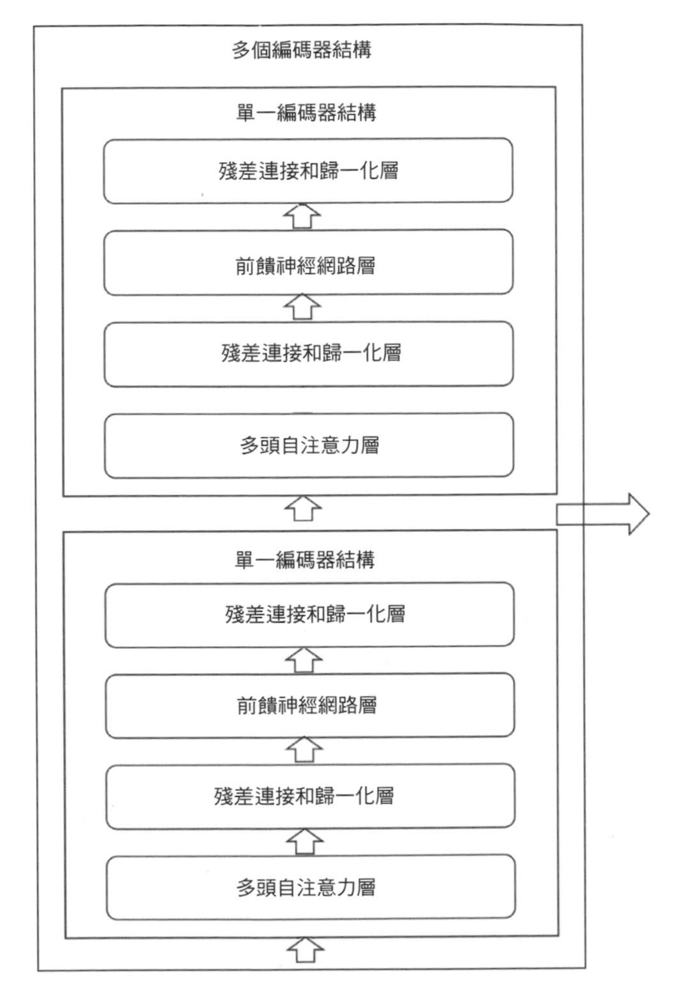

▲ 圖 3-2

多頭自注意力機制的計算邏輯十分簡單，是將多個單層自注意力模型的輸出矩陣按行拼接在一起，然後透過一個線性變換層得到新矩陣，其計算邏輯大概如圖 3-3 所示。

前饋神經網路層比較簡單，一般由一個或多個線性變換函數或非線性變換函數組成，主要作用是獲得更豐富的特徵。在原始 Transformer 模型中提到的前饋神經網路層包含一個兩層的全連接層，第一層的線性變換使用了 ReLU 啟動函數，第二層的線性變換不使用啟動函數，示意圖如圖 3-4 所示。在透過多頭自注意力層處理之後，再經過前饋神經網路層的處理，可以獲得更豐富的語義資訊，能有效地提高模型的性能。

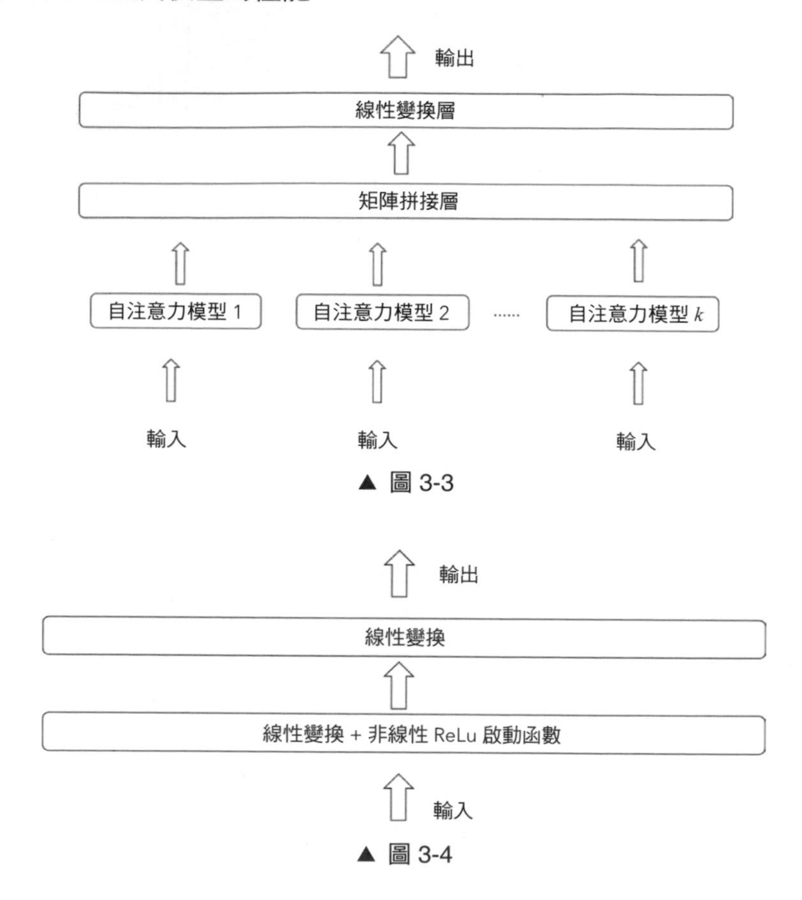

▲ 圖 3-3

▲ 圖 3-4

下面詳細介紹解碼器的結構，如圖 3-5 所示。從圖 3-5 中可以看到，解碼器和編碼器的整體結構十分相似，差別在於每一個解碼器包含兩個多頭自注意力層和一個前饋神經網路層，這比編碼器多了一個多頭自注意力層。同樣，每層的輸出都需要經過殘差連接和歸一化層進行資料處理。

解碼器和編碼器的主要差異在解碼器的多頭自注意力層的內部結構上，主要存在以下兩點差異。

（1）是否存在遮擋。第一個多頭自注意力層中的自注意力模型帶有遮擋操作，這麼做的好處是提高模型的泛化能力，能有效預測下文。

（2）是否包含編碼器的輸出作為輸入。第二個多頭自注意力層與第一個多頭自注意力層的輸入不同，其輸入既包含了編碼器中間輸出的矩陣，也包含了下游解碼器的輸入，其好處是在解碼的時候，每一個詞都可以充分利用編碼器編碼的所有輸入單字的資訊。

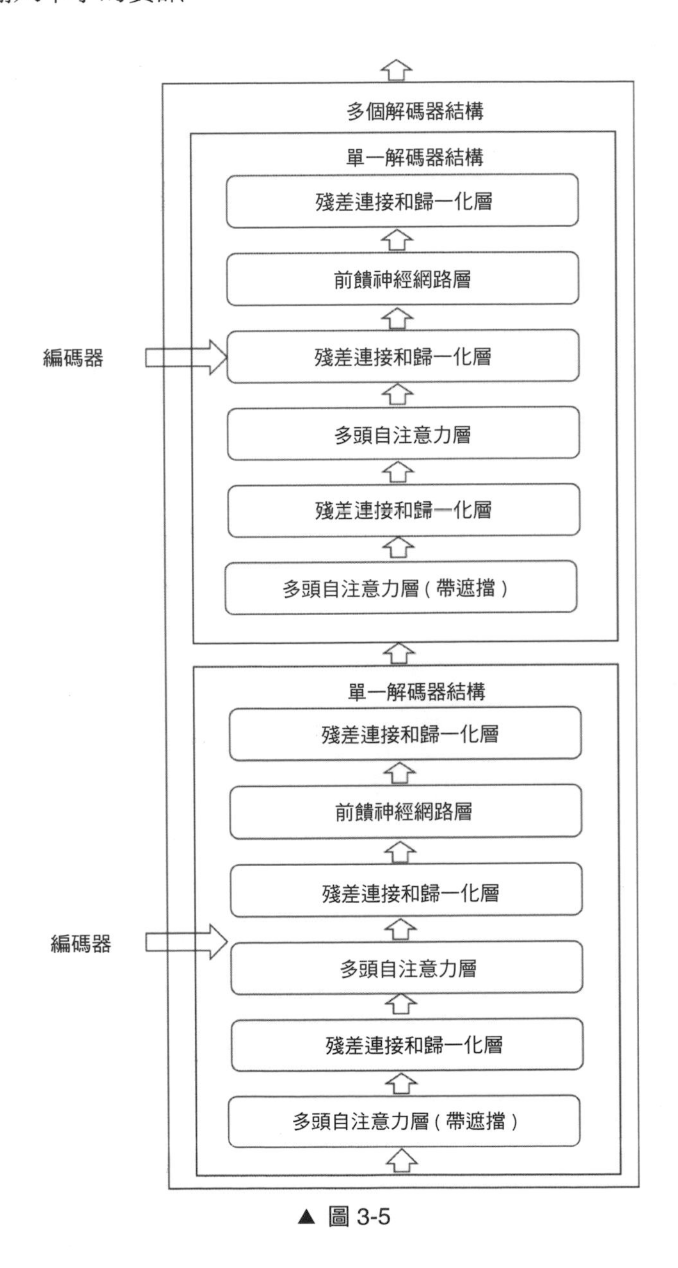

▲ 圖 3-5

在原始 Transformer 模型的基礎上，在自然語言處理領域中逐漸衍生出以下 3 種方式來建構預訓練語言模型。

（1）只包含編碼器的預訓練語言模型，典型代表是 BERT。這類模型通常使用遮罩語言建模作為預訓練任務，然後預測被遮擋的詞語。此外，這類模型基於雙向編碼既可以知道「上文」，又可以知道「下文」，從而可以獲得比較好的資訊全域可見性，因而被廣泛地應用到自然語言理解領域。這類模型的主要缺點是難以進行可變長度文字的生成，無法應用於自然語言生成任務。

（2）只包含解碼器的預訓練語言模型，比如 ChatGPT。這類模型的整體建構想法是，先建構一個具有較強泛化能力的模型，然後有針對性地對下游任務進行微調，從而取得良好的遷移能力。這類模型的缺點是基於解碼器的架構一般採用單向自回歸模式，看到的資訊是有序的，難以預測「下文」的資訊。因此，這類模型更擅長處理文字生成任務。

（3）編碼器和解碼器都包含預訓練語言模型，比如 BART。顧名思義，這類模型結合了前面兩類模型的優點，既能保證資訊的全域可見性，又可以參考單向自回歸模式，具有良好的文字生成能力。

3.2 提示學習與指令微調

提示學習（Prompt Learning）的方法是編輯成功下游任務的輸入，使其在形式上與指令訓練資料集一致，從而達到挖掘更多資訊，提高學習效果的目標。換句話說，按照預訓練格式編輯下游任務的輸入，讓下游任務的分佈朝著預訓練資料集分佈靠近，這樣能有效地提高模型的學習能力。下面分別舉兩個範例說明提示學習的用法。

範例 A：情感判斷。

文字：最近總下雨，只能在家待著。

提示：最近天氣很好，可以出去玩，讓人十分開心，最近總下雨，只能在家待著，讓人十分 ____ ？

範例 B：問答場景。

問題：居里夫人的主要成就是 ____ ？

提示：諾貝爾的主要成就是發明了烈性炸藥，愛因斯坦的主要成就是提出了相對論，愛迪生的主要成就是發明了電燈，請問居里夫人的主要成就是 ____ ？

透過範例 A 和範例 B，是不是可以明顯地看到透過提示學習改寫測試資料集後，可以讓模型獲得更多的資訊，從而提高準確率？

總而言之，提示學習能有效地提高語言模型的生成和補全能力，透過舉出更明顯的提示，讓模型做出正確的行動，從而不通過微調就可以在下游任務中取得良好的效果。

下面再介紹 3 種提示學習方法，分別是 Zero-shot（零樣本學習）、One-shot（一個樣本學習）和 Few-shot（少數樣本學習）。

（1）Zero-shot，也稱為零樣本預測，就是不給模型任何提示，直接對下游任務進行推理預測。其處理方式就是把模型要執行的指令和輸入的文字拼接起來，讓模型預測。其範例如下。

指令：請提取下面這句話中的人物、時間、組織機構 3 類命名實體。

提示：張三於 2020 年畢業於北京大學 =>

（2）One-shot，也稱為單樣本預測，就是給定一個樣例，讓模型對下游任務進行推理預測。其範例如下。

指令：請提取下面這句話中的人物、時間、組織機構 3 類命名實體。

樣例：彭帥 1993 年畢業於北京科技大學 => 人物：彭帥，時間：1993 年，組織機構：北京科技大學

提示：張三 2020 年畢業於北京大學 =>

（3）Few-shot，也稱為小樣本預測，就是給定少量樣例作為輸入，讓模型對下游任務進行推理預測。小樣本的作用是為模型提供上下文情境，能夠更進一步地提高模型的通用預測能力。其範例如下。

指令：請提取下面這句話中的人物、時間、組織機構 3 類命名實體。

樣例 1：彭帥 1993 年畢業於北京科技大學 => 人物：彭帥，時間：1993 年，組織機構：北京科技大學

樣例 2：張馨月上個月剛從美團離職 => 人物：張馨月，時間：上個月，組織機構：美團

樣例 3：劉敏航明天入職百度 => 人物：劉敏航，時間：明天，組織機構：百度

提示：張三 2020 年畢業於北京大學 =>

指令微調和提示學習的區別是指令微調不再侷限於模仿預訓練資料集，而是直接建構指令資料集並在此基礎上進行微調，以達到更好的模型效果和泛化能力。在模型的「指令」任務的種類達到一定數量級後，大型模型甚至在 Zero-shot 任務中也能獲得較好的遷移能力和泛化能力。

建構指令資料集是 ChatGPT 建構過程中的重中之重。在多個自然語言處理任務中將高品質的訓練資料和符合人類使用習慣的指令進行結合可以建構指令資料集，這些自然語言處理任務包含但不限於文字翻譯、文字生成、角色扮演、知識問答、知識取出、多輪對話、閱讀理解等。表 3-1 列舉了一些常見的指令微調資料形式。

▼ 表 3-1

類型	輸入	輸出
文字翻譯	翻譯成英文：美國企業家比爾．蓋茲 14 日上午抵達北京開啟訪華行程。	American entrepreneur Bill Gates arrived in Beijing on the morning of the 14th to begin his visit to China.
實體辨識	美國企業家比爾．蓋茲 14 日上午抵達北京開啟訪華行程。實體辨識：	美國，比爾．蓋茲，14 日上午，北京
閱讀理解	閱讀文章，回答問題：美國企業家比爾．蓋茲 14 日上午抵達北京開啟訪華行程。問題：比爾．蓋茲何時抵達北京？	14 日上午
文字分類	美國企業家比爾．蓋茲 14 日上午抵達北京開啟訪華行程。這篇文章屬於以下哪個類別：軍事、政治、科技、教育、娛樂、經濟？	經濟
文字生成	根據題目寫文章：比爾．蓋茲訪華	6 月 14 日，微軟創始人比爾．蓋茲抵達北京，尋求加強在創新、全球減貧、公共衛生、藥物研發、農村農業等領域和中國的進一步合作。

為什麼說建構指令資料集是重中之重呢？主要原因有以下 3 個。

其一，預訓練語言模型往往蘊含著極其豐富的先驗知識，而指令微調正是打開這個知識大門的鑰匙，能夠最大限度地幫助預訓練語言模型回憶起先前學習過的知識，啟動模型的能力。

其二，指令資料集透過指令的形式指導模型的生成，能夠提高預訓練語言模型的泛化能力，使其在之前未做過的任務中能夠表現出優秀的零樣本推理能力。

其三，指令資料集一般是人工建構和審核過的高品質資料集，其價值觀與人類對齊，可以大幅度減少模型生成的內容出現種族歧視、色情暴力等與人類價值觀衝突的情況。

自 ChatGPT 誕生以來，無論是在通用領域還是在垂直領域，優秀的開放原始碼指令資料集層出不窮，特別是在中文領域，彌補了過去的指令資料缺乏的空白。表 3-2 為一些常見的開放原始碼指令資料集。

▼ 表 3-2

名稱	來源	簡介
BELLE	鏈家	BELLE 資料集是由人工建構指令集，然後呼叫 OpenAI 的 API 生成的內容建構的資料集。其資料豐富多樣，包含 23 種資料類別，資料量達到 115 萬筆
COIG	智源研究院	包含了翻譯資料（66858 筆）、考試資料（63532 筆）、人類價值觀對齊資料（34471 筆）、多輪對話資料（13653 筆）、LeetCode 資料（11737 筆）
Stanford Alpaca	史丹佛大學	包含 52000 行指令資料，基於 text-davinci-003 模型生成的內容建構的資料集，後續又增加了人工調整的中文版本 Alpaca Chinese
Med-ChatGLM	哈爾濱工業大學	哈爾濱工業大學健康智慧組團隊透過 OpenAI 的 API 及醫學知識圖譜建構的中文醫學領域指令資料集

綜上所述，指令資料集的有效建構是 ChatGPT 性能強大的基礎保障之一。

3.3 基於人工回饋的強化學習

ChatGPT 和 InstructGPT 的差異在 2.5 節做了詳細介紹，在此不再贅述。下面介紹一下 ChatGPT 的訓練過程。

1. 第一個階段：SFT，即有監督微調

ChatGPT 使用 GPT-3.5-turbo 作為其有監督微調的底座模型。ChatGPT 選取了一批人工標注的高品質的指令資料集來對底座模型進行有監督微調。這批資料的總量不大，但是其種類豐富，包含了基於各個任務的多輪對話資料。標注人員依次扮演真實使用者和聊天機器人的角色。當扮演真實使用者時，標注人員對聊天機器人提出一些問題，也就是建構一些指令。當扮演聊天機器人時，標注人員會首先讓 ChatGPT 來生成對這些問題的回覆內容，然後基於自己的想法對這些回覆內容進行編輯和最佳化。在有監督微調後，即可獲取微調後的模型，微調後的 ChatGPT 能夠極佳地理解使用者輸入的指令的內在含義。有監督微調的原理示意圖如圖 3-6 所示。

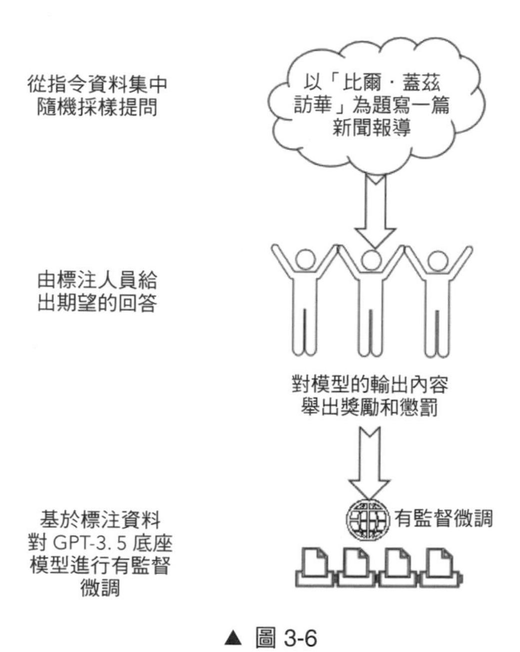

▲ 圖 3-6

2. 第二個階段：訓練 RM

第一個階段的有監督微調讓 ChatGPT 理解了使用者輸入的指令的內在含義，然而此時的 ChatGPT 還不清楚對於使用者輸入的指令，哪些回覆內容是高品質的，哪些回覆內容是不讓使用者滿意的，這就需要使用者對 ChatGPT 針對同一個指令輸出的多個回覆內容進行完整的排序，使得 ChatGPT 能夠理解什麼是真正讓使用者滿意的翔實、符合事實邏輯並且安全無害的回覆內容。

具體的做法是從指令資料集中隨機採樣提問，基於第一個階段有監督微調後的模型，針對同一個提問，生成多個回覆內容，然後由使用者按照回覆內容的品質進行排序。使用 pairwise-loss 作為損失函數來訓練 RM，pairwise-loss 是推薦領域和排序任務中最為常見的損失函數，每次取出包含兩個樣本的組合對，對這兩個樣本的先後排序進行評價，然後對另外的樣本組合對依次進行這個操作，最終得到整個樣本集合的完整排序。訓練 RM 所使用的人工標注資料在 2 萬到 3 萬筆之間。訓練 RM 可以有效地引導 ChatGPT 輸出符合使用者喜好的回覆內容。訓練 RM 的原理示意圖如圖 3-7 所示。

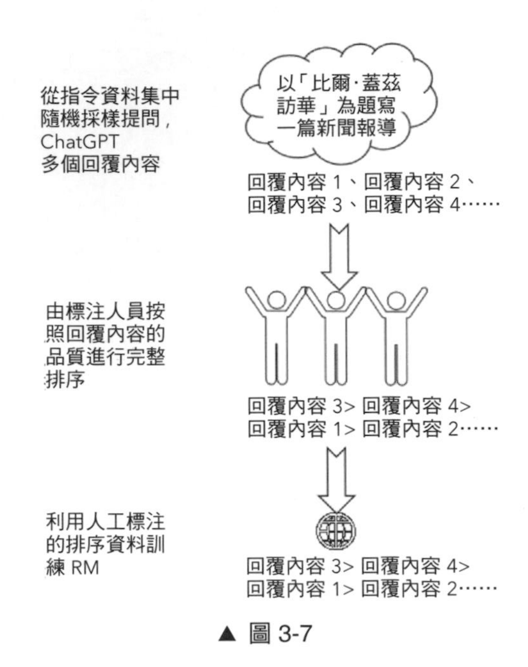

▲ 圖 3-7

3. 第三個階段：使用 PPO 演算法更新 ChatGPT 的參數

在第二個階段，我們已經訓練過 RM 了，這就表示 ChatGPT 的回覆內容能夠最大化地符合使用者預期。

第三個階段是一個強化學習過程，具體的做法是從指令資料集中隨機選取新的指令，使用第一個階段得到的有監督微調模型初始化 PPO 演算法，根據指令輸出回覆內容，然後使用第二個階段得到的 RM 對回覆內容進行評分，將評分的結果作為整體獎勵，基於整體獎勵產生梯度更新策略，以此更新 ChatGPT 的參數，直到 ChatGPT 收斂，訓練結束，從而讓 ChatGPT 獲得更優的效果。

透過介紹 ChatGPT 的訓練過程，我們介紹了強化學習如何透過更新 ChatGPT 的參數，使得 ChatGPT 能夠獲得最大化的獎勵，從而提高 ChatGPT 的能力和效果。ChatGPT 引入了基於人工回饋的強化學習，透過指令微調學習的方式，使得 ChatGPT 按照使用者的指令行事，實現與使用者的意圖對齊。

3.4 思維鏈方法

在預訓練 + 微調的方法提出後，儘管模型效果有所提高，但是在面對複雜的推理問題時還是束手無策。直到思維鏈（Chain of Thought，COT）被提出並被應用到 ChatGPT 中，模型才開始具有比較強的推理能力。在少數樣本學習的範例中插入一系列中間推理步驟，有效地提高了模型的推理能力。思維鏈有效地利用了化繁為簡、逐步突破的哲學思想，其推理想法其實特別簡單，十分符合人腦的思維模式。當遇到複雜的問題時，將複雜的問題分解為若干簡單的問題，然後一個一個解決，有助獲得最終的答案。

回到邏輯推理問題，思維鏈的工作原理是將複雜的邏輯推理問題，按照化繁為簡的思想分解為多個簡單的步驟，然後逐步解決，這樣做的好處是使得生成的過程有著更清晰的邏輯鏈路，並具備了一定的可解釋性。思維鏈和提示學習結合起來，當面對複雜推理時有助大幅度提高模型的可解釋性，也有助大幅度提高模型的推理能力和效果。下面舉個範例說明當面對一個複雜的數學問題時，思維鏈的思考方式。

數學題：爸爸大明出差回來買了 30 個蘋果，兩個孩子（老大和老二）自己分配了 30 個蘋果，大明沒有參與分配的過程，老大分得的蘋果是老二的兩倍。老二覺得不公平，於是向大明告狀。大明覺得老大有些自私，不僅沒給爸爸和媽媽分配，還不照顧老二，給自己多分配了很多蘋果。於是，大明決定給老大一個小小的懲罰，並明確設置了分配規則，要求：給爸爸和媽媽一共分配 4 個，然後在剩下的蘋果中，老二分得的蘋果要比老大多兩個。請問在第一次分配的基礎上，老大還需要給老二多少個蘋果，才能達到大明的要求？

乍一看該數學問題比較複雜，那思維鏈如何解決該問題呢？主要分為以下 4 個步驟解決。

第一步：計算得到第一次分配後老大和老二各自有多少個蘋果。這一步的計算可以按以下思維邏輯繼續分解：由於老大分得的蘋果是老二的兩倍，首先把蘋果分成三份，老大分得兩份，老二分得一份。然後計算每一份的數量，三份的總數為 30 個，則一份為 30/3=10 個。最後計算得到老大分得了兩份，為 20 個，老二分得了一份，為 10 個。

第二步：爸爸和媽媽需要分配 4 個，可以計算剩下的蘋果數量為 30-4=26 個。

第三步：計算最終老大和老二的蘋果數量。老二分得的蘋果要比老大的多兩個，而剩下的總數為 26 個。這句話可以按以下思維邏輯分解：如果去掉多餘的兩個蘋果，剩下的蘋果應該等距為兩份，那麼老大最後的蘋果數量為（26-2）/2=12 個，老二分得的蘋果比老大的多兩個，則老二的蘋果數量為 12+2=14 個。

第四步：最終計算得到老大應該給老二多少個蘋果。在第一次分配之後，老大的蘋果數量為 20 個，老二的蘋果數量為 10 個。在最終狀態下，爸爸和媽媽分得的蘋果數量為 4 個，老大分得的蘋果數量為 12 個，老二分得的蘋果數量為 14 個。那老大應該給老二 14-10=4 個。

由該範例可以看出，按照人類的邏輯思維，思維鏈將一道比較複雜的推理題化繁為簡，透過一步步推理，得到最終的答案。此外，結合思維鏈思想和指令微調，可以在少數樣本學習中增加思維鏈的解釋過程，這可以讓模型在學習類似的任務時，具有很好的推理能力和遷移學習能力。比如，面對下面的測試問題，有了思維鏈的支援，模型可以輕鬆地舉出答案。

測試問題：工廠 A 有兩個廠房（分別是廠房 1 和廠房 2）。工廠 A 引進了 60 個零配件並放到倉庫中，兩個廠房的負責人私自分配了這 60 個零配件，廠房 1 分得的零配件是廠房 2 的兩倍。廠房 2 的負責人覺得不公平，於是向廠長告狀。廠長明確設置了新的分配規則，要求：給工廠留下 10 個作為備用零配件，最終廠房 2 要比廠房 1 多 4 個零配件。請問在第一次分配的基礎上，廠房 1 需要給廠房 2 多少個零配件？

使用思維鏈方法，依樣畫葫蘆，可以很容易計算得到該測試問題的答案：7 個。

另外，某個問題的解決方案可能不止一個，這就表示思維鏈可能會有多筆。

如果在學習中進一步增加多筆思維鏈進行相互驗證的邏輯，那麼有助提高模型的推理能力和精度。若多筆思維鏈計算的結果不一致，則有助發現邏輯推理的問題，從而進行自學習，最終得到正確的答案。面對這種情況，有學者提出了比較簡單的解決方案，透過多筆思維鏈投票的機制獲得最終的推理答案。

綜上所述，我們認為思維鏈方法主要給 AI 研究和應用帶來以下 6 點啟示。

（1）化繁為簡，逐步分解，使邏輯清晰，讓電腦在面對複雜問題的時候如同面對簡單問題一樣，輕鬆解決。

（2）引入多筆思維鏈，既可以相互驗證，又可以獲得更多的資訊，提高了模型的推理能力和精度。

（3）提供了一定的可解釋性，更容易應用於對可信計算要求比較高的場景，比如金融場景、法律場景等。

（4）哲學思想包含了很多基礎的方法論，更多的哲學思想和 AI 結合，可能會帶來 AI 新的突破。

（5）思維鏈推理簡單且容易理解，與模型結合可以進一步拓展到其他複雜問題的場景。

（6）思維鏈思想可以結合其他理論，比如語義學習和語境學習等，從而進一步提高模型的邏輯推理能力。

3.5 整合學習

相關資料顯示，GPT-4 採用了整合技術來提高建模效率和最佳化模型的效果。這使得整合學習再次成為行業研究的熱點之一。其實整合學習一直被廣泛地應用於各個領域的巨量資料挖掘專案中，並獲得了良好的效果。本節將重點介紹整合學習的原理和整合學習的幾種方法。

由於演算法原理的差異，不同的演算法適用的應用場景有所差異。比如，線性演算法的優點是簡單、運行高效和可解釋性強，缺點是無法有效地模擬複雜的非線性關係，在很多場景中性能一般。非線性演算法的優點是效果比較好，能被廣泛地應用於複雜的業務場景中，缺點是複雜度高、計算量大、缺乏解釋能力。

隨著算力大幅提高，對於單一模型而言，演算法的複雜度和大計算量不再是關鍵問題。演算法工程師更關注模型的效果、泛化能力和穩定性。混合建模能有效地保障模型的效果、泛化能力和穩定性，是目前巨量資料建模最常用的方法。整合學習的原理比較簡單，即「採眾家之長為我所用」，透過建構多個專家模型，然後採用某種演算法（比如，投票或加權平均的方法）整合各個專家模型的結果，最終輸出統一的結果。

一般而言，整合學習對各個專家模型的要求有以下兩個。

（1）各個專家模型的差異性越大越好。模型的差異性可以表現在使用不同類型的演算法（比如，線性、非線性演算法等）或同一個演算法使用不同的參數（比如，樹的深度、葉子節點的個數等）或同一個演算法使用不同的資料集（比如，同一個模型選擇不同的資料行或不同的資料列）。

（2）各個專家模型的性能差異不要太大。如果各個專家模型的性能差異太大，那麼容易干擾混合模型的決策，影響模型的效果，這就好比某個專家評委團中大部分專家才不配位，最後評審結果的品質可想而知。

目前，常見的整合學習方法有以下 4 種 [4]。

（1）Bagging 方法：在模型的訓練過程中，透過資料集的差異，讓同一個機器學習演算法可以隨機選擇不同的資料行或不同的資料列，從而建構出多個差異化的模型。

（2）Boosting 方法：Boosting 方法在模型的訓練過程中主要透過修改訓練資料的權重建構多個模型。在對訓練資料建模的過程中，透過降低預測正確的樣本的權重，讓模型專注於預測錯誤的樣本，這樣能有效地提高模型預測的準確性。另外，降低預測效果較差的模型的權重，讓效果好的模型具有相對更高

4　彭勇 . 資料中台建設：從方法論到實踐實戰 . 北京：電子工業出版社，2021.

的權重，也能提高整體效果。

（3）Stacking 方法：Stacking 方法就是把基礎模型的結果作為新增的屬性，將其和原始的特徵合併在一起作為新模型的輸入特徵。

（4）混合專家（Mixture of Experts，MOE）方法：一般而言，每個專家模型只在自己擅長的樣本資料上訓練，而在其他樣本資料上不訓練或梯度更新很小。這確保了在不同的資料上訓練合適的模型，整體最佳化模型訓練的效果。模型的實際輸出為多個專家模型的輸出及閘控網路模型的加權平均組合，示意圖如圖 3-8 所示。MOE 方法主要透過以下公式來控制模型的輸出：

$$E(x)\cdot G(x)=\sum_{i}^{n}e_i(x)g_i(x)$$

式中，$e_i(x)$ 表示各個子專家模型的輸出，而 $g_i(x)$ 表示各個子門控網路模型的輸出（設定值為 0 或 1）。

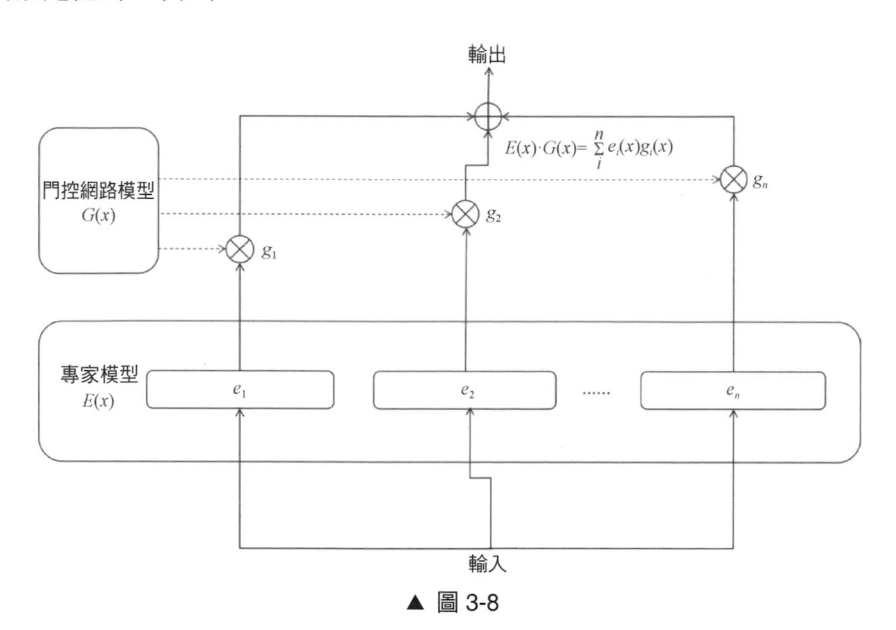

▲ 圖 3-8

MOE 方法的核心優勢在於：在不顯著增加模型計算量的情況下，充分挖掘不同語料資料集的特點，使得模型獲得更好的效果。眾所皆知，大型模型的參數量極其龐大，不僅使得模型的訓練難、訓練成本高，還使得模型的使用難、傳回結果比較慢。但是另一個結論是在同等條件下，大參數量模型的性能要普遍優於小參數量模型的性能。

MOE 方法可以有效地實現這兩者的平衡，基於 MOE 方法可以增加專家模型的數量來建構一個極大的模型，然後採用稀疏門控網路來控制專家模型的輸出，從而保證模型的計算複雜度可控。已有學者成功地將 MOE 方法嵌入了雙層 LSTM 網路和 Transformer 模型的前饋神經網路層中，並且獲得了比較好的效果。將大型模型拆分成多個小模型，對每個樣本來說，無須讓所有的小模型去學習，而只是透過門控網路啟動一部分小模型進行計算。這樣不僅讓計算量整體可控，而且在充分挖掘語料資料的基礎上確保了模型的多樣性，使得模型的效果更好、更穩定。

3.6 思考

在 ChatGPT 和 GPT-4 爆紅後，很多科學家和工程師嘗試破解它們的核心。我們也在研究 ChatGPT 和 GPT-4 的核心技術，發現 OpenAI 站在「巨人的肩膀上」做了很多創新。本章深入淺出地介紹了這些創新，期望幫助讀者加深理解。

第 4 章

看清 GPT 的進化史和創新點

2018 年 6 月，OpenAI 發佈了 GPT 家族的第一代產品 GPT-1。GPT-1 是學術界和工業界誕生的首個基於 Transformer 模型及大量無標籤資料進行預訓練的單向 LLM。GPT 家族的系列產品的發展時間線和參數量如圖 4-1 所示。

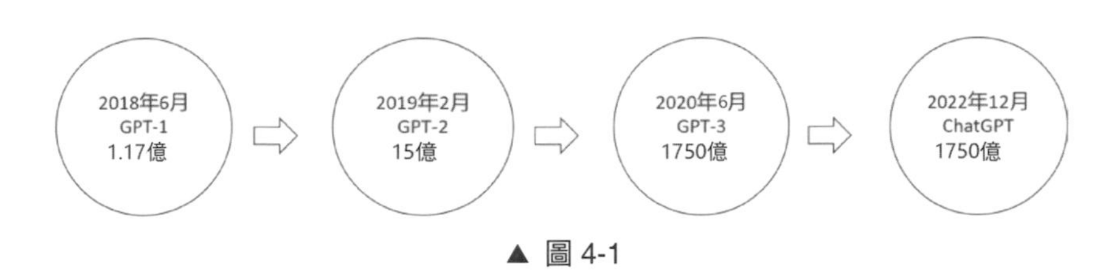

▲ 圖 4-1

本章將圍繞 GPT 家族的系列產品，尤其是 ChatGPT，重點介紹其技術發展歷程和主要創新點。

4.1 GPT 技術的發展歷程

4.1.1 GPT-1 技術的發展歷程

在 GPT-1 發佈之前，傳統自然語言處理領域的模型（如 LSTM 網路）的訓練方式一般是先隨機初始化一組詞向量參數，或透過無監督的淺層神經網路（如 Word2vec）來訓練一組詞向量參數作為先驗知識，然後架設深層神經網路，最後基於大量高品質的有監督資料進行模型的訓練。這麼做無疑有以下幾個較為明顯的缺點。

（1）人力成本高。高品質的有監督資料往往只能透過人工標注獲得，大量的高品質的有監督資料就表示巨大的人力成本。

（2）資訊提取能力弱。傳統的模型由於網路層數較少、先驗知識不足等原因導致對資訊的提取能力弱，而且資訊之間的位置越遠，其連結程度越低。

（3）平行計算能力差。傳統的模型由於其自身框架的原因無法有效地平行計算，因此無法充分利用硬體裝置資源的優勢，導致計算效率不高。

（4）領域遷移能力弱。每一個領域模型的建構都需要該領域大量高品質的有監督資料來訓練，其推理預測能力無法有效地泛化到其他的領域，導致其領域遷移能力弱。

GPT-1 對模型的訓練方式進行了創新，將模型的訓練分為兩個階段：第一個階段透過大量無標籤文字資料建構一個初始的生成式語言模型。第二個階段基於各個有監督的自然語言處理任務，對第一個階段建構好的語言模型進行微調。GPT-1 的模型框架圖如圖 4-2 所示。

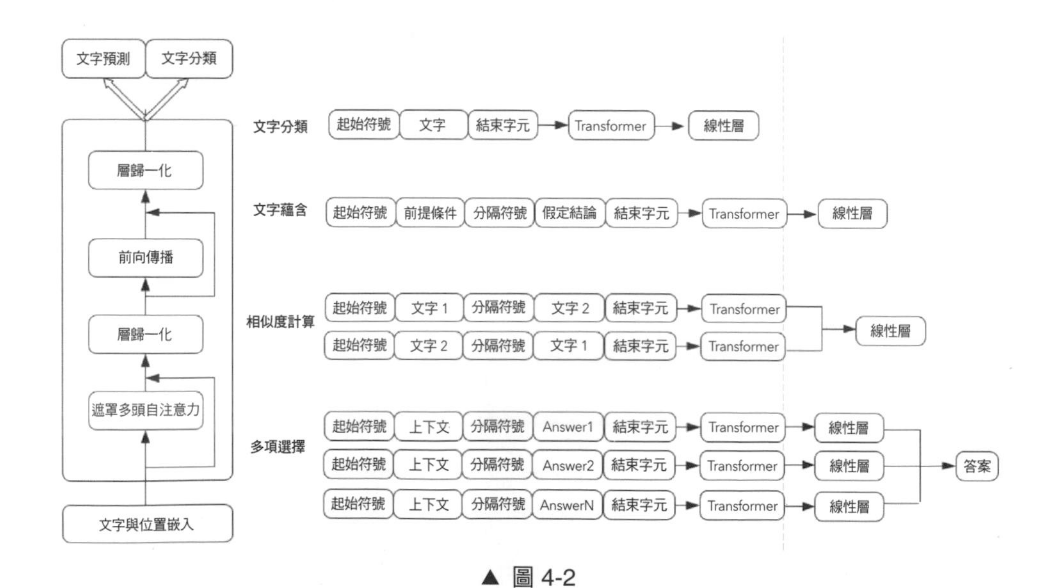

▲ 圖 4-2

GPT-1 採用了 Transformer 模型的解碼器部分，如圖 4-2 左側部分所示，其中共包含了 12 層解碼器。在每一層解碼器中，均使用多頭自注意力機制，多頭自注意力機制是對普通自注意力機制的升級和最佳化，對於輸入序列，多頭自注意力機制能夠使用多個獨立的自注意力機制進行並行處理和計算。

多頭自注意力機制有兩個方面的優勢：其一是能夠更進一步地利用 GPU 等裝置資源進行平行計算，大幅度提高計算效率；其二是多頭從不同的維度捕捉輸入序列的特徵，能夠大幅度提高模型的資訊表徵能力及泛化能力。

在無監督預訓練的第一個階段，GPT-1 採用了 BookCorpus 作為預訓練語料，BookCorpus 共包含近 20 萬本圖書，涉及文學、歷史、政治等各種不同流派。基於 BookCorpus 這樣的大規模無監督文字語料進行第一個階段預訓練，GPT-1 本身就具備了很豐富的先驗知識儲備。

在有監督微調的第二個階段，可以將 GPT-1 遷移到各種不同的自然語言處理任務中進行微調，如圖 4-2 右半部分所示，GPT-1 的有監督微調任務共分為 4 種情況，下面對這 4 種情況進行詳細介紹。

1. Classification，即文字分類任務

這個任務常用於對一個特定的自然語言文字進行分類，其類別可以包羅萬象，如經濟、政治、安全、科技等。在文字分類任務中，將起始符號 [Start] 和結束字元 [Extract] 分別放置在輸入序列 [Text] 的首尾兩端，輸入到第一個得到的預訓練語言模型中。按照經驗，一般可以選取 Transformer 模型中最後一層的輸出作為該序列的特徵向量表示，此時的特徵向量代表了預訓練語言模型對輸入序列的高維特徵的抽象表示，最後在該特徵向量之後增加一個 Linear 層（即線性層），透過 Softmax 函數計算得到預測標籤的機率。

2. Entailment，即文字蘊含任務

這個任務常用於自然語言推理。給定一個前提條件 [Premise] 和一個假定結論 [Hypothesis]，如果基於事實和邏輯分析能夠根據這個前提條件推斷出假定結論，就代表這個前提條件和假定結論之間的關係為蘊含關係，反之則代表兩者之間的關係為矛盾關係。文字蘊含任務本質上是一個二分類任務。對於文字蘊含任務，採取類似的方式進行輸入序列的拼接，即起始符號 [Start]+ 前提條件 [Premise]+ 分隔符號 [Delimiter]+ 假定結論 [Hypothesis]+ 結束字元 [Extract]。同樣，把拼接後得到的輸入序列送入預訓練語言模型得到特徵向量表示，最後增加一個 Linear 層，透過 Softmax 函數得到最終預測標籤的機率。

3. Similarity，即相似度計算任務

這個任務常用於判斷一個自然語言文字 [Text1] 和另一個自然語言文字 [Text2] 是否相似。相似度計算任務本質上也是一個文字分類任務，其類別標籤只有「相似」和「不相似」兩種。相似度計算任務與文字分類任務和文字蘊含任務的處理方式有細微的差別，首先將起始符號 [Start]+ 文字 1[Text1]+ 分隔符號 [Delimiter]+ 文字 2[Text2]+ 結束字元 [Extract] 拼接送入預訓練語言模型得到特徵向量 1，然後將起始符號 [Start]+ 文字 2[Text2]+ 分隔符號 [Delimiter]+ 文字 1 [Text1]+ 結束字元 [Extract] 拼接送入預訓練語言模型得到特徵向量 2，最後將特徵向量 1 和特徵向量 2 進行拼接得到最終的特徵向量，後續的處理與文字分類任務和文字蘊含任務相同。這麼做的目的是防止言文字 1 和文字 2 的語序問題干擾整個句子的語義，而相似度計算任務從根源上是不需要考慮兩個文字的前後順序的。

4. Multiple Choice，即多項選擇任務

這個任務常用於給定一段參考文字和一個問題，以及多個答案，判斷哪個答案是該問題的最佳答案。多項選擇任務本質上是一個文字多分類任務。對於多項選擇任務，首先將參考文字 [Text] 和問題 [Question] 拼接得到上下文 [Context]，然後依次將上下文 [Context] 與答案 [Answer1] ～ [AnswerN] 及起始符號、分隔符號、結束字元拼接得到多個序列，將每個序列分別送入預訓練語言模型得到多個特徵向量，最後增加一個 Linear 層，透過 Softmax 函數進行多分類的標籤預測。

GPT-1 以巧妙的方式解決了傳統模型（如 LSTM 網路）存在的人力成本高、資訊提取能力弱、平行計算能力差、領域遷移能力弱等問題。GPT-1 能夠在替定上下文提示時生成較為通順的語言，在一定程度上能夠輔助寫作、生成行銷方案等，然而生成的上下文越長，其連結程度越低，通順性、流暢性、可讀性越差，泛化能力越差。

4.1.2 GPT-2 技術的發展歷程

2019 年 2 月，OpenAI 發佈了 GPT 家族的第二代產品 GPT-2。GPT-2 的參數達到了 15 億個，更大的參數量表示生成式預訓練語言模型具備更豐富的先驗知識。GPT-2 沒有對 GPT-1 在網路結構和演算法框架上做出大的改動，仍然採用 Transformer 模型的解碼器部分，主要最佳化舉措集中在訓練資料量、網路層數和下游任務等方面，詳細介紹如下。

（1）資料集擴充。GPT-1 採用了 BookCorpus 及 Common Crawl 作為預訓練語料，其預訓練語料總量約為 5GB，Token 總量約為 1.3 億個。GPT-2 採用了 WebText 語料作為預訓練資料集。WebText 是從美國社交平臺 Reddit 上爬取的高贊連結的文字，其網頁數量大於 4500 萬個。經過推算，GPT-2 的預訓練語料總量約為 40GB，Token 總量約為 15 億個。

（2）詞表擴充。與 GPT-1 相比，GPT-2 採用了更多詞表，其詞表數量達到了 50 257 個。在相同的分詞方式下，詞表越多表示模型能夠學會越多樣的術語，出現未登入詞的機率就越低，還可以有效地提高編碼和解碼的效率。

（3）最大上下文視窗長度擴充。與 GPT-1 相比，GPT-2 的最大上下文視窗長度提高到了 1024 個 Token。更高的上下文視窗長度上限表示模型可以提高更長的上下文之間的理解能力。

（4）批次處理大小（batch-size）擴充。GPT-1 的批次處理大小設置為 32 個資料區塊，GPT-2 則將其擴充到 512 個資料區塊。一般而言，越大的預訓練語言模型會將批次處理大小設置得越大，而將學習率設置得越小。批次處理大小設置得越大，越有助進一步提高模型的計算效率。

（5） 網路層數擴充。與 GPT-1 的 12 層 Transformer 網路結構相比，GPT-2 將網路層數擴充到了 48 層。4 倍的網路層數，使得 GPT-2 具備更強的表徵能力和推理能力。

（6）去除有監督微調。從 4.1.1 節中可知，GPT-1 在第二個階段選取了文字分類、文字蘊含、相似度計算、多項選擇任務進行有監督微調。GPT-2 的開發人員則認為生成式預訓練語言模型應該具備通用領域的生成能力，而不應該事先限定模型的下游任務，於是 GPT-2 去除了有監督微調。

（7）增加層歸一化。層歸一化（Layer Normalization）方法是對一個輸入序列的同一層的全部神經元進行歸一化處理，一方面可以解決梯度爆炸和梯度消失的問題，另一方面可以造成加速模型收斂的作用。與 GPT-1 相比，GPT-2 將層歸一化增加到每個區塊（Transformer 中的變換編碼）的輸入之前及最後的自注意力區塊之後。

我們曾在多個自然語言處理領域的任務中使用過 GPT-2，例如透過一些關鍵字來生成一篇文章、對一篇文章進行續寫、生成一篇文章的評論等。從我們的經驗來看，在 GPT-2 通用模型的基礎上，透過少量領域資料對 GPT-2 進行增量預訓練就能取得較好的應用效果。但是 GPT-2 對一部分取出、總結任務表現不佳，比如文字摘要撰寫、關係取出等。

4.1.3 GPT-3 技術的發展歷程

2020 年 6 月，OpenAI 發佈了 GPT 家族的第三代產品 GPT-3。與 GPT-2 的 15 億個參數相比，GPT-3 的參數達到 1750 億個，GPT-3 是一個實打實的超級大型模型。

GPT-3 憑藉著超大參數量的加持，在各個自然語言處理任務中，無論是在文字生成、多輪對話、機器翻譯方面還是在智慧問答方面的表現都相當優異，一誕生就成了學術界和工業界關注的焦點。我們可以從 GPT-3 的公開論文「Language Models are Few-shot Learners」中得知，GPT-3 的預訓練語料共使用了 5 個不同來源的資料集，分別是 Wikipedia、WebText2、Common Crawl、Books1 和 Books2。

Wikipedia，也稱為維基百科，是由非營利性機構營運的全球多語言網路百科知識庫。截至 2023 年 6 月 20 日，維基百科共包含了超過 300 種語言的版本，其多語言詞條的總數量超過了 6100 萬筆。

WebText2 是 WebText 的擴展版本，擴展了超過 25% 的比例。GPT-3 從中選取了資料量約為 50GB 的部分進行預訓練，其 Token 總量約為 190 億個。

Common Crawl 是對公開網際網路資料進行爬取而形成的資料集，包含了各領域多語種的網頁資訊。GPT-3 對 Common Crawl 資料集進行高品質的資料過濾和清洗，共形成約 570GB 的資料，並使用這些資料進行預訓練，其 Token 總量約為 4100 億個。

對於 Books1 和 Books2，論文中沒有明確解釋其來源。從 Books1 中過濾得到的資料量約為 21GB，Token 總量約為 120 億個。從 Books2 中過濾得到的資料量約為 101GB，Token 總量約為 550 億個。

綜上所述，GPT-3 共形成了約 750GB 的預訓練資料量，其 Token 總量約為 5000 億個。這些資料相當驚人。

在模型創新上，GPT-3 的開發人員認為預訓練語言模型本身應該具備很豐富的通用領域知識，不需要在下游任務中有目的性地進行有監督微調，僅透過幾個樣本或 1 個樣本甚至零樣本的提示，就能夠在下游任務中極佳地進行推理預測。因此，在處理下游任務的時候，GPT-3 不需要對其參數進行微調或更新，而是透過 Zero-shot、One-shot、Few-shot 三種形式進行推理預測，這部分內容已經在 3.2 節做了詳細介紹，在此不再贅述。

在模型結構上，GPT-3 沿用了 Transformer 模型，仍然堅持「大力出奇蹟」的理念。與 GPT-2 相比，GPT-3 採用了更大、更多樣的預訓練資料集和更多的網路層數，具有更強的平行計算能力。事實證明，GPT-3 在各項自然語言生成和自然語言理解任務中都表現得十分驚人，證明了這個方法的可行性和巨大潛力。

然而，GPT-3 也存在一 些缺陷，例如無法保證生成的文章是否符合人類的價值觀、是否有政治敏感和種族歧視的資訊，其長距離上下文理解能力不夠強大，多輪對話能力有待提高。

關於 GPT 家族的其他主要成員，比如 InstructGPT 和 ChatGPT 的技術細節已經分別在第 2 章和第 3 章進行詳細闡述，在此不再贅述。

4.2 GPT 的創新點總結

GPT 類預訓練語言模型，包含 GPT-1,GPT-2、GPT-3、GPT-3.5、InstructGPT 等，在理論上做了大量的創新，無論是在大的方法論上還是在小的理論上，都有諸多值得學習和深思的地方。

首先，GPT 是第一 個使用 Transfo rmer 的大規模預訓練語言模型。使用多層的 Transformer、大規模的無監督語料、遮罩語言建模進行預訓練，都是 GPT 重要的技術手段，並且這三者都極其重要，缺一 不可，使得 GPT 在訓練時可以保持較快的速度、在推理時可以保持較高的準確性、在各個自然語言處理任務中都表現優異。

其次，GPT 原創了 Zero-shot、One-shot、Few-shot 的推理方式。GPT 透過 Prompt（提示）範本的形式大大地提高了預訓練語言模型的泛化能力。傳統的預訓練語言模型在各個語種、各個行業的任務中都需要一批高品質的標注資料。訓練一個能適用於某個資料的模型，成本極高、遷移能力弱。GPT 使用提示範本的形式有效地獲取了預訓練語言模型的先驗知識，真正做到了預訓練語言模型在多工多語種上的統一，在不同的任務中具有很強的零樣本推理能力，即使在特殊的專業領域任務中只有極少量的樣本，也具備很強的小樣本推理能力。

再次，GPT 原創性地使用了基於人工回饋的強化學習技術。傳統的預訓練語言模型生成的內容雖然在一定程度上也通順，但是在很多時候不符合人類的預期，例如生成的文章沒有藝術性、創造性，回答的答案不符合實際、張冠李戴等。這是因為傳統的訓練方式基本上是給定一個標準答案，然後讓模型生成的內容儘量接近這個標準答案，以此來建構損失函數進行參數更新。GPT 對生成的內容進行了人工干預，對同一個輸入批次輸出多個回覆內容，然後由人類對這些回覆內容的準確性、可用性進行排序，如此循環往復，一方面 GPT 學習到了人類的預期，另一方面也保證了生成的內容的安全性和無害性。同時，這種強化學習技術還可以持續地獲得真實使用者的如實回饋，使得模型的能力能夠持續地提高。

此外，直到 ChatGPT 出現，GPT 的表現才算真正有了長足的進步。在圖書資料集、社交資料集、百科資料集和網頁資料集等資料集的基礎上，ChatGPT 在訓練資料集建構上做了大量的最佳化工作。

首先，ChatGPT 補充了數十億行的 GitHub 程式資料。我們知道，完整的專案程式的內部邏輯非常強，蘊含了一步一步解決問題的想法，這在很大程度上有助 GPT 邏輯推理能力的形成。

其次，ChatGPT 在訓練過程中使用了高品質的指令微調資料，這些高品質的指令微調資料是其能夠在多語言多工上獲得一致性的關鍵。這些指令微調資料中包含了各種各樣的自然語言處理下游任務的輸入指令和輸出結果，如知識取出、知識問答、多輪對話、文字翻譯、角色扮演等。這些資料讓 ChatGPT 幾乎完全具備了像一個高智商的人一樣思考的能力。

除此之外，這些指令微調資料中還不乏人類價值觀對齊資料。這些人類價值觀對齊資料可以讓 ChatGPT 拒絕回答與它不掌握的知識相關的內容，拒絕生成性別歧視、種族偏見、色情暴力等與人類價值觀不符的內容。

最後，OpenAI 從始至終堅持「大力出奇蹟」的理念，我們分析發現，從 GPT-1 的 5GB 訓練資料、1.17 億個參數，到 GPT-2 的 40GB 訓練資料、15 億個參數，再到 GPT-3 的 750GB 訓練資料、1750 億個參數，最後到 GPT-3.5 融入大量的程式資料和指令資料，進一步擴充預訓練資料，OpenAI 始終堅持 Transformer 的技術路線，不斷地增加訓練資料及其多樣性，堅持量變引起質變的理念。

事實也證明了這一點，GPT 的參數達到 500 億個數量級以上，會引起模型推理能力「突變」，例如訓練資料中不存在阿爾及利亞語的文字翻譯資料，GPT 模型卻可以極佳地對其進行翻譯。

總之，從 GPT-1、GPT-2、GPT-3、GPT-3.5 到 ChatGPT 的誕生，預訓練的資料量、模型的參數量呈指數級增長，預訓練語言模型的實際效果也從僅能生成較為通順流暢的語言發展到幾乎逼近人類預期的智慧水準。Transformer、零樣本學習、少數樣本學習、指令微調及基於人工回饋的強化學習都是 GPT 成功的關鍵所在。

4.3 思考

大型模型的發展如火如荼，未來會逐步應用到各行各業，但是其被廣泛應用有以下幾個前提：效果好、效率高和成本可控。目前，大型模型在這幾個方面還不夠理想。

第 5 章

大型模型 + 多模態產生的「化學反應」

ChatGPT 引爆了以 AIGC（人工智慧生成內容）為代表的第四範式 AI 的市場，並成為 AI 市場的熱點。當前業界的大型模型，更多的是指 LLM，而全面融合文字資訊、影像資訊、語音資訊、視訊資訊的多模態大型模型將成為 AI 的基礎設施，並有望將整個 AIGC 產業推向輝煌。

在阿里巴巴達摩院發佈的《2023 十大科技趨勢》中，實現文字 - 影像 - 語音 - 視訊「大統一」的多模態預訓練大型模型佔據榜首。多模態與我們的生活息息相關，我們每天都透過語言、文字來感知這個世界，並有數不盡的文字、影像、語音、視訊資訊每時每刻都在傳播和儲存。

5.1 多模態模型的發展歷史

從字面意思上可知，多模態（Multimodal）指的是在同一個系統或系統中，同時存在兩種或兩種以上的感知模態或資料型態。這些感知模態或資料型態包含了文字、影像、語音、視訊等，每一種模態都從各自的維度分別提供了不同的資訊。將不同模態的資訊進行整理，就可以獲得更多樣、更豐富的資訊。

Tom Brown 等人在發表的論文「Language Models are Few-shot Learners」中認為，從 AI 演算法的技術變革角度來看，多模態的發展經歷了 5 個時代，分別是行為時代（1970—1979 年）、計算時代（1980—1999 年）、互動時代（2000—2009 年）、深度學習時代（2010—2019 年）、大型模型時代（2020 年至今）。

在行為時代，人們對多模態的感知還沒有達到量化壓縮可計算的層面，只能從心理學的角度進行定性的感知和剖析。舉例來說，人們認為手勢和語言都是資訊表達的核心部分，都是直接受大腦神經元控制的，都代表了說話人的思考方式。人們透過聽覺和視覺的完美結合才能真正地欣賞一場演出，透過語言文字描述和影像才能理解美術作品要傳達的意境等。

在計算時代，人們開始透過一些淺層神經網路〔如反向傳播（Back Propagation，BP）神經網路〕對多模態問題進行定量研究。人們基於 BP 神經網路自動解讀唇語來提高語音辨識的效果，發現在有雜訊的環境下，引入視覺訊號的輔助能夠極大地提高語音辨識的準確率。此外，人們開始逐漸從事多感知情感計算、數位視訊等專案的研究。

在互動時代，隨著智慧型手機等電子裝置的出現，人們的研究重點轉向了多模態辨識，如語音和視訊的同步、會議記錄中語音和文字的轉寫等。與此同時，人們開始嘗試建構標準的多模態訓練資料集和評測資料集。多模態技術的發展逐漸衍生出了當時轟動一時的蘋果手機語音幫手 Siri。Siri 可以執行基本的自然語言指令，如查看天氣、發送資訊、撥打電話、播放音樂等。

在深度學習時代，多模態技術快速發展，這主要得益於以下 3 點：

其一是算力快速發展，這使得研究者可以架設更深層的神經網路架構進行快速計算。

其二是新的多模態資料集層出不窮，例如影像和文字對齊的資料集、文字和視訊對齊的資料集、文字和語音對齊的資料集等，如表 5-1 所示。這使得研究者可以在標準資料集上更關注演算法本身的改進。

其三是語言特徵提取能力和視覺特徵提取能力快速提高，這使得文字、視訊等不同模態的資訊可以被提取到高維空間進行表示學習和對齊。

▼ 表 5-1

名稱	類別	簡介
COCO	影像 - 文字	COCO 資料集主要用於物件辨識、影像描述、影像分割等任務，有 33 萬張圖片，每張圖片有 5 個描述，包含 80 個目標類別、91 個物件類別
Conceptual Captions	影像 - 文字	Conceptual Captions 資料集的影像 - 文字對資料來自網際網路。人們首先對原始資料的內容、大小、圖文匹配程度進行篩選，然後進行人工清洗和抽驗審核，得到最終的資料集

名稱	類別	簡介
HowTo100M	文字 - 視訊	HowTo100M 資料集針對教學領域，包含的視訊總時長達到 15 年，平均每個視訊的時長達到 6.5 分鐘，透過字幕描述與視訊短片配對
AudioSet	文字 - 語音	AudioSet 資料集是 Google 發佈的大規模語音資料集，包含了超過 200 萬個時長為 10 秒的語音部分及 632 個語音類別，其資料最初來源於 YouTube
HD-VILA-100M	文字 - 視訊	HD-VILA-100M 資料集包含了 300 萬個視訊，以及 1 億個文字 - 視訊對，涵蓋了多個領域

這一階段以基於深度玻爾茲曼機（Deep Boltzmann Machines）的多模態模型為代表，湧現了真正的多模態模型。研究者參照傳統編碼器 - 解碼器的架構，將深度玻爾茲曼機引入了多模態領域。

在訓練階段，將各個模態之間的資訊變化最小化當成模型的損失，以此來訓練深度玻爾茲曼機，學習嵌入空間中各個模態的聯合機率分佈，得到共同語義表示。這樣，在某個模態資訊缺失的情況下，依靠其他模態的輸入資訊及共同語義也可以預測缺失的模態。

在推理階段，以文字和影像多模態為例，當輸入影像時，利用編碼器得到影像的高維特徵，然後基於條件機率 P（文字 / 影像）生成文字的高維特徵，依次解碼得到影像的文字描述。當輸入文字時，利用編碼器得到文字的高維特徵，然後基於條件機率 P（影像 / 文字）生成影像的高維特徵，透過影像特徵檢索，得到最符合文字描述的影像。基於深度玻爾茲曼機的多模態模型原理示意圖如圖 5-1 所示。圖 5-1 中 [CLS][MASK][SEP] 分別表示起始符號、遮蓋符號和間隔符號。

在大型模型時代，真正的多模態預訓練大型模型層出不窮，遍地開花，下面將介紹幾個具有代表性的多模態預訓練大型模型。2019 年 6 月，Facebook AI 研究院、佐治亞理工學院、俄勒岡州立大學等機構共同發佈了 ViLBERT（Vision-and-Language BERT）模型（更多細節可以參見 Jiasen Lu 等人發表的論文「ViLBERT: Pretraining Task-Agnostic Visiolinguistic Representations for Vision-and-Language Tasks」）。ViLBERT 模型的核心理念是將視覺知識當作可預訓練的能力，同時讓模型學習語言和視覺之間的基礎知識。ViLBERT 模型對 BERT

模型進行了擴展，使其能夠對視覺和文字知識進行聯合表示。在訓練時，ViLBERT 模型繼續沿用 BERT 模型的遮罩建模任務。不同的是，ViLBERT 模型對 15% 的文字資料和影像區域進行遮蓋，對於被遮蓋的影像區域，其特徵有 90% 的機率會被遮蓋，還有 10% 的機率保持原來的樣子，ViLBERT 模型的訓練目標是恢復被遮蓋影像區域的語義分佈。ViLBERT 模型的原理示意圖如圖 5-2 所示。

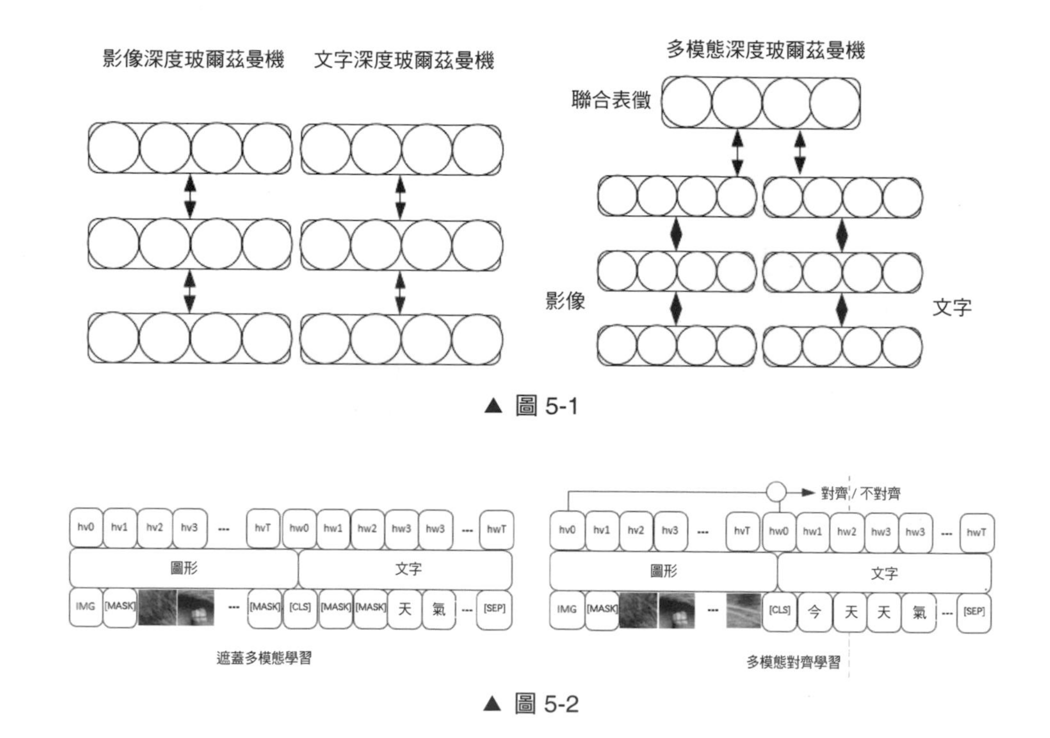

▲ 圖 5-1

▲ 圖 5-2

2021 年，OpenAI 推出了 CLIP（Contrastive Language-Image Pre-training）模型。這是一種基於對比學習的多模態預訓練模型，可謂多模態預訓練模型領域的經典之作。CLIP 模型的效果驚人，在多個下游任務（如視覺分類、動作檢測、光學字元辨識等）中具有極強的零樣本推理能力。

同年，OpenAI 推出了 DALL-E 模型，DALL-E 模型驗證了由文字提示詞生成影像的可行性。DALL-E 模型訓練的第一個階段透過對圖片進行大幅度壓縮，提取圖片的高維視覺特徵，進行自監督預訓練。第二個階段在處理文字序列時，固定第一個階段中訓練好的模型，基於 Transformer 按照自回歸的方式訓練。

2022 年 7 月，OpenAI 發佈了 DALL-E 2 模型。類似的由文字提示詞生成影像，或透過文字編輯影像的多模態大型模型還有 Stable Diffusion、Imagen、Control-Net 等。

百度也推出了 ERNIE-ViL 系列多模態大型模型，分別在 2020 年推出 1.0 版本，在 2022 年推出 2.0 版本。ERNIE-ViL 模型的特色是在文字 - 視覺預訓練模型建構過程中加入了結構化知識進行知識增強，使不同模態之間能夠進行更細粒度的對齊。ERNIE-ViL 模型是全球最大的中文跨模態預訓練語言模型，透過跨模態語義對齊技術，同時實現了文字到影像、影像到文字的雙向生成。

另外，比較經典的文字 - 視訊多模態大型模型有 VideoCoCa、VideoCLIP 等，比較經典的文字 - 語音多模態大型模型有 MusicLM 等。MusicLM 多模態大型模型支援輸入一段文字創作出優美的音樂作品。

GPT-4 支援文字和影像雙模態的輸入，具有高超的識圖能力，能夠準確地進行圖文問答、基於影像中的內容進行高水準的創作等。GPT-4 支援輸入的字元數甚至超過了 3 萬個。與 GPT-3.5 相比，GPT-4 能夠處理更複雜的指令，其輸出的內容更可靠。目前，GPT-4 已經連線了微軟的必應搜尋引擎。在 GPT-4 的幫助下，必應能夠更可靠、全面地理解使用者的搜索意圖。另外，GPT-4 也透過外掛程式的方式，連線了 Speak、Turo、Expedia、Video Insights 等應用中。未來，GPT-4 還將全面連線 Office 辦公軟體。

5.2 單模態學習、多模態學習和跨模態學習的區別

從字面意思上可以得知，單模態學習指的是對單一類別的資料進行處理、訓練和推理，例如利用單一的文字資料訓練文字模型處理文字分類任務，利用單一的圖像資料訓練影像模型處理影像分割任務等。

多模態學習指的是同時使用多個類別的資料，如文字、影像、語音、視訊模態的資料，共同處理、訓練和推理。一方面，大部分自然界的真實資料本身就是以多模態的形式存在的，傳統的演算法由於技術瓶頸往往只關注了單一模態的資料；另一方面，多個不同模態的資料分別從各自不同的維度描繪了同一

個物體，這些資料如果可以互補，就能夠創造更大的價值。舉例來說，在社交媒體領域，針對一篇推特的推文，可以利用推文及推文的配圖共同進行情感分析，這比傳統的情感分析的準確率更高。在多媒體領域，如果對一個視訊進行分類，同時使用視訊本身、視訊的字幕、視訊對應的語音這些資訊明顯要比只使用視訊本身的準確率高得多。

跨模態學習可以被認為是多模態學習的分支，兩者關注的重點不同。多模態學習關注的是多個不同模態資料之間的語義對齊，利用多模態資料建構多模態模型來提高傳統單模態演算法推理的準確性。跨模態學習關注得更多的是將不同模態之間的資料進行相互轉換和映射，以便處理下游任務，例如將影像模態的資料映射到文字模態上來處理圖文檢索、影像問答等任務，將語音模態的資料映射到文字模態上來處理語音分類等任務。

單模態學習的優點是原理簡單，不需要考慮多模態資料彼此連結，所需要的演算法簡單易懂。單模態學習在模型訓練時，只需要單一類別的資料，一方面對算力條件沒有過高的依賴，另一方面減少了人工標注多模態資料的成本。在某些簡單的場景中，單模態學習可以更有效地提取資料特徵。

然而，與多模態學習相比，單模態學習提供的資料豐富度和多樣性較低，對資料的理解和特徵的抽象能力較弱，無法做到在某個模態資料缺失的情況下互相補充，從而導致了在各種下游任務中表現出來的能力不佳，準確性不高。同時，人類在自然界中真實接觸的資料通常是多模態形式的，而非單模態形式的。

多模態學習的優點是其囊括了來自各種不同模態的資料，能夠全方位、多維度地對同一個物體進行描述。多模態學習能夠更進一步地挖掘目標的特徵，具有更高的準確性和可用性。在利用多模態模型進行推理時，即使缺失了某一模態的資料，也可以用其他模態的資料來彌補，能夠更進一步地應對資料雜訊，模型的堅固性更強。同時，多模態模型學習到了多資料來源的語義知識，使其能夠在更大的上下文語境中進行推理和預測，大大地提高了模型的泛化能力。

然而，這也表示多模態模型的訓練需要更多資料、更大算力的支援，所需要的成本更高。

跨模態學習的典型應用領域是跨模態檢索，例如透過文字檢索影像、透過文字檢索視訊等。由於不同模態資料的多源異質性，跨模態檢索的困難在於如何對不同模態的資料進行語義對齊。跨模態檢索有兩種主流的技術，以圖文檢索為例，一種是公共空間特徵學習技術，另一種是跨模態相似性檢索技術。

公共空間特徵學習技術，指的是將文字和影像分別用各自的編碼器映射到公共空間中，得到公共空間中的文字特徵和影像特徵，然後取各自特徵的最後一層向量嵌入進行餘弦相似度計算。公共空間特徵學習技術的原理示意圖如圖 5-3 所示。

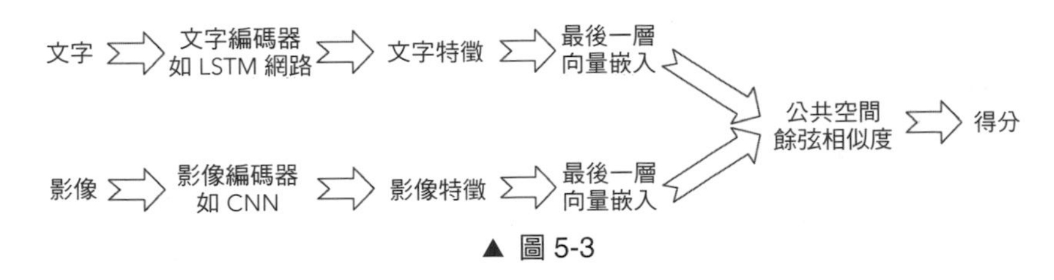

▲ 圖 5-3

公共空間特徵學習技術往往應用於較簡單的場景，可以事先把文字和影像的語義向量分別計算好，用資料庫進行儲存，當輸入查詢文字時，可以快速地檢索推理。不足的是，這種技術的文字編碼器和影像編碼器彼此獨立，模態之間沒有互動，因此生成的特徵很難做到真正的語義對齊，從而導致這種技術的檢索準確率不高。

跨模態相似性檢索技術在文字特徵和影像特徵編碼的過程中所採用的方法與公共空間特徵學習技術類似，不同的是，沒有直接取特徵的最後一層向量嵌入進行餘弦相似度計算，而是將文字特徵和影像特徵進行拼接融合，然後加上一層映射層網路，使得映射層網路盡可能地學習到能夠度量跨模態相似性的參數。跨模態相似性檢索技術的原理示意圖如圖 5-4 所示。

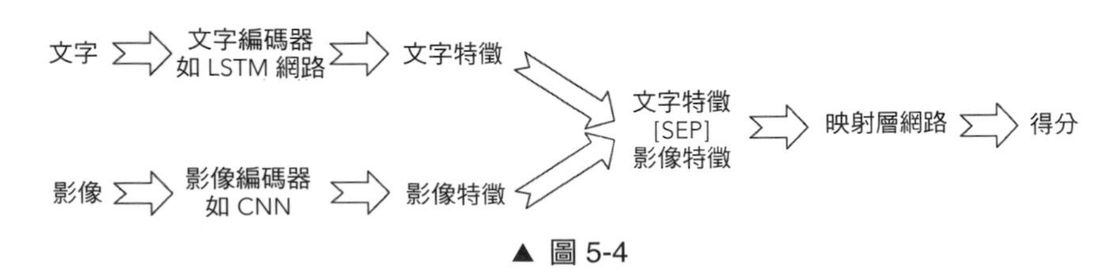

▲ 圖 5-4

跨模態相似性檢索技術將文字特徵和影像特徵進行拼接融合，然後在映射層網路中學習語義對齊參數，能夠做到文字資料和圖像資料的互相補充，與公共空間特徵學習技術相比，在多模態語義對齊方面學習得更充分，檢索的準確率更高。然而，由於無法提前進行向量計算和儲存，因此搜索過程耗時更多。

5.3 多模態大型模型發展的重大里程碑

無論是在文字、影像、語音領域還是在視訊領域，傳統的單模態模型的發展都已經較為完善。大規模預訓練模型的最大優勢就是在預訓練的過程中經過了大量資料的訓練，使得模型已經具備了豐富的先驗知識，在處理具體的下游任務時通常透過小樣本提示甚至零樣本提示的方式進行推理預測。在多模態領域，道理一樣，高品質的多模態標注資料往往較難獲取，因此，也透過大量的無標注多模態資料，基於類 Transformer 進行預訓練來建構多模態預訓練模型，在處理下游任務時，透過少數樣本甚至零樣本提示進行推理。下面介紹多模態大型模型在發展過程中出現的幾個里程碑式的進展。

1. Vision Transformer 模型

我們知道，Transformer 模現在自然語言處理領域的應用早已經無處不在。這已經足以證明其演算法價值。Vision Transformer 模型是第一個創新地將 Transformer 應用於電腦視覺領域的模剛，實驗結果也證明了其性能超過了當時電腦視覺領域最強大的 CNN 模型（更多細節請參見 AlexeyDosovitskiy 等人發表的論文「An Image is Worth 16×16 Words: Transformers for Image Recognition at Scale」）。Vision Transformer 模型的原理示意圖如圖 5-5 所示。

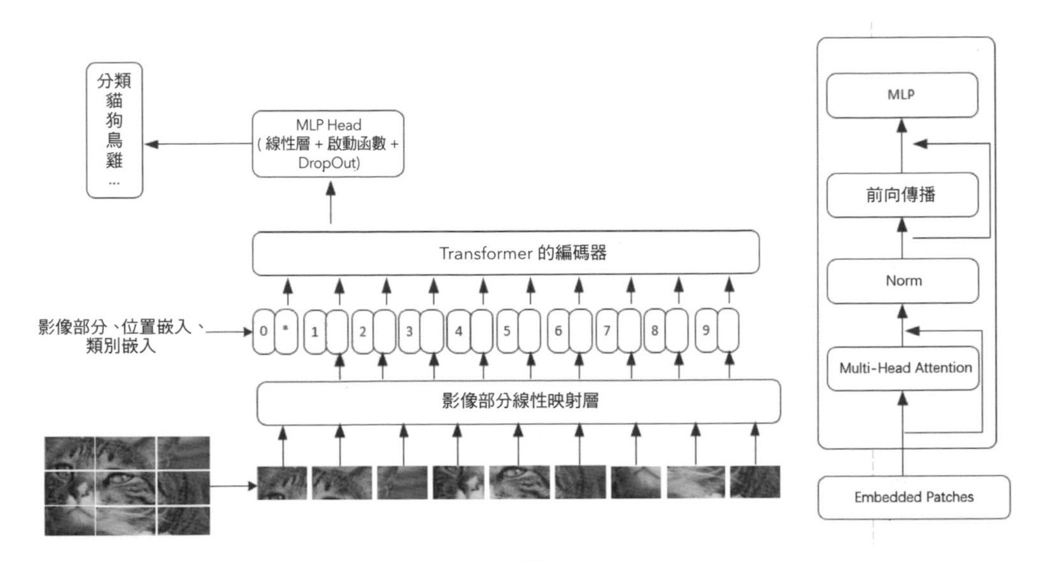

▲ 圖 5-5

Vision Transformer 模型的結構主要有以下 3 個部分。

第一個部分是 Embedding 層（嵌入層）。標準的 Transformer 的輸入是多個文字字元對應的向量嵌入組成的二維矩陣。對於影像而言，其輸入是三維資訊，包括影像序列、影像的長和寬，因此需要做一次映射轉換。如圖 5-5 左下角所示，參照卷積神經網路的做法，將一張完整的圖片的資訊劃分成多個 Patch（部分），接著將每個部分線性映射為一維向量，於是就組成了 Transformer 需要的二維矩陣輸入。最後，將圖片嵌入（Image Embedding）、位置嵌入（Position Embedding）、類別嵌入（Class Embedding）進行拼接組合輸入 Transformer 的編碼器。

第一個部分是 Embedding 層（嵌入層）。標準的 Transformer 的輸入是多個文字字元對應的向量嵌入組成的二維矩陣。對於影像而言，其輸入是三維資訊，包括影像序列、影像的長和寬，因此需要做一次映射轉換。如圖 5-5 左下角所示，參照卷積神經網路的做法，將一張完整的圖片的資訊劃分成多個 Patch（部分），接著將每個部分線性映射為一維向量，於是就組成了 Transformer 需要的二維矩陣輸入。最後，將圖片嵌入 (Image Embedding)、位置嵌入 (Position Embedding)、類別嵌入 (Class Embedding) 進行拼接組合輸入 Transformer 的編碼器。

第二個部分是 Transformer 的編碼器，如圖 5-5 右半部分所示，由多層編碼器區塊疊加而成，結構和原始的 Transformer 基本一致。第二個部分主要包含以下幾個部分：Embedded Patches，指的是輸入的部分向量嵌入；Norm，即層歸一化，主要是解決模型梯度消失和梯度爆炸的問題，同時加速收斂；前向傳播，即將上一層的輸出作為下一層的輸入，逐層計算下一層的輸出；Multi-Head Attention，指的是多頭自注意力模組，前文已經詳細介紹過；MLP，指的是全連接層、啟動函數、DropOut 的組合體。

第二個部分是 Transformer 的編碼器，如圖 5-5 右半部分所示，由多層編碼器塊疊加而成，結構和原始的 Transformer 基本一致。第二個部分主要包含以下幾個部分：EmbeddedPatches，指的是輸入的部分向量嵌入；Norm，即層歸一化，主要是解決模型梯度消失和梯度爆炸的問題，同時加速收斂；前向傳播，即將上一層的輸出作為下一層的輸入，逐層計算下一層的輸出；Multi-Head Attention，指的是多頭自注意力模組，前文已經詳細介紹過；MLP，指的是全連接層、啟動函數、DropOut 的組合體。

第三個部分是 MLPHead，如圖 5-5 所示，MLPHead 模組接受 Transformer 的編碼器的輸出，傳回圖片的分類結果，其本身是線性層＋啟動函數＋ DropOut 的組合體。

Vision Transformer 模型是巨大的創新，為多模態大模型的發展開了先河。

2. VideoBERT 模型

如果說 Vision Transformer 模型是創新地將 Transformer 應用於電腦視覺領域的模型，那麼 VideoBERT 模型就是第一個將 Transformer 應用到多模態領域的模型（更多細節請參見 Chen Sun 等人發表的論文「VideoBERT: A Joint Model for Video and Language Representation Learning」），也證明了 Transformer 在多模態領域的巨大價值和潛力。VideoBERT 模型被廣泛地應用於視訊生成、視訊描述、視訊問答、視訊動作分類等任務中，都獲得了大幅超過傳統單模態模型的效果，證明了「多模態預訓練大模型＋小樣本微調」這種模式的可行性。

VideoBERT 模型的原理圖如圖 5-6 所示。

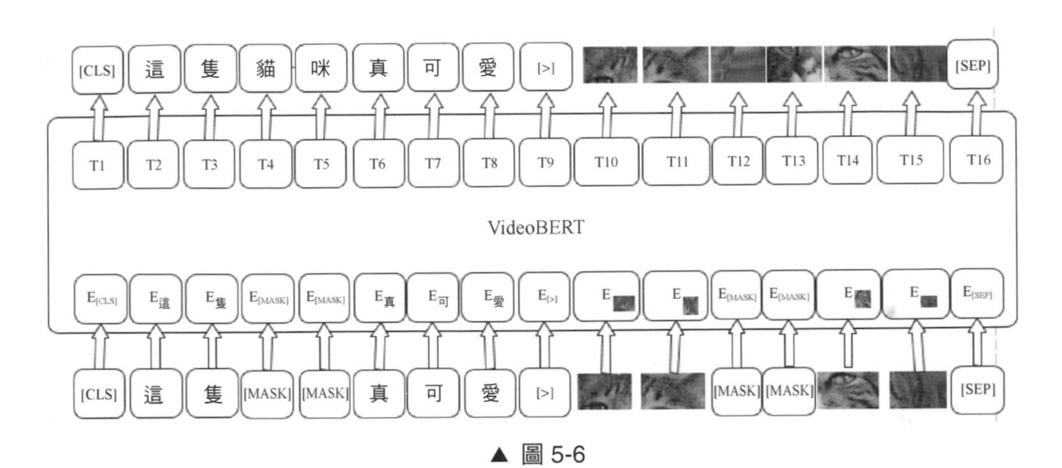

▲ 圖 5-6

VideoBERT 模型選取的預訓練資料來自 YouTube 上大量的無標籤視訊。單一視訊中連續的幀組成幀部分，VideoBERT 模型對幀部分進行特徵取出獲得視訊對應的特徵向量，然後對全部的特徵向量聚類，這樣，每個視訊都會被劃分到某一個類別中，這個類別正好與自然語言處理中的 Token 對應。另外，VideoBERT 模型透過語音辨識工具，獲取視訊中的文字資訊。這樣，就有了文字和視訊的對齊資料。

VideoBERT 模型的訓練方式和原始的 BERT 模型幾乎一樣，如圖 5-6 所示。VideoBERT 模型將文字 Token 和視訊 Token 進行拼接，中間加入特殊字元 [>] 來表示兩者的拼接。訓練任務分成兩個：第一個是隨機遮蓋一部分 Token，讓模型來還原這些被遮蓋的 Token。第二個是判斷文字和視訊能否匹配，也就是判斷視訊 Token 序列能否作為文字 Token 序列的下一句。

3. CLIP 模型

CLIP 模型是 OpenAI 在 2021 年推出的文字 - 影像多模態預訓練大型模型，是多模態領域里程碑式的大型模型，利用豐富的先驗知識真正實現了下游任務的零樣本推理，在多個任務中都獲得了最佳表現，證明了「多模態預訓練大型模型 + 零樣本推理」這種模式的可行性。

在 CLIP 模型出現之前，傳統電腦視覺領域的做法一般是訓練單模態模型對影像進行類別劃分，也有一些研究者嘗試將自然語言文字結合到電腦視覺模型中，但實際效果不如使用經過有監督訓練的單模態影像模型。CLIP 模型的研究者進行了以下幾點考慮。

（1）傳統的單模態影像模型的訓練需要大量高品質的影像標注資料，如影像類別標籤，這些資料往往難以獲取。然而，在網際網路上已經存在大量的文字 - 影像對，例如社交媒體上的使用者通常會為其發文配圖，這些影像和影像的文字描述資訊本身就可以當作標注好的資料集來用於訓練，解決傳統影像的標籤類別資料標注成本高和難以獲取的問題。

（2）在當前所做的嘗試中，將自然語言文字結合到電腦視覺模型中表現不佳，可能是因為多模態的標注資料規模還不夠大，無法有效地啟動模型的潛在推理能力。畢竟 Transformer 模型已經在自然語言處理領域證明了大規模預訓練的強大能力。

（3）傳統的單模態影像模型在高品質標注資料的訓練下能夠取得很好的影像分類效果，但基本沒有獲得零樣本推理能力，也就是如果給定的影像類別標籤沒有在之前的訓練樣本中，其分類準確率就會大幅降低。如果基於網際網路中大量真實的文字 - 影像對進行多模態預訓練，模型能夠獲得更強大的零樣本推理能力和泛化能力。

基於上述考慮，CLIP 模型從網際網路上獲取了 4 億個文字 - 影像對，並進行一定的資料清洗用於預訓練。CLIP 模型的訓練包含了兩個階段，分別是特徵映射階段和對比學習階段（更多細節請參考 Alec Radford 等人發表的論文「Learning Transferable Visual Models from Natural Language Supervision）。CLIP 模型的原理示意圖如圖 5-7 所示。

在特徵映射階段，對於輸入的影像，利用影像編碼器（Image Encoder）得到影像向量嵌入，對於輸入的文字，利用文字編碼器（Text Encoder）得到文字向量嵌入。隨後，將影像向量嵌入和文字向量嵌入映射到公共多模態語義空間，方便直接對二者進行語義相似度計算，於是就獲得了在公共多模態語義空間中新的影像向量嵌入和文字向量嵌入。

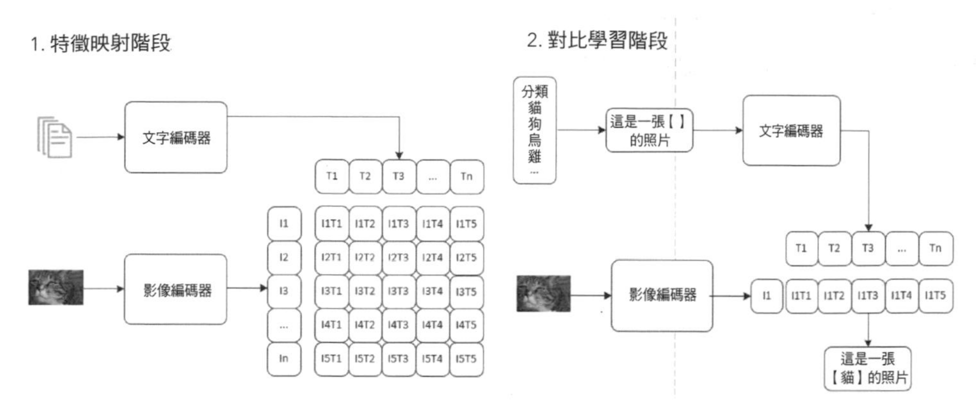

▲ 圖 5-7

在對比學習階段，透過計算影像向量嵌入和文字向量嵌入之間的餘弦相似度來更新模型的參數，餘弦相似度越大，代表影像和文字之間的連結程度越強，反之越弱。模型的訓練目標是盡可能地讓正樣本（即配對的文字和影像）之間的餘弦相似度更高，同時盡可能地讓負樣本（即不匹配的文字和影像）之間的餘弦相似度更低，以這樣的方式不斷地迭代訓練來最佳化神經網路的參數。

預訓練好的 CLIP 模型具有很強的泛化能力和零樣本推理能力，以影像分類為例，輸入一個影像，透過影像編碼器獲得影像的特徵向量嵌入，然後將要劃分的類別透過文字編碼器依次轉為文字的特徵向量嵌入，計算它們之間的餘弦相似度，相似度最大的那個為影像的類別標籤。

4. CoCa 模型

2022 年 5 月，Google 公司發佈了多模態模型 CoCa（更多細節可參見 Jiahui Yu 等人發表的論文「CoCa: Contrastive Captioners are Image-Text Foundation Models」）。CoCa 模型融合了解決影像多模態問題的 3 種傳統的想法，結合了各自的優勢，能夠適用於更廣泛的任務。

解決影像多模態問題有 3 種傳統的想法，分別是使用單編碼器模型、雙編碼器模型、編碼器 - 解碼器模型。

單編碼器模型指的是整個架構中只存在一個影像編碼器的模型。舉例來說，在影像分類任務中，需要使用大量高品質的影像及對應的類別標籤來訓練這個影像編碼器。單編碼器模型在具體的領域中往往能取得不錯的效果，但人工標注成本過高，領域遷移能力差，在每個領域中都需要訓練一個單獨的模型，並且不具備零樣本推理能力。

雙編碼器模型指的是整個架構中存在兩個編碼器的模型，以文字 - 影像多模態任務為例，即同時存在文字編碼器和影像編碼器。這兩個不同的編碼器對輸入的文字和影像分別獨立編碼，再透過計算其餘弦相似度進行模型參數的更新。雙編碼器模型由於經過了大量網際網路資料的預訓練，具有很強的泛化能力和零樣本推理能力。但由於雙編碼器模型分別對文字和影像進行獨立編碼，在開發過程中缺乏特徵的互動和融合，因此在某些需要影像－文字語義共同作用的任務中表現不佳。舉例來說，視覺問答任務，需要共同分析影像和問題的語義來進行回答；視訊問答任務，需要共同分析視訊和問題的語義來進行回答。

編碼器－解碼器模型指的是整個架構中同時存在編碼器和解碼器的模型。舉例來說，在影像描述任務中，透過編碼器對影像進行編碼，生成影像特徵向量嵌入，然後使用解碼器將影像特徵向量嵌入跨模態地解碼成文字描述。這種編碼器－解碼器結構有助融合多模態特徵，在多模態理解任務中表現較好，但由於缺乏單獨的文字編碼器，在影像檢索、視訊檢索等任務中表現不佳。

CoCa 模型創造性地將上述 3 種想法進行有效融合，能夠分別獨立獲得影像特徵向量和文字特徵向量，還能夠更深層次地對影像特徵和文字特徵進行融合。CoCa 模型的原理示意圖如圖 5-8 所示。

CoCa 模型的整體結構包含了 3 個部分，分別是影像編碼器、單模態文字解碼器及多模態文字解碼器。

影像編碼器是獨立的，用於對輸入的影像進行編碼，獲取影像的特徵向最嵌入。影像編碼器可以使用前文中介紹的 Vision Transformer 模型等來充當。

單模態文字解碼器是獨立的，用於對輸入的自然語言文字進行解碼，獲取文字的特徵向最嵌入。單模態文字解碼器和影像編碼器不產生互動。

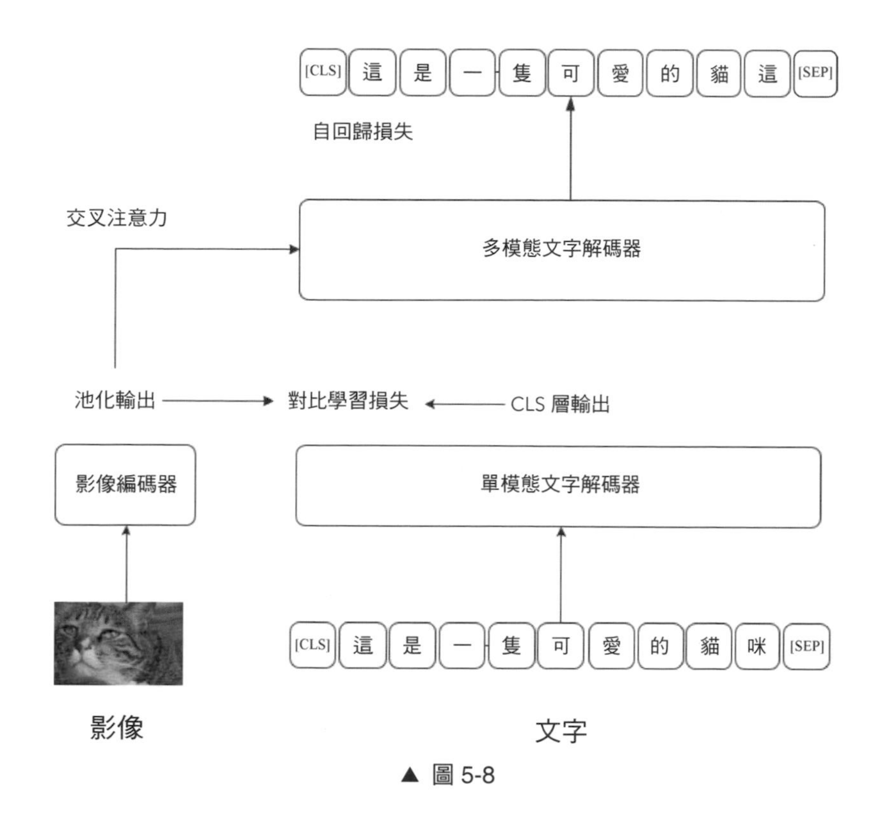

▲ 圖 5-8

多模態文字解碼器建立在單模態文字解碼器之上，和影像編碼器進行特徵的互動融合，並解碼輸出最後的文字。

CoCa 模型的訓練目標主要有兩個：第一個是影像編碼器和單模態文字解碼器的對比學習，使其正樣本盡可能地靠近，同時負樣本盡可能地遠離；第二個是在文字解碼和影像編碼互動融合之後，能夠獲得更準確的文字輸出。

5. GPT-4

2023 年 3 月 14 日，OpenAI 發佈了 GPT-4。GPT-4 是超大規模的多模態預訓練模型。外界猜測其參數可能達到 10MB ～ 100MB 個數量級。GPT-4 可以接受文字、影像資訊的輸入，生成自然語言文字，目前不支援語音和視訊模態。GPT-4 能夠極佳地理解影像中蘊含的語義資訊，並結合使用者輸入的問題，進行多步推理，舉出準確、合理、安全的回答。舉例來說，給定一道物理題，包含了問題前因後果的文字資訊，以及工程力學狀態的影像資訊，GPT-4 能夠準確地理解文字和影像中的資訊，基於這些資訊一步一步推導公式，直到輸出準確答案。

GPT-4 支援更長文字的輸入，可以輸入超過 3 萬個字元，對上下文的理解更透徹，在多語言、多工中的表現全面超過了 GPT-3.5。在影像描述任務中，GPT-4 出現幻覺問題，即描述出影像中不存在的物體的機率大幅度降低。另外，GPT-4 提高了輸出的安全性，能夠拒絕回答不符合人類價值觀的問題，這歸功於其訓練過程中的強化學習階段。

6. CoDi 模型

截至 2023 年 7 月，市場上主流的多模態大型模型涉及的模態往往只有兩個或 3 個，如文字 - 影像多模態大型模型、文字 - 語音多模態大型模型、文字 - 影像 - 視訊多模態大型模型、文字 - 影像 - 語音多模態大型模型等。CoDi 模型創新地提出了可組合擴散技術，這項技術支援模型的輸入為文字、影像、語音、視訊的任意組合，模型的輸出也可以是文字、影像、語音、視訊的任意組合（更多細節請參見 Zineng Tang 等人發表的論文「CoDi: Any-to-Any Generation via Composable Diffusion」）。CoDi 模型的原理示意圖如圖 5-9 所示。

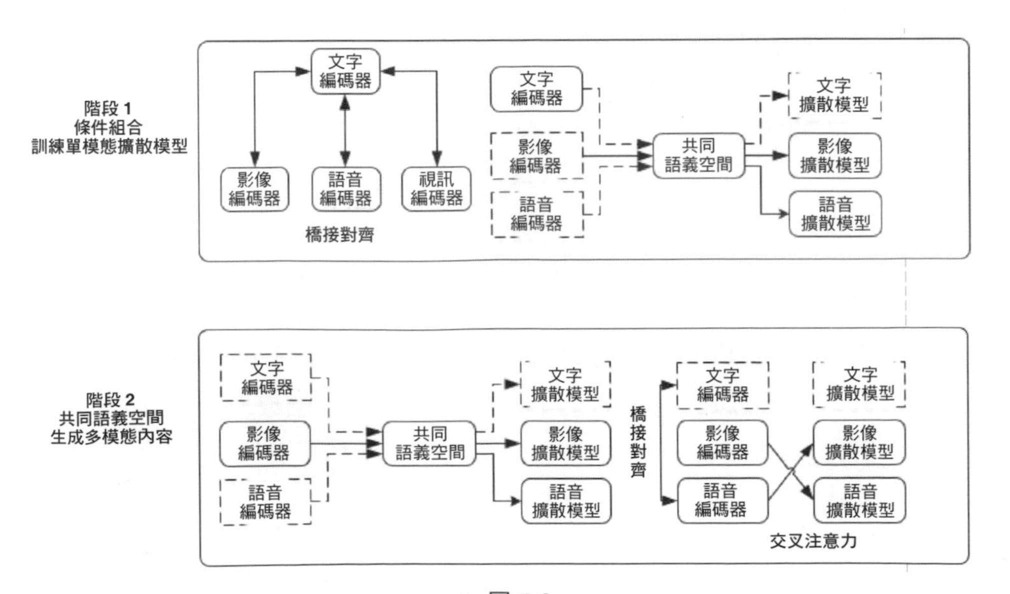

▲ 圖 5-9

我們先簡單地介紹一下擴散模型的概念。傳統電腦視覺領域的生成模型主要以生成對抗網路（Generative Adversarial Network，GAN）為核心。這是一種判別模型，具有生成器和判別器兩個部分，透過這兩個部分的互相對抗，生成的影像品質更高。然而，由於 GAN 的訓練時間過長、生成影像的多樣性不高，GAN 未能得到進一步發展。後來，擴散模型的概念被提出。擴散是物理學中的一種現象，就是氣體分子會由高濃度區域自動地向低濃度區域進行擴散。在資訊計算領域模擬這種現象，對於一個影像，我們首先透過逐漸引入雜訊來破壞這個影像，直到影像的資訊完全遺失，接著透過逐漸去除雜訊來重構原來的影像。透過這種方式生成的影像更穩定、更多樣，解析度更高，同時，由於捨棄了對抗訓練，其訓練速度更快。

CoDi 模型的訓練過程主要分為兩個步驟。第一步是針對文字、影像、語音、視訊模態（因為在後續的處理過程中，影像和視訊的處理過程完全一致，所以影像編碼器和影像擴散模型也可以分別代表視訊轉碼器和視訊擴散模型），分別訓練一個潛在的擴散模型。在訓練時輸入資料可以是組合模態的，投影到共同語義空間，輸出資料是單一模態的。第二步是增加輸出模態的種類，在第一步的基礎上，對每一個潛在的擴散模型都增加一個交叉注意力模組，將不同的潛在擴散模型的特徵映射到共同語義空間中。這樣，輸出模態的種類會進一步多樣化。

5.4 大型模型 + 多模態的 3 種實現方法

我們知道，預訓練 LLM 已經獲得了諸多驚人的成就， 然而其明顯的劣勢是不支援其他模態（包括影像、語音、視訊模態）的輸入和輸出，那麼如何在預訓練 LLM 的基礎上引入跨模態的資訊，讓其變得更強大、更通用呢？本節將介紹「大型模型 + 多模態」的 3 種實現方法。

1. 以 LLM 為核心，呼叫其他多模態元件

2023 年 5 月，微軟亞洲研究院（MSRA）聯合浙江大學發佈了 Hugging-GPT 框架，該框架能夠以 LLM 為核心，呼叫其他的多模態元件來合作完成複

雜的 AI 任務（更多細節可參見 Yongliang Shen 等人發表的論文「HuggingGPT: Solving AI Tasks with ChatGPT and its Friends in HuggingFace」）。HuggingGPT 框架的原理示意圖如圖 5-10 所示。下面根據論文中提到的範例來一步一步地拆解 HuggingGPT 框架的執行過程。

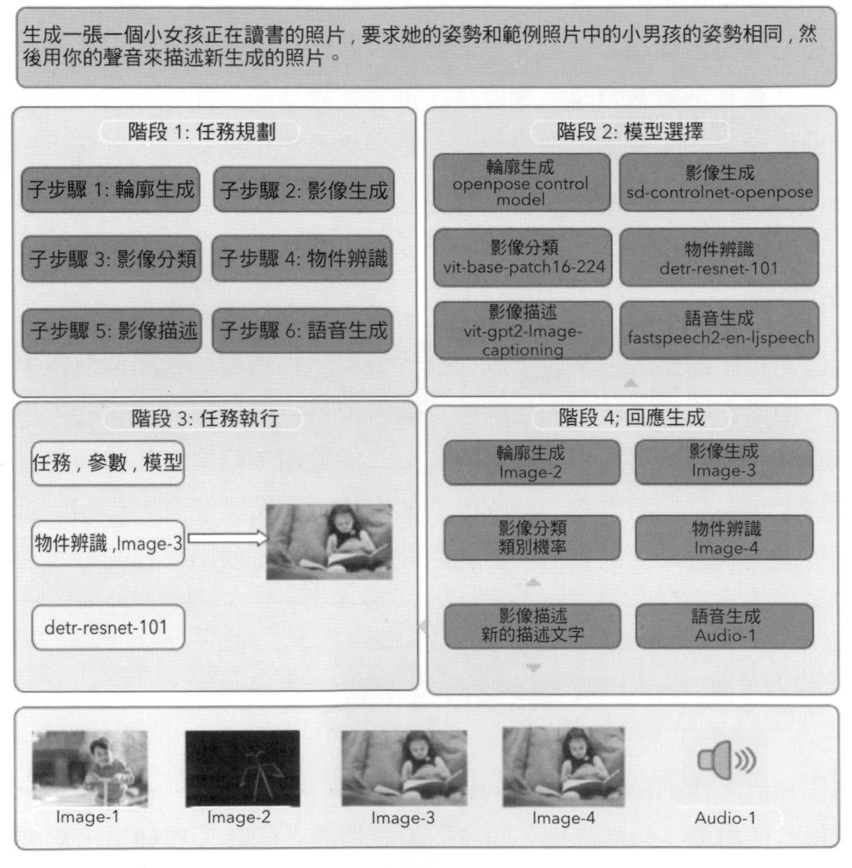

▲ 圖 5-10

假如現在你要執行這樣一個複雜的 AI 任務：生成一張一個小女孩正在讀書的照片，要求她的姿勢和範例照片中的小男孩的姿勢相同，然後用你的聲音來描述新生成的照片。HuggingGPT 框架把執行這個複雜 AI 任務的過程分成了 4

個步驟。

（1）任務規劃（Task Planning）。使用 LLM 了解使用者的意圖，並將使用者的意圖拆分為詳細的執行步驟。如圖 5-10 左上部分所示，將輸入指令拆分為 6 個子步驟。

子步驟 1：根據小男孩的影像 Image-1，生成小男孩的姿勢輪廓 Image-2。

子步驟 2：根據提示文字「小女孩正在讀書」及小男孩的姿勢輪廓 Image-2 生成小女孩的影像 Image-3。

子步驟 3：根據小女孩的影像 Image-3，對影像資訊進行分類。

子步驟 4：根據小女孩的影像 Image-3，對影像資訊進行物件辨識，生成附帶目標框的影像 Image-4。

子步驟 5：根據小女孩的影像 Image-3，對影像資訊進行描述，生成描述文字，並在 Image-4 中完成目標框和描述文字的配對。

子步驟 6：根據描述文字生成語音 Audio-1。

（2）模型選擇（Model Selection）。根據步驟（1）中拆分的不同子步驟，從 Hugging Face 平臺（一個包含多個模型的開放原始碼平臺）中選取最合適的模型。對於子步驟 1 中的輪廓生成任務，選取 OpenCV 的 openpose control 模型；對於子步驟 2 中的影像生成任務，選取 sd-controlnet-openpose 模型；對於子步驟 3 中的影像分類任務，選取 Google 的 vit-base-patch16-224 模型；對於子步驟 4 中的物件辨識任務，選取 Facebook 的 detr-resnet-101 模型；對於子步驟 5 中的影像描述任務，選取 nlpconnect 開放原始碼專案的 vit-gpt2-Image-captioning 模型；對於子步驟 6 中的語音生成任務，選取 Facebook 的 fastspeech2-en- ljspeech 模型。

（3）任務執行（Task Execution）。呼叫步驟（2）中選定的各個模型依次執行，並將執行的結果傳回給 LLM。

（4）回應生成（Response Generation）。使用 LLM 對步驟（3）中各個模

型傳回的結果進行整合，得到最終的結果並進行輸出。

HuggingGPT 框架能夠以 LLM 為核心，並智慧呼叫其他多模態元件來處理複雜的 AI 任務，原理簡單，使用方便，可擴展性強。另外，其執行效率和穩定性在未來有待進一步加強。

2. 基於多模態對齊資料訓練多模態大型模型

這種方法是直接利用多模態的對齊資料來訓練多模態大型模型，5.3 節中介紹了諸多模型，例如 VideoBERT、CLIP、CoCa、CoDi 等都是基於這種想法實現的。

這種方法的核心理念是分別建構多個單模態編碼器，得到各自的特徵向量，然後基於類 Transformer 對各個模態的特徵進行互動和融合，實現在多模態的語義空間對齊。

由此訓練得到的多模態大型模型具備很強的泛化能力和小樣本、零樣本推理能力，這得益於大規模的多模態對齊的預訓練語料。與此同時，由於訓練參數量較大，往往需要較多的訓練資源和較長的訓練時長。

3. 以 LLM 為底座模型，訓練跨模態編碼器

這種方法的特色是以預訓練好的 LLM 為底座模型，凍結 LLM 的大部分參數來訓練跨模態編碼器，既能夠有效地利用 LLM 強大的自然語言理解和推理能力，又能完成複雜的多模態任務。這種訓練方法還有一個顯而易見的好處，在訓練過程中對 LLM 的大部分參數進行了凍結，導致模型可訓練的參數量遠遠小於真正的多模態大型模型，因此其訓練時長較短，對訓練資源的要求也不高。下面以多模態大型模型 LLaVA 為例介紹這種方法的主要建構流程。

2023 年 4 月，威斯康辛大學麥迪森分校等機構聯合發佈了多模態大型模型 LLaVA。LLaVA 模型在視覺問答、影像描述、物體辨識、多輪對話等任務中表現得極其出色，一方面具有強大的自然語言理解和自然語言推理能力，能夠準確地理解使用者輸入的指令和意圖，支援以多輪對話的方式與使用者進行交流，另一方面能夠極佳地理解輸入影像的語義資訊，準確地完成影像描述、視覺問答、物體辨識等多模態任務。LLaVA 模型的原理示意圖如圖 5-11 所示。

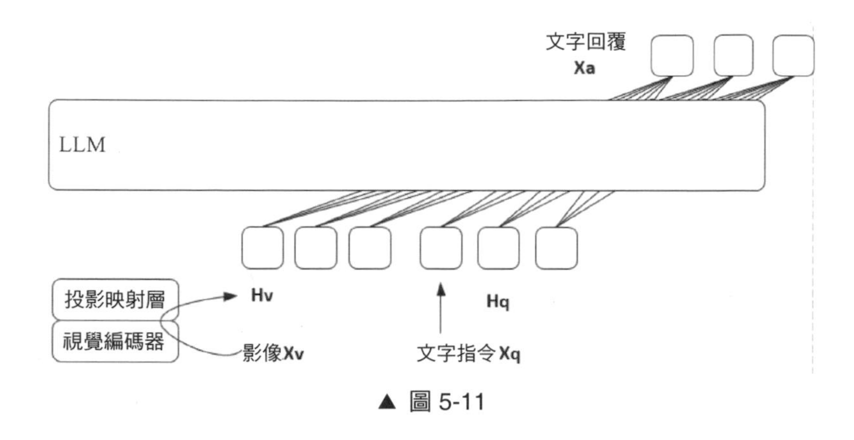

▲ 圖 5-11

在訓練資料上，LLaVA 模型使用了高品質的多模態指令資料集，並且這些資料都是透過 GPT-4 生成的。這個指令資料集包含基於影像的對話資料、詳細描述資料和複雜推理資料，共 15 萬筆，資料的品質和多樣性較高。LLaVA 模型將多模態指令資料集應用到了多模態任務上，這是指令微調擴展到多模態領域的第一次嘗試。

在模型架構上，LLaVA 模型使用 Vicuna 模型作為文字編碼器，使用 CLIP 模型作為影像編碼器。第一個階段，基於 59.5 萬筆 CC3M 文字 - 影像對齊資料，訓練跨模態編碼器，以便將文字特徵和影像特徵進行語義對齊。這裡的跨模態編碼器其實是一個簡單的投影映射層，在訓練時凍結 LLM 的參數，僅對投影映射層的參數進行更新。第二個階段，基於 15 萬筆多模態指令資料，對多模態大型模型進行點對點的指令微調，具體針對視覺問答和多模態推理任務進行模型訓練。值得注意的是，LLaVA 模型在訓練的第二個階段會對 LLM 和投影映射層的參數都進行相應的更新，仍然存在一定的時間銷耗和訓練資源依賴，這也是後續研究工作的重要方向。

2023 年 5 月 2 日，LLaVA 官方發佈了輕量級的 LLaVA Lightning 模型（可以翻譯為輕量級的 LLaVA 模型），使用 8 個 RTX A100 型號的顯示卡，3 小時即可完成訓練，總訓練成本僅為 40 美金。

5.5 多模態大型模型的效果評估

本節將在影像生成、影像描述、視覺問答 3 個多模態任務中直觀地展示多模態大型模型的效果。本節僅從主觀上對實際試用的案例效果進行展示，在後面的章節中將從評價標準、評測語料等定量的指標上對多模態大型模型的效果進行詳細分析和對比。

1. 影像生成任務

影像生成任務指的是給定一段自然語言文字描述，根據文字蘊含的語義進行相應的影像生成。

首先，我們讓多模態大型模型生成一隻可愛的貓咪。多模態大型模型很輕鬆地完成了任務，如圖 5-12 所示。

接下來，我們增加難度，讓多模態大型模型畫一隻藍色的貓咪，藍色的貓咪是自然界中極為罕見的，多模態大型模型也成功地生成了影像，可見多模態大型模型理解了輸入文字的語義資訊，如圖 5-13 所示。

▲ 圖 5-12　▲ 圖 5-13

我們再增加一些難度，在描述中增加風格限定、數量限定等要求，多模態大型模型也進行了準確的生成，如圖 5-14 所示。

▲ 圖 5-14

2. 影像描述任務

影像描述任務指的是輸入一個影像，讓多模態大型模型描述影像說明的內容，輸出自然語言文字。

首先，我們建立一張虛擬的照片，然後讓多模態大型模型對照片進行描述，如圖 5-15 所示。

▲ 圖 5-15

緊接著，我們測試多模態大型模型的多語言能力，如圖 5-16 所示。

请用英文描述

The Great Wall and the flowers of red tulips are in a beautiful and picturesque setting between the mountains. This scene exudes calmness and harmony, allowing one to appreciate the natural beauty of nature. As one of China's most famous architectural landmarks, the Great Wall is an important cultural heritage site in the world's cultural treasure box. It has its unique historical value, artistic value, and cultural charm that attract numerous visitors each year.

▲ 圖 5-16

最後，我們嘗試讓多模態大型模型對此情此景作一首現代詩，如圖 5-17 所示。

根據此情此景作一首現代詩

在青山翠林中，
長城與鬱金香相遇，
如此美景令人陶醉。
時光荏苒，歲月如梭，
但大自然的神奇之處仍在不斷展現。
長城的古老與神秘，
如同歷史的畫冊般絢麗多彩；
鬱金香的美麗與絢爛，
則展現出生命的力量與美好。
在這美妙的時刻裡，
我們感受到了自然之美，
也深刻領悟到人類與自然的和諧共存。

▲ 圖 5-17

3. 視覺問答任務

視覺問答任務指的是根據影像或視訊中描述的內容進行問答，表現了多模態大型模型的自然語言理解和推理能力。

從圖 5-18 中可以看出，多模態大型模型準確地辨識出了影像中描繪的城市，並對這個城市擁有哪些著名大學進行了準確回答。

▲ 圖 5-18

最後，我們用幾個例子來一起探索多模態大型模型的深層次語義理解能力。

圖 5-19 和圖 5-20 驗證了多模態大型模型的深層次語義理解能力。多模態大型模型能夠辨識出圖片中不尋常的地方，並進行相應的解釋，還能夠根據圖片中的食物推算出相應的製作方式。

▲ 圖 5-19

▲ 圖 5-20

5.6 思考

在多模態學習領域，從行為時代、計算時代、互動時代、深度學習時代到大模型時代的發展過程中誕生了大景優秀的思想、理論創新和技術創新。經過研究者們不斷地努力，多模態大模型在文字、影像、語音、視訊上的互動已經達到了相當高的水準。

本章首先介紹了多模態模型的發展歷史，然後針對單模態學習、多模態學習、跨模態學習 3 個概念，依次列舉了其各自的使用場景和優缺點。接著，對在多模態大模型的研究中出現的里程碑式的成就（如 Vision Transformer、Video　BERT、CLIP、CoCa 等模型）進行了創新點和模型原理的解析。為了利用 LLM 強大的自然語言理解和推理能力，同時加速多模態大模型的建構，大型模型和多模態的結合共有 3 種主流的實現方法，本章對這 3 種方法進行了闡述。最後，透過多模態大模型在影像生成、影像描述和視覺問答任務中的真實表現，向讀者直觀地展示了多模態大模型的效果。

第 6 章

多模態大型模型的核心技術

多模態大型模型賦予了使用者不一樣的內容生成能力，即輸入一種模態的資料能生成其他模態的內容。由於模態涵蓋文字、影像、視訊、語音等多種形態的資料，極大地滿足了使用者跨模態內容生成的需求，所以對多模態大型模型的研發一直是商業和學術界的熱點。我們認為多模態大型模型是 AI 技術未來發展的重要方向。

雖然多模態大型模型能滿足使用者更高級的內容生成需求，但與單一模態的內容生成模型相比，多模態大型模型還有不少技術門檻有待突破。首先是多模態資料集的建構。最開始，多模態資料集（比如 COCO、Visual Genome）主要透過人工標注生成，但因為人工標注難度大，很多場景下被標注的影像數量較少，所以多模態大型模型的發展受到了很大限制。後來雖然逐漸出現了非人工標注的多模態資料集，如 Conceptual Captions 3M、Conceptual Captions 12M、ALT200M、ALIGN1.8B、LAION-400M 等，但這些資料的表徵往往是兩種模態之間的，如影像對文字、文字對視訊等，缺乏多個（兩個以上）模態之間互動的標注資料集。多個模態之間的資料對齊及某一特定領域導向的多模態資料集建構仍然是難題。

除了資料集建構的困難，多模態的資料表徵也是一大困難。資料表徵非常複雜，語音和視訊一般以訊號形式進行表徵，文字一般以文字形式進行表徵。即使單一模態的文字資料也分為純文字資料和表格式的離散文字資料，如何將資料統一表徵也是一個經久不衰的研究課題和重大挑戰。

此外，多個模態之間的轉換也一直困擾著行業研究者，因為不僅資料是不同模態的、不同結構的，而且多個模態之間的轉換也是開放式的和多樣式的，例如將非影像模態轉為影像的正確方法有很多，但是很難存在一種統一的轉換模式能理想地適用於任何模態之間的轉換。

多模態有巨大的應用價值，雖然問題很多，但是一直是科學界研究的重點方向之一，尤其是自 2023 年 3 月 15 日以來，OpenAI 發佈了 GPT-4 多模態大型模型，再次掀起了行業對多模態大語言模型（Multimodal Large Language Model，MLLM）的研究浪潮，這同時也預示著全民多模態時代即將到來。

在 5.3 節中，我們詳細介紹了促進多模態發展的重大里程碑技術。多模態的技術熱點很多，本章將聚焦在文字多模態技術、影像多模態技術、語音多模態技術、視訊多模態技術、跨模態多重組合技術、多模態大型模型高效的訓練方法和 GPT-4 多模態大型模型核心技術及多模態技術的發展趨勢上。我們將對這些內容進行詳細介紹。

6.1 文字多模態技術

本節的文字多模態技術，主要是指能產生文字輸出的多模態技術。此外，常見的模態還有影像。本節將重點介紹影像生成文字的多模態技術。

影像生成文字就是以影像為輸入，透過數學模型和複雜計算使電腦輸出對應影像的自然語言描述文字，讓電腦擁有看圖說話的神奇能力。這是電腦視覺領域繼影像辨識、影像分割和目標追蹤之後的又一新型任務。

影像生成文字主要有 3 個方法，分別為基於範本的影像描述方法、基於檢索的影像描述方法及基於深度學習的影像描述方法。其中，前兩個方法是早期生成影像描述文字的主流方法，這些方法過多地依賴前期的視覺處理過程，對生成影像描述文字的模型最佳化有限，因此難以生成高品質的影像描述文字，漸漸地變成了非主流方法。所以，本書只是簡述這兩個方法的原理，將重點介紹基於深度學習的影像描述方法。

6.1.1 基於範本的影像描述方法

在基於範本的影像描述方法中，通常採用固定範本生成句子，使用語法決策樹演算法建構資料模型，並利用視覺依存表檢測影像中的物體、動作和場景等相關元素。支援向量機（SVM）也可以用來建構節點特徵，進而檢測影像中的物體、動作和場景 3 種元素，並填充預設的範本以產生完整的句子描述。儘管該方法的效果並不理想，但在當時的技術條件下仍具有重要的價值。

6.1.2 基於檢索的影像描述方法

基於檢索的影像描述方法的原理比較簡單，主要是將許多影像描述文字儲存在一個描述文字集合中，用於生成影像描述文字。該方法會對待描述的影像與訓練集中的影像進行比較，以搜尋相似之處。接著，它會根據最相似的匹配影像，將其描述文字遷移至待描述的影像上，同時做出適當修正。舉例來說，我們可以透過收集網路上的大量影像及其標籤或描述文字，建構影像描述文字資料庫。在需要生成影像描述文字時，系統會計算待描述的影像與資料庫中所有影像的全域相似度，並找到最相似的匹配影像。隨後，它會把匹配影像的描述文字複製貼上到待描述的影像上，並進行適當調整和編輯，從而形成新的影像描述文字。

6.1.3 基於深度學習的影像描述方法

2012 年以來，由於神經網路技術不斷進步，深度學習已被廣泛地運用於電腦視覺和自然語言處理領域。2014 年以後，受編碼器 - 解碼器（Encoder- Decoder）模型的啟發，技術人員可以採用點對點的學習方法，直接實現影像與描述文字之間的映射，即將影像描述過程轉為影像到描述文字的「翻譯」過程。與傳統方法相比，深度學習方法可以直接從巨量資料中學習影像到描述文字的映射，並生成更精確的描述結果。

Ryan Kiros 等人在 2014 年發表的論文「Multi-Modal Neural Language Models」中採用 CNN-RNN 框架，首次利用深度學習演算法處理影像描述任務，從而開啟了深度學習在影像描述領域的大門。他們將影像的不同區域及其相應文字映射至同一個向量空間，然後使用深度神經網路與序列建模遞迴神經網路建構了兩種不同的多模態神經網路模型，結合單字和影像語義資訊實現了文字和影像的雙向映射。他們採用的 CNN-RNN 框架以 CNN 為影像編碼器，以 RNN 為文字解碼器，編碼器和解碼器之間依靠影像的隱狀態連接。

由於該方法只是簡單地將影像生成文字任務整合進一個框架，並沒有極佳地將影像資訊和文字資訊進行對齊。Kai Xu 等人在 2015 年發表的論文「Show, Attend and Tell: Neural Image Caption Generation with Visual Attention」中將注意力機制融入 CNN-RNN 框架，使模型的表徵能力大大加強，模型的效果也得到大幅提升。Ryan Kiros 等人的方法保證了當前時刻輸出的影像描述文字是由上一時刻的（描述文字）輸出決定的，而 Kai Xu 等人的方法則進一步保證，當前時刻的影像描述文字不僅由上一時刻的輸出決定，還由影像的特徵決定，且影像的特徵以不同的權重貢獻於不同的輸出。

GAN 身為無監督的深度學習模型，近年來被廣泛地應用於 AI 領域。它由生成器和判別器組成，透過博弈式學習從未標記的資料中學習特徵。這樣的學習模型天生就非常適合生成任務。Bo Dai 等人受文字生成影像、文字生成視訊等應用的啟發，將該技術應用於影像描述文字的生成中（參見論文「Towards Diverse and Natural Image Descriptions via a Conditional GAN」）。該模型的生成器使用 CNN 提取影像特徵並加入雜訊作為輸入，使用 LSTM 網路生成句子，模型的判別器則利用 LSTM 網路對句子（生成器生成的句子和真實的句子）進行編碼，然後與影像特徵一起處理，得到一個機率值用以約束生成器的品質。

6.2 影像多模態技術

影像這種模態的出現也有上千年的歷史了，與文字類似，也是較為古老的模態。常見的多模態轉換就是文字生成影像或影像生成文字，即使有視訊轉影像，也更多的是將視訊逐幀轉為影像，基本上未包含創造性和創意性的內容。本節的影像多模態技術更多的是聚焦在影像生成和創作上，故本節將重點介紹文字生成影像多模態技術。

文字生成影像模型是一種經典的機器學習模型，一般以自然語言為原始輸入，以與語義相關的影像為最終輸出。這種模型始於 2010 年左右，隨著深度學習技術的成熟而發展。近年來，行業湧現了很多優秀的文字生成影像模型，如 OpenAI 的 DALL-E 2 和 GPT-4、Google 大腦的 Imagen 和 Stability AI 的 Stable Diffusion、百度的文心一言等，這些模型生成的影像的品質開始接近於真實照片或人類所繪製的藝術作品。

6.2.1 基於 GAN 的文字生成影像方法

學術界公認的第一個現代文字生成影像模型為 AlignDRAW。它於 2015 年由多倫多大學的 Elman Mansimov 等人發佈（更多細節請參見論文「Generating Images from Captions with Attention」）。基於 Microsoft COCO 資料集訓練而成的 AlignDRAW 模型主要用於標題生成影像。模型的框架（屬於編碼器 - 解碼器框架）可以粗略分成兩個部分，一部分是基於雙向循環神經網路（BiRNN）的文字處理器，另一部分是有條件的繪圖網路、變形的深度遞迴注意力寫入器（Deep Recurrent Attentive Writer，DRAW）。由於採用遞迴變分自動編碼器與單字對齊模型的組合模式，AlignDRAW 模型能成功地生成與給定輸入標題相對應的影像。此外，透過廣泛使用注意力機制，該模型比之前的模型效果更好。

儘管 AlignDRAW 模型的理念在行業中並沒有激起太多水花，但編碼器 - 解碼器框架一直是文字生成影像技術的中流砥柱。從 2016 年起，GAN 被大量應用於文圖對齊的任務中，成為影像生成的新起點。隨後行業中出現了很多改進版本，GAN 在 2021 年之前一直是主流文字生成影像技術。GAN 的主要靈感源於博弈論，透過生成器和判別器之間的不斷對抗使得生成器學習到資料的分佈，從而達到圖文對齊的效果，其原理示意圖如圖 6-1 所示。

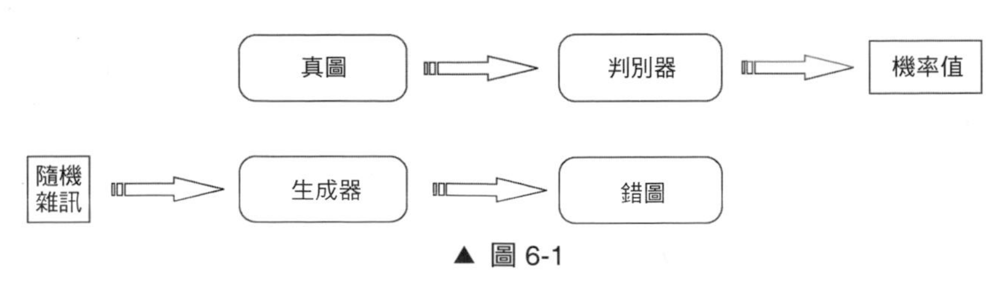

▲ 圖 6-1

基於 GAN 處理文字生成影像任務的早期大型模型是 GAN-INT-CLS，其整體架構如圖 6-2 所示（更多細節請參見 Scott Reed 等人發表的論文「Generative Adversarial Text to Image Synthesis」）。GAN-INT-CLS 模型可以分為兩個部分，左邊為生成器，右邊為判別器。左邊生成器的輸入為文字編碼和隨機雜訊，右邊判別器的輸入為影像和文字編碼。判別器透過判斷生成的影像與文字描述是否貼合對齊的訓練文字與影像，不斷提高兩者的貼合度，從而達到良好的生成效果。

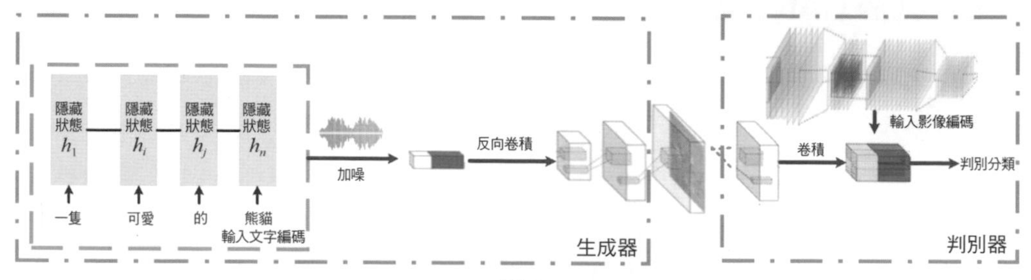

▲ 圖 6-2

GAN-INT-CLS 模型之後誕生了不少改進版本，如 StackGAN、AttnGAN 等。StackGAN 是兩個 GAN 的堆疊（見圖 6-3）。兩個 GAN 分別為 Stage-I GAN 和 Stage-II GAN（更多細節請參見 Han Zhang 等人發表的論文「StackGAN: Text to Photo-realistic Image Synthesis with Stacked Generative Adversarial Networks」）。

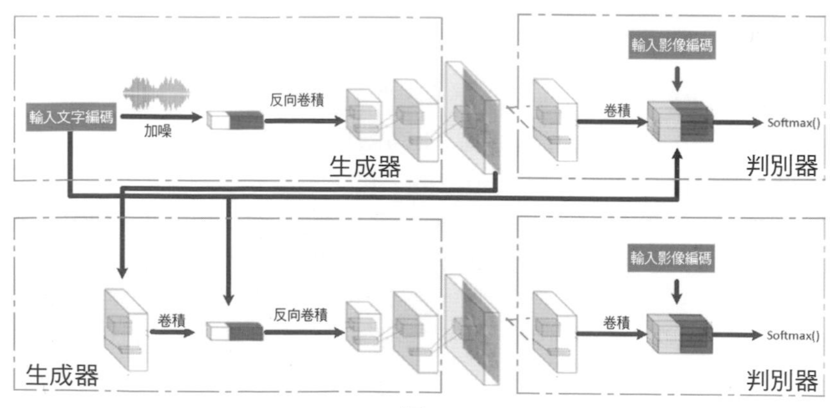

▲ 圖 6-3

圖 6-3 中上方的是 Stage-I GAN，它用於基於描述文字生成一張解析度較低的影像，影像包含了目標物體的大致形狀和顏色資訊。圖 6-3 中下方的是 Stage-II GAN，它糾正了 Stage-I GAN 中低解析度影像中的錯誤，並透過再次讀取描述文字來完成對影像的細節描繪，從而生成高解析度的逼真影像。StackGAN 的兩階段對齊方法提升了文字生成影像在細節上的性能。在 StackGAN 分層理念的啟發下，Seunghoon Hong 等人提出了一個新的方法，主要解決高維資料難以映射到像素空間的問題（更多細節請參見論文「Inferring Semantic Layout for Hierarchical Text-to-Image Synthesis」）。其過程為將整個任務分解為多個子任務分步處理，圖片透過 Stage-I GAN、Stage-II GAN 個次擬合文字，粒度從粗到細最終達到精細生成的效果。

6.2.2 基於 VAE 的文字生成影像方法

GAN 在文字生成影像的歷史中留下了濃墨重彩的一筆，之後受自編碼器（Auto-Encoder，AE）框架等影響，一些科學研究人員將變分自編碼器（Variational Auto-Encoder，VAE）引入文字生成影像領域。VAE 是一種改進版本的自編碼器，能夠生成具有高隨機性和多樣性的資料。與傳統的自編碼器不同，VAE 引入了隱變數的概念，將輸入資料壓縮到一個低維的潛在空間中，然後從該潛在空間中採樣來生成新的資料。

VAE 也是一個編碼器 - 解碼器框架，編碼器部分負責將輸入資料映射到潛在空間中的編碼表示，解碼器部分則負責將潛在空間中的編碼恢復為重構的輸出資料。透過最小化重構誤差和最大化潛在空間的先驗分佈與編碼後的分佈之間的相似性，VAE 在文字生成影像上性能優異。

之後受到 GPT 的影響，研究人員試著將 Transformer 引入文字生成影像任務中，OpenAI 於 2021 年提出了 DALL-E 模型。DALL-E 模型借助 GPT-3 和 GAN 框架來實現文字生成影像功能，其核心流程可以分為兩個步驟：編碼和解碼。由於 DALL-E 模型的參數多達百億個，所以其性能十分優異。

在 2020 年之前，基於 GAN 和 VAE 處理文字生成影像任務是工業界和學術界的主流，而當前主流的文字生成影像技術當屬於擴散模型，擴散模型已然成為當前文字生成模型的標準配備。

自 2020 年以來，H. Jonathan 等人提出了去噪擴散機率模型（Denoising Diffusion Probabilistic Models，DDPM），CompVis 研發團隊提出了 Stable Diffusion 模型，這些新的模型無不使用擴散模型的技術理念，且性能非常好，這也是 2022 年被稱為 AIGC 元年的重要佐證。

6.2.3 基於擴散模型的文字生成影像方法

擴散模型的理念最早於 2015 年被提出，它透過定義一個馬可夫鏈向資料中增加隨機雜訊，並學習如何從雜訊中建構所需的資料樣本。該模型的目標是透過擴散將資料逐步轉化為所需的形式。與 VAE 或 GAN 不同，擴散模型用固定的程式學習，而且隱變數具有高維度。

擴散模型學習和掌握知識有兩個過程，分別是順擴散過程（$X_0 \to X_T$）和逆擴散過程（$X_T \to X_0$）。其中，X_0 表示從真實樣本中得到的一張圖片，順擴散過程是逐步加雜訊的過程，且是一個生成馬可夫鏈的過程，即第 i+1 時刻的 X_{i+1} 僅受前一時刻的 X_i 影響。逆擴散過程是一個逐步剔除雜訊，從含雜訊圖片 X_T 中還原出原圖 X_0 的過程，也是一個生成馬可夫鏈的過程。

DDPM 是經典的擴散網路，為後續相關模型的研發奠定了基礎。DDPM 採用了 U-Net 框架，屬於編碼器 - 解碼器框架範圍。它對之前的擴散模型進行了簡化，並透過變分推理進行建模。其中，編碼器實現了順擴散過程，解碼器和編碼器相反，將編碼器壓縮的特徵逐漸恢復。DDPM 比之前的所有模型都要優秀，直接將文字生成影像引入了擴散模型時代，之後所採用的擴散模型技術均可以追溯到這一模型。

Stable Diffusion 模型（如圖 6-4 所示）的框架由以下 3 個部分組成，分別為文字編碼器、影像資訊生成器、影像解碼器。文字編碼器是一種基於 Transformer的語言模型，採用自回歸的編碼理念，接收文字提示，生成高維的詞嵌入；影像資訊生成器主要實現擴散模型的反向過程，去雜訊生成影像隱資訊；影像解碼器把隱資訊還原成影像。

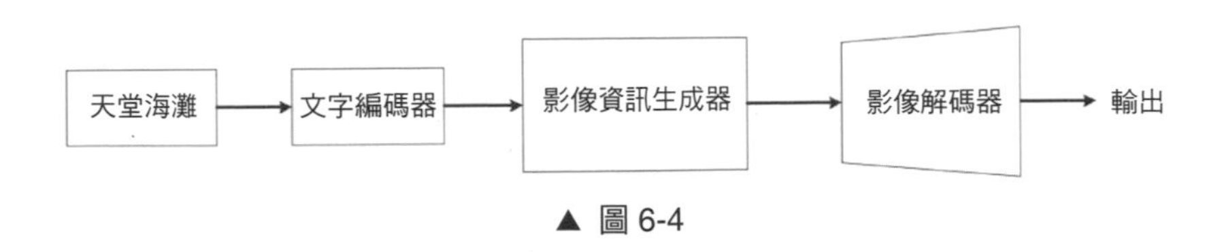

▲ 圖 6-4

6.3 語音多模態技術

語音模態出現的歷史比較短，差不多可以從留聲機的發明算起。關於語音的多模態，多半也是文字生成語音，故本節主要介紹文字生成語音技術。文字到語音生成的目標是生成具有高可理解性和自然感的聲音訊號，這個領域長期以來備受矚目與重視。尤其近年來，借助神經網路技術的快速發展，採用基於深度學習的語音生成方法已經獲得了顯著的進步，使得生成語音的品質獲得了極大提升。基於這類新方法的語音生成技術雖然僅有約十年的時間累積，但是仍然湧現出眾多卓越的研究成果。

6.3.1 基於非深度學習的文字生成語音技術

以前文字生成語音技術主要採用拼接法和參數法，其中拼接法是生成自然、可靠語音最簡單的方法，原理如圖 6-5 所示。它使用預錄製的高品質自然語言聲音部分進行組合生成新的聲音。這種方法需要先準備好包含語音段和相應拼接單元的語音庫，並且在生成階段獲取待生成文字中的拼接單元序列及有關音節發音、音節位置、音節時長、詞位置、韻律短語位置、語調短語位置、音節邊界和詞性等詳細資訊，隨後會遵循特定規則從大規模語音庫中預篩選出幾個可能的候選語音單元，採用動態規劃演算法等方法計算距離並選擇最佳的生成單元，最後將最佳的生成單元進行波形調整和拼接，生成最終的語音。

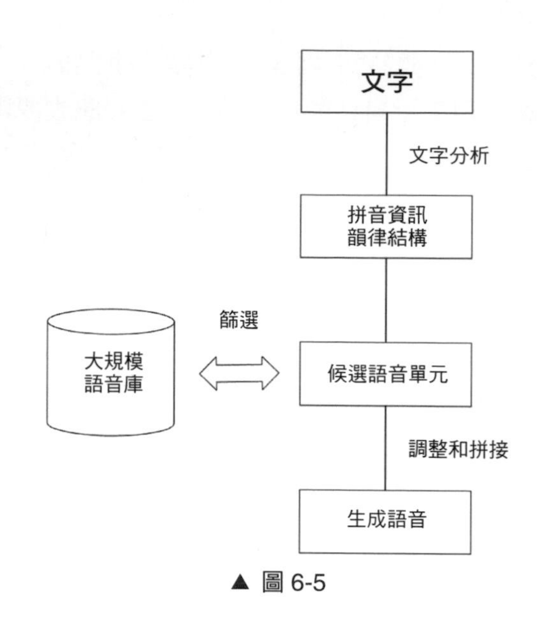

▲ 圖 6-5

隨著統計機器學習技術的發展和大規模語音庫可用性的增強，利用統計學習演算法建構語音生成系統已經成為現實。舉例來說，使用隱馬可夫模型（HMM）的文字生成語音系統。該系統主要由 3 個部分組成（如圖 6-6 所示）：文字資訊提取模組、聲學特徵提取模組及聲學模型模組。在訓練期間，該系統會提取文字資料中的各種特徵並與聲學特徵相結合，以此來訓練聲學模型。在推斷階段，該系統會對待生成的文字進行處理，並使用聲學模型來預測所需的聲學特徵，最終再使用聲碼器將其轉換回語音訊號。

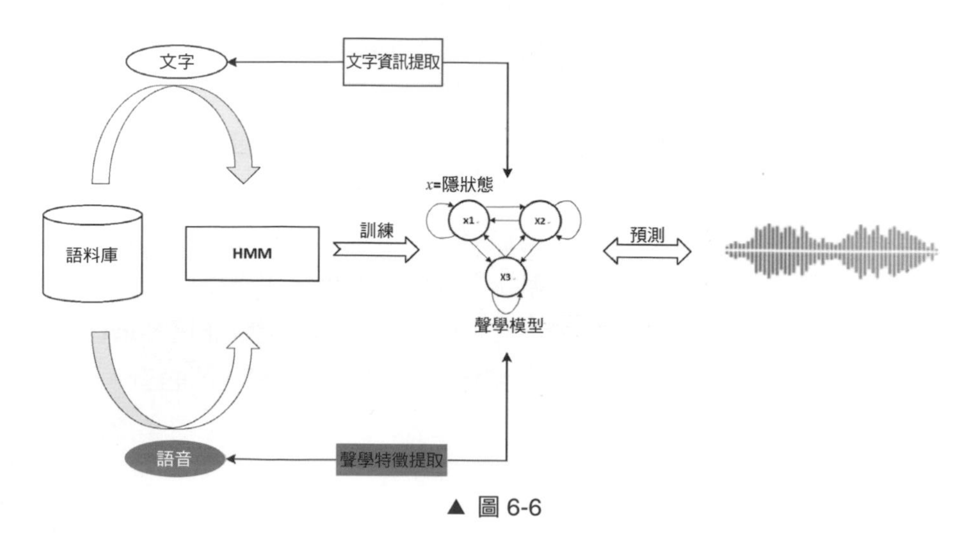

▲ 圖 6-6

6.3.2 基於深度學習的文字生成語音技術

由於深度學習和神經網路技術迅速發展，現在的點對點語音生成模型已經取代了以往的統計參數語音生成系統，並且整合了多個模組，降低了特徵工程的複雜性，提升了生成品質。深度學習技術雖然從 2012 年才開始蓬勃發展，但基於深度學習的點對點的文字生成語音技術已經成了學術界和工業界的主流。下面介紹一下基於深度學習的點對點的文字生成語音技術。

事物的發展都是相互影響的，GAN、VAE 在影像和視訊領域的成功應用促使這些技術在語音生成領域的應用實踐，比如基於 GAN 的 Parallel WaveGAN、GAN-TTS 和基於 VAE 的 NaturalSpeech 等。

Parallel WaveGAN（PWG）是一種利用 GAN，無須知識蒸餾、快速、小型的波形生成方法（更多細節參見 Ryuichi Yamamoto 等人發表的論文「Parallel WaveGAN: A Fast Waveform Generation Model based on Generative Adversarial Networks with Multi-resolution Spectrogram」）。PWG 是一個非自回歸的 WaveNet，透過最佳化 multi-resolution spectrogram（多解析度光譜圖）和對抗損失，對語音進行建模。PWG 的網路架構包括生成器和判別器兩個部分，生成器將輸入雜訊並行地轉為輸出波形，判別器則判斷是不是真實語音。

GAN-TTS 是 DeepMind 推出的一種使用 GAN 進行文字轉語音的新模型，具備高品質、高效率等生成特性（更多細節請參見 Miko aj Bi kowski 等人發表的論文「High Fidelity Speech Synthesis with Adversarial Networks」）。GAN-TTS 模型在前向傳播層使用 GNN 作為生成器，把多個判別器整合在一起，基於多頻率隨機視窗進行判別分析。生成器由 7 個如圖 6-7 所示的 GBlock 組成，每個 GBlock 中的卷積核心都有 4 個，生成器輸入的是語言和音調資訊，輸出的是原始波形。圖 6-7 中的 Linear 表示線性變換。

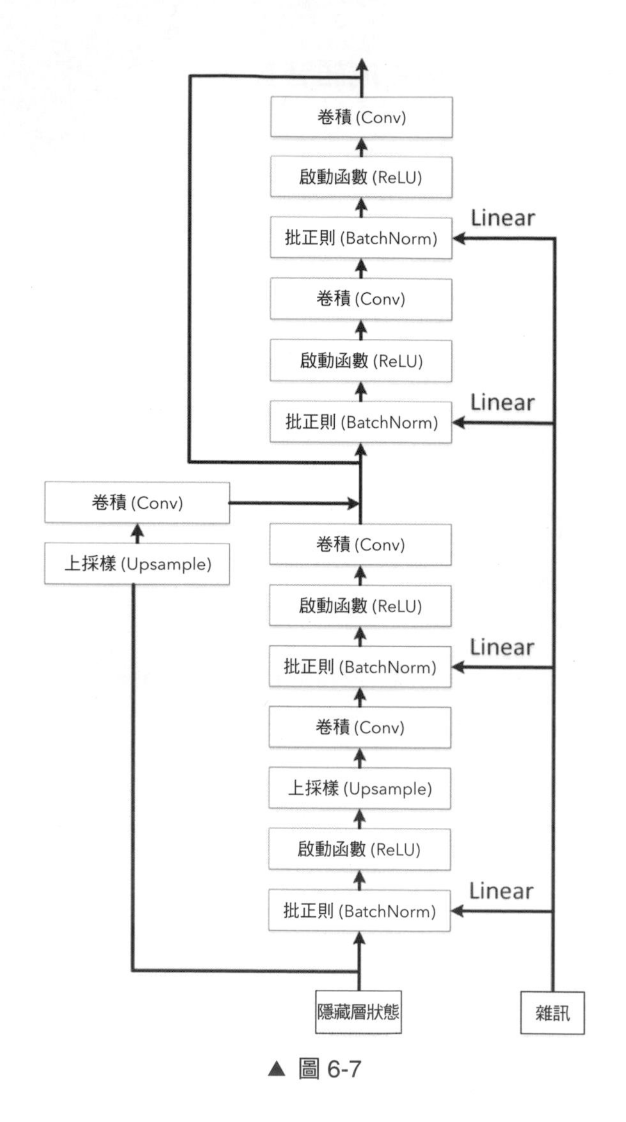

▲ 圖 6-7

GAN-TTS 模型提出了一種名為整合判別器的方法來評估語音生成模型。該方法將多個單獨的判別器組合起來，每個判別器都只處理部分語音部分。這些判別器被稱為隨機視窗判別器（Random Window Discriminator，RWD），它們會針對真實和生成的語音部分操作。透過選擇不同大小的隨機視窗，我們可以在保持計算簡便的情況下獲得更好的訓練效果。與在整個生成的樣本上操作的方法相比，整合判別器具有資料增強的效果，並且可以降低計算複雜度。

除了 GAN-TTS 模型，NaturalSpeech 也是一個影響較為深遠的文字生成語音模型。NaturalSpeech 是由微軟發佈的模型，可以生成與人類水準齊平的高品質語音，並且首次在 LJSpeech 資料集上取得突破性進展。這個模型基於完整的點對點的文字到語音波形生成系統，可以彌補生成語音和真人聲音之間的品質差距。該模型使用 VAE 壓縮高維語音，並透過連續的幀級表示重建語音波形。此外，NaturalSpeech 模型還採用了雙向的前置處理 / 後期流（flow），顯著地提升了文字生成語音的品質。

近年來，DDPM 成為一種廣受歡迎的非自回歸生成模型。與傳統的 GAN 和 VAE 相比，DDPM 具有更簡單的訓練方法，且能夠在各種基準影像生成任務中獲得出色的生成效果，其性能超越了 GAN。越來越多的學者把擴散模型理念引入文字生成語音任務中，誕生的模型主要包括浙江大學的 FastDiff（更多細節請參見 Rongjie Huang 等人發表的論文「FastDiff:A Fast Conditional Diffusion Model for High-quality Speech Synthesis」）、微軟的 NaturalSpeech 2（更多細節請參見 Kai Shen 等人發表的論文「NaturalSpeech 2: Latent Diffusion Models are Natural and Zero-shot Speech and Singing Synthesizers」）。

FastDiff 是一個由中國浙江大學在 2022 年 IJCAI（International Joint Conference on Artificial Intelligence，人工智慧國際聯合會議）上發佈的模型。它包含 3 層降採樣區塊和 3 層條件上採樣區塊。為了有效地對長時間依賴性進行建模，該模型引入了時間感知導向的位置可變卷積（Time-aware Location-variable Convolutions）。此外，位置可變卷積能夠高效率地編碼梅爾頻譜和雜訊步驟，從而適用於不同的雜訊水準。與其他模型相比，FastDiff 模型既可以提供更好的音質，又可以加快訓練速度，而且不需要增加模型的計算規模。

NaturalSpeech 2 模型結合了擴散模型的概念，透過使用神經語音轉碼器將語音波形轉為連續向量，然後使用解碼器重建語音波形。然後，該模型使用潛在擴散模型，以非自回歸的方式從文字中預測連續向量。在推理階段，該模型同時使用潛在擴散模型和神經語音轉碼器將文字轉為語音波形。

6.4 視訊多模態技術

視訊模態的出現比較晚，行業的研究累積也比較少，因此多模態生成視訊研究的挑戰十分巨大，但是視訊與影像密切相關，所以很多時候行業前期在影像上發展和累積的技術會反哺到視訊生成領域。本節特別注意文字生成視訊多模態技術。

近幾年來，文字生成影像方向的研究進展顯著，碩果累累。與此同時，文字生成更複雜、更生動的視訊是行業的研究熱點之一。文字生成視訊任務是一項非常新的電腦視覺任務，其要求是根據文字描述生成一系列在時間和空間上都一致的視訊，看上去這項任務與文字生成影像極其相似，但是它的難度要大得多。整體而言，無論是擴散文字生成視訊模型還是非擴散文字生成視訊模型的生成能力都比較差，難以直接滿足商業應用需求，造成這一現象的原因主要有以下幾個。

（1）缺乏高品質的訓練語料。用於文字生成視訊的多模態資料集很少，這使得學習複雜的視訊中的語義很困難。

（2）訓練成本高昂。確保視訊幀間的空間和時間一致性會產生長期依賴性，從而帶來非常高昂的計算成本，使得大部分研究機構和商業機構難以負擔訓練此類模型的費用。

（3）準確性問題。用文字合理地描述視訊這個問題尚未得到有效解決。

儘管文字生成視訊還會有很多難以逾越的鴻溝，但文字生成影像技術的快速發展還是極大地促進了文字生成視訊技術的進步。接下來，我們按照時間脈絡梳理一下文字生成視訊的相關技術。

文字生成視訊技術的發展歷史和文字生成影像技術的比較相似，大致上可以分為兩個發展階段。第一個發展階段是以基於非擴散模型的文字生成視訊技術為主的時期。第二個發展階段是以基於擴散模型的文字生成視訊技術為主的時期。

在第一個階段主要受 GAN、VAE 和文字預訓練大型模型（GPT-3 等）影響，因此在這個階段的主流模型中基本融入了這些技術思想，比如微軟基於 GAN 發佈了 TGANs-C 模型（更多細節請參見 Yingwei Pan 等人發表的論文「To Create What You Tell: Generating Videos from Captions」），Yitong Li 等人基於 GAN 和 VAE 發佈了混合網路結構 CVAE-GAN（更多細節請參見論文「Video Generation from Text」），Wilson Yan 等人基於 Transformer 發佈了 VideoGPT（更多細節請參見論文「VideoGPT: Video Generation Using Vq-Vae and Transformers」）。

在第二個階段主要受擴散模型的影響，典型的模型有 VDM（更多細節請參見 Ho Jonathan 等人發表的論文「Video Diffusion Models」）和 Imagen Video（更多細節請參見 Ho Jonathan 等人發表的論文「Imagen Video: High Definition Video Generation with Diffusion Models」）等。下面分別詳細地介紹這兩個階段的文字生成視訊技術。

6.4.1 基於非擴散模型的文字生成視訊技術

TGANs-C 模型能夠根據標題生成相應的視訊，其主要框架如圖 6-8 所示，左邊為生成器、右邊為判別器。生成器分為前後兩個部分，前邊是基於 Bi-LSTM 網路的文字編碼器，後邊是為文字特徵增加雜訊並進行反向卷積的生成器。判別器使用了 3 個 GAN，這是「TGANs-C」名稱中「s」的由來，也是 TGANs-C 模型性能強大的原因之一。從圖 6-8 右邊部分可知判別器可以分為上、中、下 3 個。第一個判別器的目的是區別生成的視訊和真實的視訊的真假，保證與標題描述對應；第二個判別器的目的是區分對應的視訊幀的真假，同樣加入了與標題描述的匹配；第三個判別器的目的是在時序上調整前後幀的關係，保證視訊的前後幀之間不會有太大的差異。

CVAE-GAN 是一個使用 VAE 和 GAN 的混合框架，透過訓練一個判別生成模型提取文字中靜態和動態的資訊。CVAE-GAN 主要包括 gist 生成器、Video 生成器及判別器，其中 gist 生成器用於生成背景顏色及目標層次結構，Video 生成器用於從文字中提取動態資訊及細節資訊，判別器用於保障生成的視訊運動多樣性及生成細節資訊的準確性。

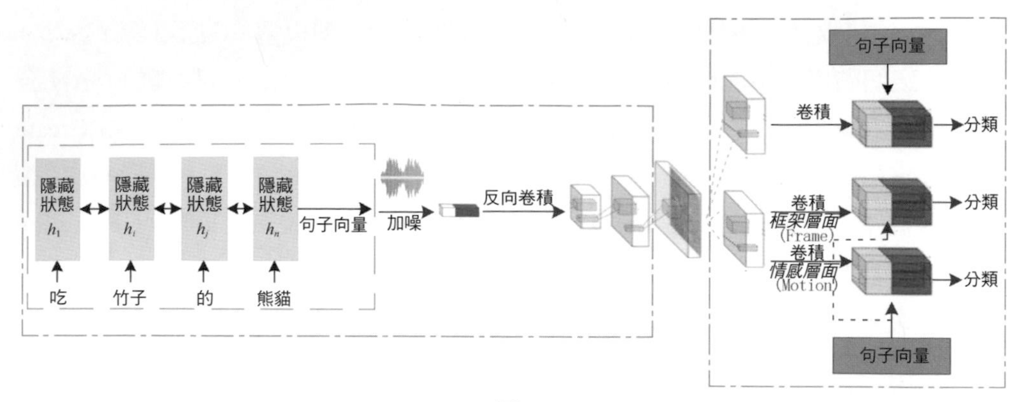

▲ 圖 6-8

VideoGPT 是一個生成框架，將通常用於影像生成的 VQ-VAE 和 Transformer 模型組合起來用於文字生成視訊任務。其中，VQ-VAE 採用三維卷積和軸向自注意力來學習原始視訊的下採樣離散潛表示（Discrete Latents）。VideoGPT 框架的結構簡單，容易訓練且效果出眾，是 Transformer 應用於文字生成視訊任務的典型代表之一。

6.4.2 基於擴散模型的文字生成視訊技術

視訊擴散模型（Video Diffusion Models，VDM）是早期將圖片生成領域久負盛名的擴散模型用於大規模視訊生成任務的框架，並且在很多個資料集上都生成了非常好的視訊結果，可以說它的出現引發了一次基於擴散模型的文字生成視訊潮流。VDM 框架沒有改動擴散的訓練過程，差別在於：最初的 U-Net 網路只能用於處理圖，而要用於生成視訊任務還需要將 CNN 升維到 3DCNN，且 VDM 框架的 U-Net 網路的每一層後面都會帶有一個空間注意力區塊，用於接收先前的條件資訊。

Imagen Video 模型使用串聯擴散模型生成高解析度視訊，其主要想法是當單獨一個模型不能夠生成高解析度視訊時，就堆疊多個小模型來完成任務。Imagen Video 模型有超百億個參數，主要包含 1 個文字編輯器和 7 個視訊擴散子模組、1 個基礎視訊擴散模型、3 個 SSR（空間超解析度）擴散模型及 3 個

TSR（時域超解析度）擴散模型。文字編碼器將輸入的文字轉為詞向量表徵，基礎視訊擴散模型利用文字詞向量表徵來生成原始的視訊，SSR、TSR 擴散模型分別用於提高視訊的解析度和增加視訊的幀數。

6.5 跨模態多重組合技術

當模型的輸入來自多個模態時，這種跨模態資訊融合是比較困難的。一般來說，融合方法可以分為兩大類，分別是與模型無關的融合方法和與模型相關的融合方法。

與模型無關的融合方法可以進一步細分為 3 類，分別是早期融合方法、晚期融合方法和混合融合方法。

早期融合方法將多個模態的特徵組合在一起，然後逐層連接到更深的神經網路中，最終與分類器或其他模型相連。雖然這種方法只需要訓練一個共同的模型，因此具有易於管理和調整的優點，但是由於多個模態的資料來源差異較大，導致了拼接困難，而直接對原始資料進行拼接還容易產生高維度的特徵，使得資料前置處理變得十分敏感。

晚期融合是另一種多模態融合方法，採用獨立訓練每個模型的策略，然後在預測階段將它們融合起來。這種方法具有很好的靈活性，即使某些模態的資訊缺失，仍然能夠正常訓練。但是，由於沒有充分利用底層特徵之間的相關性，因此可能無法獲得良好的效果。此外，由於需要分別訓練多個模型，因此模型計算複雜度比較高。

混合融合方法是一種結合了早期融合、晚期融合及中間層特徵互動的多模態融合方法。它既考慮了早期融合和晚期融合的優點，也充分發揮了中間層特徵的作用。

與模型相關的融合方法也可以分為 3 種，分別為基於深度學習、基於多核心學習及基於圖形模型的方法。其中，基於深度學習的方法已經成為行業主流。

這裡重點介紹一項 4 種模態融合的技術，透過這項技術可以實現多模態的輸入與輸出。該項技術名為可組合擴散（Composable Diffusion，CoDi）。CoDi 是一種全新的生成模型，可以從任意輸入模態的任意組合中生成語言、影像、視訊或語音等任意組合的輸出模態。

CoDi 模型的建構主要分為以下 3 個階段。

第一個階段：給每個模態都打造一個潛在擴散模型（Latent Diffusion Model，LDM），進行組合訓練。

第二個階段：透過在每個潛在擴散模型和環境編碼器上增加一個交叉注意力模組，可以將潛在擴散模型的潛變數投射到共用空間中，從而進一步增加生成的模態數量，使得生成的模態更豐富多彩。

第三個階段：CoDi 模型在訓練完成時會擁有處理多種類型輸入和輸出資訊的能力。

CoDi 模型透過在擴散過程中建立共用的多模態空間來對齊模態，能夠自由地在任意輸入組合上進行條件生成，並生成任意一個模態，即使它們在訓練資料中不存在。這讓 CoDi 模型具有十分強大的多模態推理能力。

6.6 多模態大型模型高效的訓練方法

自從成為行業熱點之後，多模態大型模型帶動了應用熱潮。但是對大眾來說，使用多模態大型模型進行全量資料集的訓練是難以實現的。因此，行業內出現了許多高效的訓練方法，這些方法讓科學家和普通開發者能夠完成多模態大型模型的二次訓練。透過查閱大量相關資料，我們總結了以下 3 類高效的訓練方法（這裡的訓練是指在已有底座大型模型的基礎上使用垂直領域資料進行二次訓練）。

第一類高效的訓練方法，包括首碼調優（Prefix Tuning）和提示調優（Prompt Tuning）兩類方法。Prefix Tuning 在預訓練語言模型中固定語言模型的參數，只訓練特定任務導向的首碼，從而避免了微調整個模型的巨大銷耗和儲存不夠的問題。與離散的 Token 不同，這些首碼實際上是可微調的虛擬 Token（軟提示詞 / 連續提示詞）。Prefix Tuning 能夠更進一步地解決微調問題，並獲得更好的性能表現。Prompt Tuning 是 Prefix Tuning 的簡化版本，給每個任務定義了自己的提示詞（Prompt），然後將其拼接到資料上作為輸入，但只在輸入層加入提示詞（Token），並且不需要加入多層感知器（Multi-Layer Perceptron，MLP）進行調整來解決難訓練的問題。

第二類高效的訓練方法，包括 P-Tuning、P-Tuning v2 兩類方法。P-Tuning 是一種新型技術，先將 Prompt 轉化為可學習的嵌入層，再使用 MLP 和長短時記憶（LSTM）網路對其進行處理，從而提高了模型的性能。P-Tuning v2 是一種通用的解決方案，可以應用於各種自然語言處理任務中，基於深度提示最佳化技術改進了 Prompt Tuning 和 P-Tuning 演算法。

第三類高效的訓練方法，包括低秩調配（Low-Rank Adaptation，LoRA）技術、可調整的低秩調配（Adaptive Low-Rank Adaptation，AdaLoRA）技術和量化壓縮遠端注意力（Quantized Long-Range Attention，QLoRA）技術 3 類方法。這 3 類方法都是低秩分解技術。只不過 AdaLoRA 是在 LoRA 的基礎上調整了增量矩分配的技術，而 QLoRA 則是一種將模型壓縮到 4 位元表徵後再進行低秩分解的技術。

上面介紹的 3 類高效的訓練方法尤以第三類最為火熱，儼然已成為當前大型模型微調訓練的標準配備技術。

6.7 GPT-4 多模態大型模型核心技術介紹

GPT-4 是一個超大的多模態大型模型，於 2023 年 3 月 4 日由 OpenAI 發佈。GPT-4 比 ChatGPT 性能更優異，且具備多模態輸入與輸出能力，一經發佈就吸引了無數從業者的目光。下面再簡單回顧一下 GPT-4 採用的部分核心技術。

（1）Transformer。Transformer 是一個編碼器 - 解碼器框架，最早被提出是用於機器翻譯任務的，其創新的多頭自注意力機制極大地提升了機器翻譯任務的準確性，所以很多科學研究人員都將 Transformer 當成模型創新的基石。Transformer 主要分為編碼器層和解碼器層，其編碼器層衍生出了自編碼大型模型，如 BERT、RoBERT、ALBERT 等，其解碼器層衍生出了自回歸大型模型，如 GPT-1、GPT-2 等，而完整的 Transformer 則衍生出了 T5、GLM 等。

（2）混合專家（Mixture of Experts, MOE）方法。MOE 方法的原理已經在 3.5 節做了詳細介紹，在此不再贅述。公開資料顯示，OpenAI 在 GPT-4 中使用了 16 個專家模型，每個專家模型大約有 1110 億個參數。

（3）多查詢注意力（Multi-Query Attention，MQA）機制。這是一種改進的注意力機制，其主要想法是讓關鍵字（key）和值（value）在多個注意力頭（Head）之間共用。這並不是一個很新的想法，卻是一個很務實的方法，是一個對 GPT-4 而言很重要的技術，可以減少 GPT-4 執行時期所需要的記憶體容量。

（4）推測解碼（Speculative Decoding）。該技術利用一個較小、速度較快的模型先解碼多個 Token，並將它們作為單一批次（Batch）輸入到一個大型預測模型中。如果小模型的預測結果準確，大型模型也認可，就能夠在單一 Batch 內完成多個 Token 解碼；反之，如果大型模型否定了小模型的預測結果，那麼剩餘的部分將被捨棄，接著使用大型模型進行解碼。

6.8 多模態技術的發展趨勢

資料本身是以多模態的形式存在的，大的類別主要有文字、視訊、影像、語音，這些資訊給人以不同的感官體驗，且隨著 5G 和自媒體的普及，人們對機器人提供文字、視訊、語音等多模態整合式服務體驗的需求日益迫切。

多種模態資料之間的資訊不僅不是容錯的，而且還能相互補全、相互促進。舉例來說，影像的像素資訊無法被文字所蘊含、語音帶有的情感資訊不能極佳地從影像中表現出來等。這些資訊對資料的個性化生成有著重要的作用，這就要求從技術層面多模態輸入與輸出。如何融合多模態需要考慮的點很多，當前這一塊也已經有了一些先例，比如 GPT-4 的應用。多模態融合的處女地足夠大且可耕耘性也足夠強。預計越來越多的深度學習工作者會投身到多模態融合的輸入與輸出技術研究上。

我們認為多模態融合的輸入與輸出技術是多模態發展的未來趨勢，多模態資料融合有多種方法，其中一種是以某一中間資訊（如「文字」）橋接不同模態的資訊，讓一個大型模型能同時處理多個模態的輸入與輸出，這樣既解決了多模態資料缺失的問題，也讓多模態能融為一體，從而達到高品質的多模態輸出。

另一種是 MOE 方法。這一方法目前也被部分多模態大型模型所採用，適用於多模態的資訊輸入與輸出。MOE 方法整合文字、視訊、影像、語音的輸入與輸出，是多模態技術發展的另一個趨勢。

第 7 章
多模態大型模型對比

在 GPT-4 發佈之後，人們發現多模態的高品質輸入與輸出變成了現實，前景十分廣闊，企業如果只是單純地做語言方面的大型模型研究，那麼很可能陷入自己的單語言大型模型一面世即落後於行業的尷尬境地。為了跟上 OpenAI 的步伐，同時也為了佔領多模態的市場，很多大公司和大專院校都在多模態大型模型的研發上發力。所以，自從 OpenAI 發佈 GPT-4 以來，國內外產生了一大批多模態大型模型。

從 GPT-4 發佈至今，雖然時間不長，但湧現的多模態大型模型很多。對多模態大型模型的同好來說一下子學習並完全掌握這些知識顯得有些吃力，一方面是因為知識更新的量太大且還在持續不斷更新，讓人有一種無從下手的感覺，另一方面是因為這些技術比較新，對不是從事這方面研究的讀者來說難以理解。為此，本章將著重介紹 GPT-4 面世之後湧現的知名的多模態大型模型，並比較它們的優缺點，給讀者展開一幅更清晰的畫冊。

當然，除了關注多模態大型模型本身，對多模態大型模型的評測也是企業和大專院校關注的重點。主要原因有以下幾個。

（1）對多模態大型模型效果的測試很重要，是多模態大型模型技術的重要組成部分。

（2）基於相同的多模態大型模型評測資料集，可以看出各家技術水準的高低和特色。

（3）評測資料集的設計方法和評測標準反映了建構方對多模態大型模型的需求和自我認識，也為同行提供了一個學習他人理念的好機會。

國內外針對多模態大型模型的評測資料集和評測方法百花齊放、百家爭鳴。在本章中，我們會對這些資料集的建構和評測方法介紹，便於讀者更進一步了解多模態大型模型的全貌。最後，我們將分析現有的多模態大型模型的性能，用一些公共的、標準的評測資料集對比一下主要的多模態大型模型的優缺點。

7.1 中文多模態大型模型介紹

在 GPT-4 發佈之後，華人社區湧現出一大批多模態大型模型，本節將重點介紹其中比較有代表性的 3 個模型，分別為 LLaMA-Adapter V2、VisualGLM-6B 和 mPLUG-Owl 模型，希望讓讀者對中文多模態大型模型的最新進展有所了解。

7.1.1 LLaMA-Adapter V2

LLaMA-Adapter V2 是香港中文大學發佈的支援雙語輸出的多模態大型模型（更多細節請參見 Peng Gao 等人發表的論文「LLaMA-Adapter V2: Parameter-Efficient Visual Instruction Model」）。作為一個通用的多模態基礎模型，它整合了影像、語音、文字、視訊和 3D 點雲等各種輸入，同時還能提供影像和文字輸出。目前，網上有公開的 LLaMA-Adapter V2 的試用平臺，使用者可以參照使用樣例來測試 LLaMA-Adapter V2 的性能。

LLaMA-Adapter V2 支援中英文輸出，圖 7-1 的左側為輸入「write a poem for this picture」（為這幅畫寫一首詩）指令和一張「瀘沽湖湖面」圖片，右側為輸出，是多模態大型模型為該圖片創作的英文詩句。

從圖 7-1 的測試效果中可以看出 LLaMA-Adapter V2 的性能十分優異，可以極佳地為圖片賦詩。LLaMA-Adapter V2 不僅可以充分理解語義，而且其自身攜帶的豐富的、巨量的知識也是普通模型不能比擬的。圖 7-2 所示的樣例是讓 LLaMA-Adapter V2 介紹一下圖片中的物體是什麼（物體辨識），LLaMA-Adapter V2 充分發揮了自身參數多、知識多的優勢，詳細介紹了「這是一台放置在地面上的白色洗衣機」。

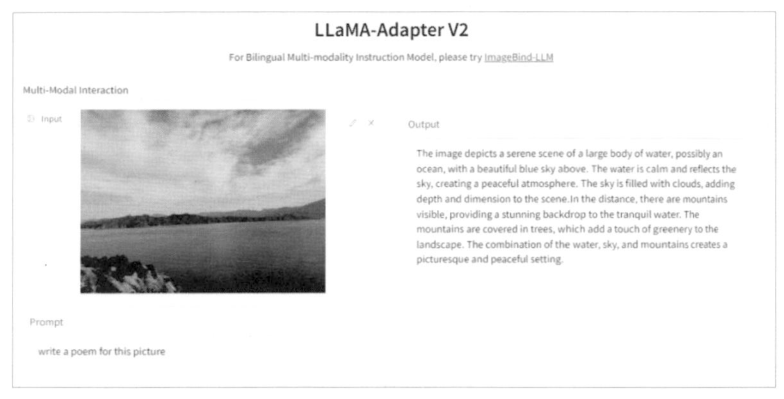

▲ 圖 7-1

▲ 圖 7-2

LLaMA-Adapter V2 除了支援英文輸入，還支援中文輸入。如圖 7-3 所示，輸入中文「這是什麼並介紹一下其用途」，LLaMA-Adapter V2 理解了語義並以英文的形式對問題進行了回答，回答的結果也符合預期。

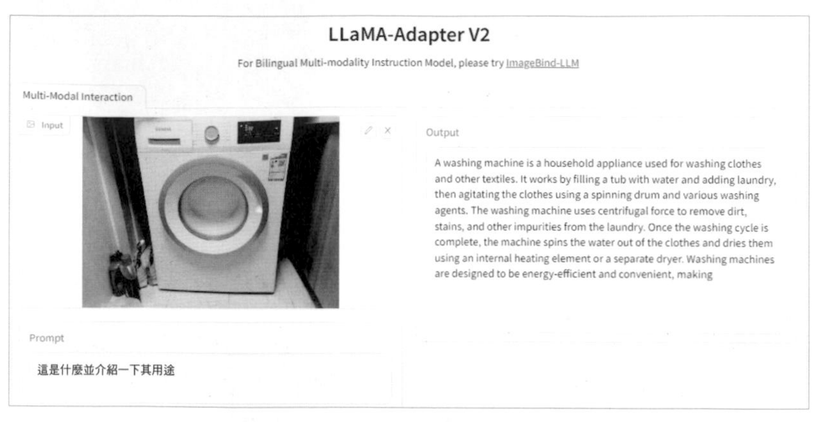

▲ 圖 7-3

從上述 3 個測試樣例中可知，LLaMA-Adapter V2 模型的性能十分優異，擁有雙語輸入的多模態能力，而且對圖片的介紹和描述十分精準，完全符合預期。接下來，我們將簡述這個模型的建構過程。

LLaMA-Adapter V2 的初始版本為 LLaMA-Adapter。LLaMA-Adapter 是一種具有可學習適應提示集的 Transformer 模型，引入了新的控制機制來高效率地增加新知識和保留模型預訓練的知識。這項技術讓 LLaMA-Adapter 的訓練過程更加高效，並且可以輕鬆地應用於多模態輸入以提升推理能力。

LLaMA-Adapter V2 在 LLaMA-Adapter 的基礎上主要做了以下 3 點改進。

（1）在線性層上進行偏差調整。LLaMA-Adapter 採用可學習適應提示集和零初始化注意（Zero-init Attention）機制來整合新知識，並且將指令提示融入 LLaMA 中完成自我調整處理指示跟隨資料的任務。然而，參數更新僅限於自我調整提示和門控因數，無法進行深度微調。為此，LLaMA-Adapter V2 使用了一種偏差調整策略，增加了偏差和比例因數這兩個可學習參數，同時也支援動態調整 LLaMA 中的所有規範化層，使得 Transformer 模型中的每個線性層都能夠自我調整處理指示跟隨資料的任務。

（2）為了避免視覺與語言微調產生干擾，研究者提出了一種簡單的早期融合策略，旨在阻止輸入視覺提示與自我調整提示直接相互作用，產生負面影響。

在 LLaMA-Adapter 中，輸入的視覺提示是透過具備可學習視覺投影層的凍結視覺編碼器進行順序編碼的，並在每個插入層中逐步增加到自我調整提示中。與此相比，LLaMA-Adapter V2 使用兩個獨立的 Transformer 層來處理編碼的視覺標識和自我調整提示，而非將它們混合在一起。

（3）LLaMA-Adapter V2 利用字幕、檢測和 OCR（Optical Character Recognition，光學字元辨識）等專家系統來增強視覺指令遵循能力。

這 3 點改進賦予了 LLaMA-Adapter V2 超強的能力。LLaMA-Adapter V2 是目前不可多得的高性能多模態大型模型。

7.1.2 VisualGLM-6B

VisualGLM-6B 是由北京清華大學發佈的多模態開放原始碼大型模型。該模型目前支援影像、中英文的多模態輸入。VisualGLM-6B 的語言模型來源於 ChatGLM-6B 模型，而影像模型則透過 BLIP2-Qformer 訓練而成。Q-Former 是一個輕量級 Transformer，主要充當二者之間的「溝通」橋樑。

VisualGLM-6B 是開放原始碼的，使用者可以直接從知名平臺 Hugging Face 上下載。由於 VisualGLM-6B 的參數只有 78 億個，所以其在普通的 RTX 3090 型號的顯示卡上可以運行。在推理階段，16 位元的 VisualGLM-6B 需要 16GB 顯示記憶體，8 位元的 VisualGLM-6B 需要 11.2GB 顯示記憶體，而 4 位元的 VisualGLM-6B 只需要 8.7GB 顯示記憶體。

與 LLaMA-Adapter V2 支援中英文輸入不同，VisualGLM-6B 只支援中文輸入和輸出。圖 7-4 所示的測試樣例展示了 VisualGLM-6B 的多模態理解能力。

本輪多模態對話的圖片：

為這個動物寫一首詩

灰色貓兒睡慵懶，黑白條紋鋪床間。它伸展身體躺在毯上，眼睛半閉或微張。毛髮柔軟如絲縷，毛色柔和似白雪。它靜靜地躺著，似乎享受著這寧靜的時刻。它的呼吸輕緩而自然，它的眼神溫柔又安詳。在這個舒適的空間裡，它放鬆身心，享受自由。這場景如此美麗，讓人不禁想起美好的時光。原這只灰色的貓兒，永遠健康快樂地生活

▲ 圖 7-4

ChatGLM-6B 雖然只有 62 億個參數，但是能力很強，在中文流行測試集 SuperCLUE 及 C-Eval 上表現優異。圖 7-5 所示的樣例是讓 VisualGLM-6B 介紹一下這幅畫，該輸入圖片十分灰暗，對多模態大型模型的辨識能力要求很高。但是 VisualGLM-6B 充分發揮了自身參數多、知識多的優勢，對灰暗圖片的處理得心應手。

本輪多模態對話的圖片：
介紹一下這幅風景圖
這張照片展示了日落時，太陽從天空中落下的美麗景象。在影像中可以看到一片森林和一棵高大的樹，樹木被陽光照亮著。這場景是一幅寧靜而美麗的照片，捕捉到了自然的力量與美麗。背景中的山脈也增添了整個景觀的壯麗感。

▲ 圖 7-5

從上述範例中可以看出，VisualGLM-6B 具備不俗的中文多模態能力，而其背後的功臣就是 ChatGLM。ChatGLM 是 KEG 實驗室與智譜 AI 聯合開發的對話語言模型，基於千億個參數的模型 GLM-130B。該模型經過持續的文字和程式預訓練，運用有監督微調等技術，可實現人類意圖對齊，具有多種功能

（如文案創作、資訊提取、角色扮演、問答及聊天等）。2023 年 3 月 14 日，ChatGLM-6B 開放原始碼版發佈，迅速受到許多開發者和使用者青睞，連續 12 天榮登 Hugging Face 平臺的全球大型模型下載排行榜之首。

ChatGLM-6B 的底層框架是 GLM，是基於 Transformer 的編碼器 - 解碼器架構，主要做了以下 4 處改進。

（1）重新調整歸一化和殘差連接的順序，可以有效地防止數字錯誤。

（2）僅使用單一的線性層來輸出權杖預測。

（3）用 GeLU 啟動函數取代了 ReLU 函數。

（4）ChatGLM-6B 在 GLM 框架下，專門針對中文問答和對話進行了最佳化。該模型透過超大規模的中英雙語訓練及有監督微調、基於人工回饋的強化學習等技術的應用而形成，具有 62 億個參數。

7.1.3 mPLUG-Owl

mPLUG-Owl 是中國阿里巴巴達摩研究院於 2023 年 5 月發佈的基於模組化實現的多模態大型模型（更多細節請參見 Qinghao Ye 等人發表的論文「mPLG-Owl: Modularization Empowers Large Language Models with Multimodality」）。mPLUG-Owl 延續了 mPLUG 系列的模組化訓練思想，將 LLM 遷移為一個多模態大型模型。

mPLUG-Owl 的整體架構包含 3 個部分：視覺基礎模組（採用開放原始碼的 ViTL-L）、視覺抽象模組及預訓練的語言模型（LLaMA-7B）。其中，視覺抽象模組將影像特徵提煉為易於學習的 Token，然後與文字查詢一起送入語言模型中，以生成相應的回覆內容。

mPLUG-Owl 不但支援圖片、英文的輸入，甚至還支援視訊的輸入，表現出極其強大的多模態統一能力，但是其底座模型是 LLaMA 大型模型，且微調的過程中並不含有中文資料，所以 mPLUG-Owl 在中文上的能力相對而言比較欠缺。

mPLUG-Owl-7B（表示 70 億個參數的 mPLUG-Owl 模型）已經在 GitHub 網站上開放原始碼了，使用者可以免費下載，且在相同參數量的情況下其耗費的資源比 VisualGLM-6B 更少。mPLUG-Owl-7B 的圖文輸入方式與前面的多模態大型模型一樣，都是上傳圖片並舉出相應的指令。在執行後，mPLUG-Owl 舉出文字的輸出。如圖 7-6 所示，mPLUG-Owl-7B 的輸出結果還是很優秀的。

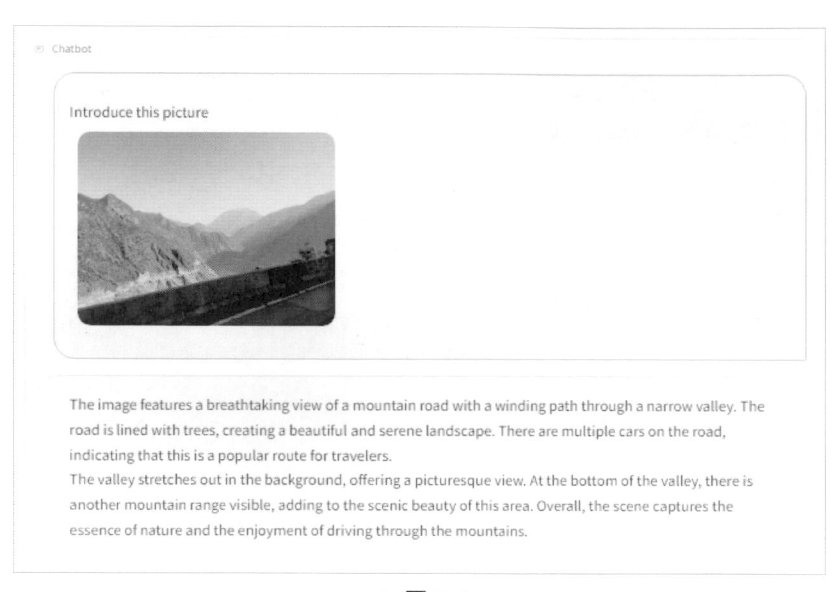

▲ 圖 7-6

我們發現，當輸入的圖片與訓練的資料的分佈差異較大時，mPLUG- Owl-7B 輸出的結果不太理想，這說明模型的遷移能力不夠強。舉例來說，輸入 Google 的圖片，並讓其對圖片介紹。測試發現，模型輸出的結果並不理想，如圖 7-7 所示。

▲ 圖 7-7

7.2 國外多模態大型模型介紹

除了中文有很多性能優秀的多模態大型模型，國外也誕生了一大批性能優秀的多模態大型模型。本節將重點介紹 3 個知名的國外多模態大型模型，分別為 Visual ChatGPT、InstructBLIP 和 MiniGPT-4。

7.2.1 Visual ChatGPT

微軟亞洲研究院於 2023 年 3 月 9 日發佈了視覺化版本的 ChatGPT，名為 Visual ChatGPT（更多細節請參見 Chenfei Wu 等人發表的論文「Visual ChatGPT: Talking, Drawing and Editing with Visual Foundation Models」），同時將其基礎程式上傳至 GitHub 平臺，僅一周就收穫了 19 700 個 Star。透過連接 ChatGPT 和一系列視覺模型，Visual ChatGPT 允許使用者在文字和影像之間與 ChatGPT 互動並執行更複雜的視覺命令，從而促進多個模型協作和融合。該模型能夠有效地理解並回答基於文字和基於視覺的輸入，消除將文字轉為影像的障礙和資訊衰減，大幅度提高 AI 工具之間的互通性。因為 Visual ChatGPT 使用 ChatGPT 為核心語言模型，所以我們將其歸納到國外的多模態大型模型中。

目前，ChatGPT 只能透過介面存取，而 Visual ChatGPT 只是將 ChatGPT 和視覺模型串聯起來，但是從其專案的爆紅程度中可以看到 Visual ChatGPT 具有較大的影響力。從它的論文案例中可知，Visual ChatGPT 能有效地發揮出語言模型和視覺模型各自的作用，實現文字和視訊之間的多模態生成。

Visual ChatGPT 之所以具有強大的多模態處理能力，主要是因為 Visual ChatGPT 採用了一種非常聰明的方法來增強 ChatGPT 對視覺模型的理解與表現。與傳統的重新訓練相比，它只需要透過一組特殊的提示就可以引導 ChatGPT 學習來自 22 個視覺模型的知識。這些提示清晰地描述了每個視覺模型的能力及輸入 / 輸出格式，並且將不同類型的視覺資訊轉化為語言形式，使得 ChatGPT 能夠更深刻地理解影像內容。基於深入研究和評估，我們發現，Visual ChatGPT 在零樣本遷移任務中也具有卓越的性能。

7.2.2 InstructBLIP

InstructBLIP 模型是 BLIP 模型的研究團隊開發的一種用於多模態領域的模型（更多細節請參見 Wenliang Dai 等人發表的論文「InstructBLIP: Towards General- Purpose Vision-Language Models with Instruction Tuning」）。

InstructBLIP 支援英文的多輪對話形式的多模態資訊融合，且融合的效果較好。如圖 7-8 所示，舉出貓咪睡覺的圖，並舉出指令讓 InstructBLIP 給圖片起一個名稱。InstructBLIP 分析並舉出了一個標題。從測試結果來看，InstructBLIP 對多模態的輸入有很強的理解能力。

緊接著輸入一張植物圖，如圖 7-9 所示，測試 InstructBLIP 能否精準分辨並辨識圖中的物體是什麼。從測試結果中可以看出，InstructBLIP 十分智慧，能精準辨識出該物體是植物。下一步的最佳化方向是精準辨識是何類植物。

▲ 圖 7-8

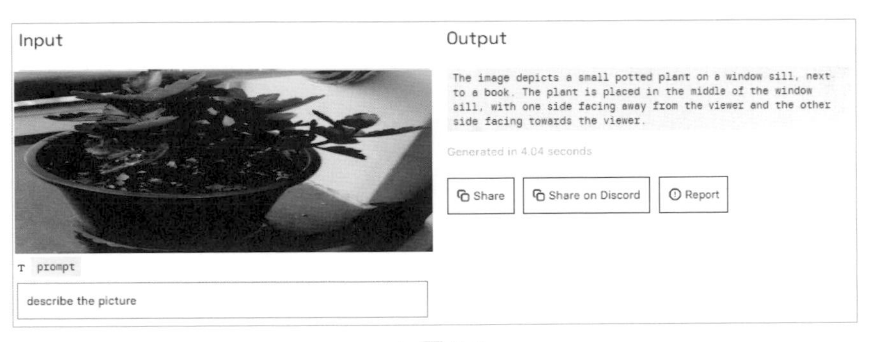

▲ 圖 7-9

InstructBLIP 的框架如圖 7-10 所示，Q-Former 是一種能夠從凍結的影像編碼器的輸出嵌入中提取引導性視覺特徵的模型。這些視覺特徵被作為軟提示輸入到語言模型中，並利用語言模型損失對模型進行指導式訓練，以此生成回答。Q-Former 的內部結構如圖 7-10 中右側所示。可學習的查詢透過自注意力和說明互動，還透過跨注意力和輸入影像的特徵互動，以鼓勵提取與任務相關的影像特徵。

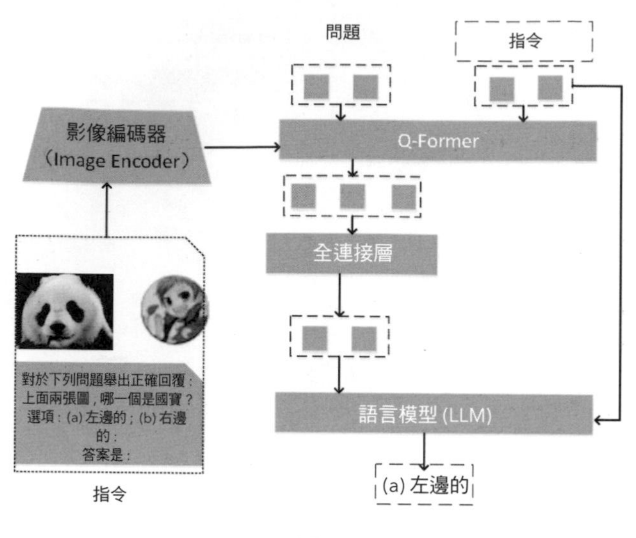

▲ 圖 7-10

7.2.3 MiniGPT-4

MiniGPT-4 是一個開放原始程式碼的聊天機器人，具有影像理解功能，並且使用 Vicuna-13B LLM 和 BLIP-2 視覺語言模型作為其核心技術（更多細節請參見 Deyao Zhu 等人發表的論文「MiniGPT-4: Enhancing Vision-Language Understanding with Advanced Large Language Models」）。除了可以描述圖片、回答與圖片相關的問題，該機器人還可以透過手繪網頁草圖自動生成對應的 HTML（超文字標記語言）程式。從技術角度來看，MiniGPT-4 的結構簡單（見圖 7-11），主要包括以下 3 個部分。

（1）帶有預訓練的 ViT 和 Q-Former 視覺編碼器。

（2）單獨的線性層。

（3）Vicuna LLM。

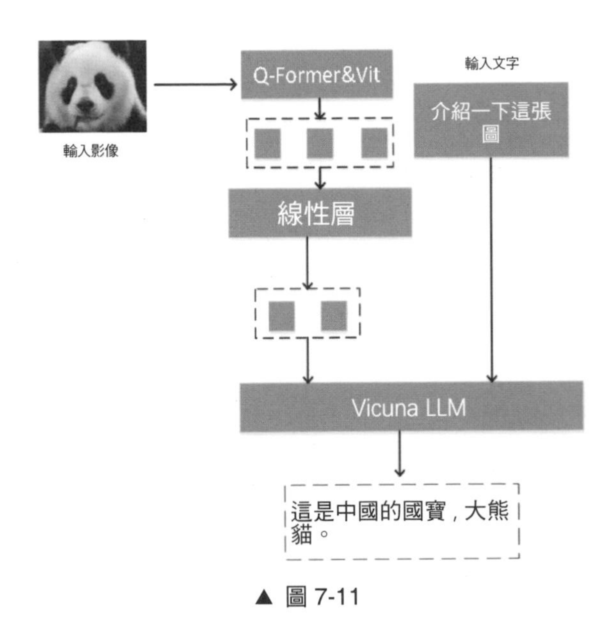

▲ 圖 7-11

從性能角度來說，MiniGPT-4 僅需要進行線性層的訓練，就可以讓視覺特徵與 Vicuna LLM 保持一致，由此可見其性能十分強大。

圖 7-12 是一個比較抽象的測試樣例，透過圖片只能隱約看到幾根枝杈，但是 MiniGPT-4 能正確輸出圖片展示的樹木的景象。

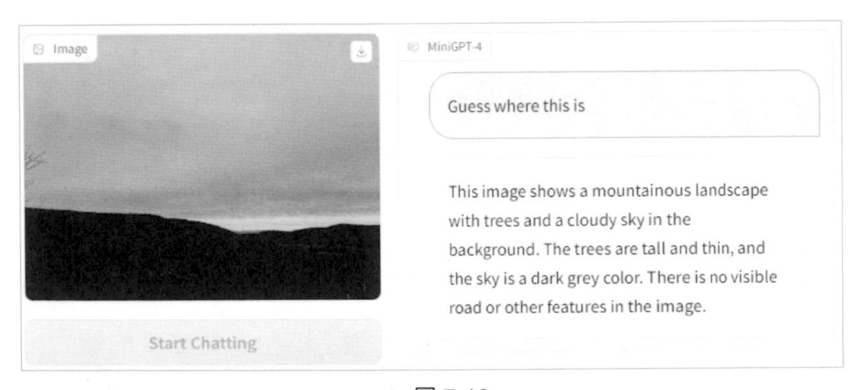

▲ 圖 7-12

再舉一個測試樣例，如圖 7-13 所示，輸入的是一張十分複雜的日出觀景圖，包含的像素點很多，而且背景十分昏暗。測試發現，MiniGPT-4 也能針對這種包含多個像素點的複雜影像進行語義辨識，並精確地回答出問題的答案。

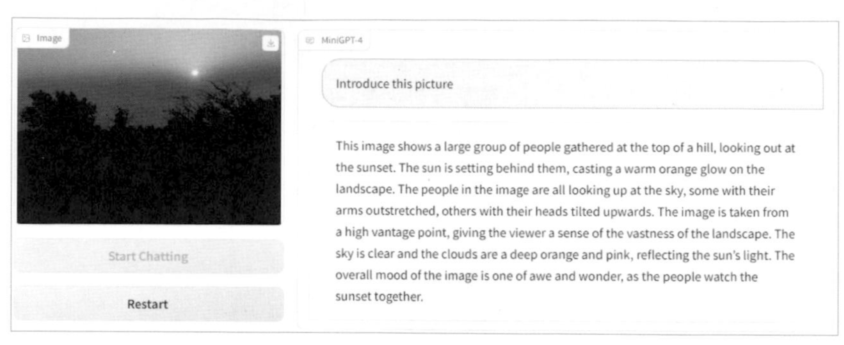

▲ 圖 7-13

因此，從上述兩個測試樣例中可以發現，MiniGPT-4 具備不俗的多模態解析能力。

7.3 多模態大型模型評測資料集

工業界和學術界在推出各個多模態大型模型的同時也創造出了很多評測資料集。借助這些評測資料集，科學研究人員希望可以了解和評測各個多模態大型模型的性能，也可以了解各個多模態大型模型存在的缺陷，便於進一步對多模態大型模型進行最佳化。本節分別介紹國內外比較出名的 4 個評測資料集。

7.3.1 中文評測資料集

mPLUG-Owl 被發佈時，也附帶了評測資料集 OwlEval。OwlEval 資料集主要用來評測模型的文字生成能力，雖然只包含 50 張圖片和 82 個問題，但涵蓋故事生成、廣告生成和程式生成等多類任務，其中部分圖片還有多個相關的問題（涉及多輪對話任務）。這些問題全面評測了模型多個維度的能力，比如指令理解、視覺理解、圖片上文字理解及視覺推理等。

MME 是騰訊優圖實驗室聯合廈門大學新建的評測資料集，主要用來衡量當前已有的多模態大型模型的能力，以便為各個模型的評鑑統一度量衡（更多細節請參見 Chaoyou Fu 等人發表的論文「MME: A Comprehensive Evaluation Benchmark for Multimodal Large Language Models」）。MME 是一種涵蓋感知和認知能力測試的評測資料集，對於感知能力測試而言，除了測試 OCR 能力，還測試粗糙和精細兩種物件辨識能力，前者用於辨識物體的存在、數量、位置和顏色，而後者則可以辨識電影海報、名人、場景、地標和藝術品等。認知能力測試包括常識推理、數值計算、文字翻譯和程式推理等多項內容。

MME 資料集的所有指令 - 答案對都是工程師手動設計的。MME 資料集的指令設計比較簡潔，避免了提示工程對模型輸出的影響，這對所有模型都是公平的。

同時，為了便於統計結果，MME 資料集的指令結果設計為「請回答是或否」，測試人員可以根據對話大型模型輸出「是」或「否」很容易地對結果定量統計，從而做到客觀且準確。

7.3.2 國外評測資料集

COCO 的全稱是 Common Objects in Context，該資料集是微軟負責建構的，包含多項檢測任務資料集，比如 Object Detection（主要用於物件辨識）、DensePose（主要用於姿態密度檢測）、Keypoints（主要用於關鍵點檢測）、Stuff（主要用於其他物品檢測，處理草、牆、天等）、Panoptic（主要用於場景分割）和 Captions（主要用於字幕標注）。

VQA（Visual Question Answer，視覺問答）是一個新的資料集，包含關於影像的開放式問題。要想正確回答這些問題，就需要對視覺、語言和常識知識深入理解。它主要涉及電腦視覺、自然語言處理和知識表示與推理等領域。VQA 資料集含有 265 016 張圖片。每張圖片至少有 3 個問題（平均 5.4 個問題）。每個問題有 10 個基本事實答案，有 3 個合理（但可能不正確）的答案。

7.4 多模態大型模型的評測標準

7.3 節介紹了 4 個評測資料集，本節將側重點放到介紹資料集評測的標準上。透過分析上述 4 個資料集的評測標準，讀者可以進一步了解多模態大型模型的測試細則。

7.4.1 中文評測標準

OwlEval 資料集主要透過人工標注得分，受限於目前並沒有合適的自動化指標，評測時參考 Self-Intruct 對模型的回覆內容進行人工評測，評分規則為 A=「正確且令人滿意」，B=「有一些不完美，但可以接受」，C=「理解了指令但是回覆內容存在明顯錯誤」，D=「完全不相關或不正確的回覆內容」。

MME 資料集的評測結果有兩類，分別是二分類的「是」或「否」，因此可以方便地用來衡量模型的精度（Accuracy）和精度 +（Accuracy+）。精度 + 更進一步地反映了模型對整張圖片的全面理解程度。除此之外，MME 資料集的建構者還將準確度和準確性這兩個指標進行融合得出某個子任務的分數，而模型的感知分數則是所有子任務的分數之和。

7.4.2 國外評測標準

微軟的 COCO 資料集的評測指標可以採用 mAP（mean Average Precision，各類平均精度的平均值），圖 7-14 所示為 COCO 官方的評測指標示意圖，顯示了平均精度（Average Precision，AP）的計算過程。

Average Precision (AP):

AP	% AP at IoU=.50:.05:.95 **(primary challenge metric)**
$AP^{IoU=.50}$	% AP at IoU=.50 (PASCAL VOC metric)
$AP^{IoU=.75}$	% AP at IoU=.75 (strict metric)
AP Across Scales:	
AP^{small}	% AP for small objects: area $< 32^2$
AP^{medium}	% AP for medium objects: $32^2 <$ area $< 96^2$
AP^{large}	% AP for large objects: area $> 96^2$
Average Recall (AR):	
$AR^{max=1}$	% AR given 1 detection per image
$AR^{max=10}$	% AR given 10 detections per image
$AR^{max=100}$	% AR given 100 detections per image
AR Across Scales:	
AR^{small}	% AR for small objects: area $< 32^2$
AR^{medium}	% AR for medium objects: $32^2 <$ area $< 96^2$
AR^{large}	% AR for large objects: area $> 96^2$

▲ 圖 7-14

在物件辨識領域中，通常使用交並比（Intersection Over Union，IOU）來評測模型性能。設置 IOU 有兩種方法。第一種方法是將 IOU 從 0.5 到 0.95 設置 0.05 的間隔，分別計算出 mAP，最後求平均數。第二種方法是根據 IOU 分別為 0.5 和 0.75 的設定值來計算特定的平均精度。除此之外，還會有針對不同尺寸物體的多個 mAP，它們分別表示小物體、中等物體和大物體。平均召回率（Average Recall，AR）也是一種常見的度量方式。

其他常見的用於 VQA 資料集的評測指標還有 PLCC（Pearson Linear Correlation Coefficient，皮爾遜線性相關係數）、SROCC（Spearman Rank Order Correlation Coefficient，斯皮爾曼秩相關係數）、KROCC（Kendall Rank Order Correlation Coefficient，肯德爾秩相關係數）和 RMSE（Root Mean Square Error，均方根誤差）。

7.5 多模態大型模型對比

前幾節介紹了國內外 6 個多模態大型模型、4 個評測資料集和評測標準。在這些評測資料集裡資料集越新往往越具有後發優勢，因為使用這些資料集可以有效地對比更多已經發佈的多模態大型模型的評測結果，其應用會更廣泛。

MME 是一個非常新的多模態大型模型的評測資料集，對 12 個多模態大型模型進行了評測，具體的評測模型見表 7-1。

▼ 表 7-1

模型	研發機構
BLIP-2	Salesforce 研究院
LLaVA	微軟研究院
MiniGPT-4	阿布杜拉國王科技大學
LLaMA-Adapter V2	OpenAI
Multimodal-GPT	香港中文大學
InstructBLIP	MetaAI
VisualGLM-6B	北京清華大學
Otter	南洋理工大學
PdandaGPT	騰訊 AI 實驗室
LaVIN	廈門大學
ImageBind	MetaAI
mPLUG-Owl	阿里巴巴達摩研究院

評測這 12 個多模態大型模型共產生了 15 個榜單，每一個榜單都代表了某個維度的評測排名結果。MME 資料集從感知能力和認知能力兩個維度對比了這 12 個多模態大型模型，下面分別介紹。

7.5.1 感知能力評測

在感知能力排名中，BLIP-2、InstructBLIP 和 LLaMA Adapter-V2 位居前三名，緊隨其後的是 mPLUG-Owl 和 LaVIN，它們的感知得分分別為 1293.84、1212.82、972.67、967.35 和 963.61，見表 7-2。

▼ 表 7-2

排名	模型	得分
1	BLIP-2	1293.84
2	InstructBLIP	1212.82
3	LLaMA-Adapter V2	972.67
4	mPLUG-Owl	967.35
5	LaVIN	963.61
6	MiniGPT-4	855.58
7	ImageBind	775.77
8	VisualGLM-6B	705.31
9	Multimodel-GPT	654.73
10	PandaGPT	642.59
11	LLaVA	502.82
12	Otter	483.73

下面分別從粗粒度辨識、細粒度辨識兩個大類，總共 9 項具體任務出發，深入評測多模態大型模型的感知能力。粗粒度辨識任務主要包含物品存在判斷（Existance）、計數（Count）、位置判斷（Positon）和顏色辨識（Color）4 項任務。細粒度辨識任務主要包含海報辨識（Poster）、名人辨識（Celebrity）、場景辨識（Scene）、地標識別（Landmark）和藝術品辨識（Artwork）5 項任務。

表 7-3 ～表 7-6 分別展示了每個粗粒度辨識任務的得分排名情況。在判斷目標是否存在的任務中（見表 7-3），InstructBLIP 和 LaVIN 獲得了最高分 185 分，正確率達到 95%，而 BLIP-2 和 ImageBind 則分列第二名和第三名。計數、位置判斷和顏色辨識任務的評測結果分別參見表 7-4 ～表 7-6，InstructBLIP、BLIP-2 及 MiniGPT-4 位於前三名。

表 7-7 ～表 7-11 分別展示了各個細粒度辨識任務的得分排名情況。在海報辨識方面，BLIP-2、mPLUG-Owl 和 InstructBLIP 的成績最好，而在名人辨識方面，這三者依舊保持著類似的高水準。在場景辨識方面，InstructBLIP、LLaMA-Adapter V2 和 VisualGLM-6B 處於領先地位。mPLUG-Owl 在地標識別

方面表現最佳，而在藝術品辨識方面，BLIP-2、InstructBLIP 和 mPLUG-Owl 都獲得了優異的成績。

▼ 表 7-3

排名	模型	得分
1	InstructBLIP	185.00
1	LaVIN	185.00
2	BLIP-2	160.00
3	ImageBind	128.33
4	mPLUG-Owl	120.00
4	LLaMA-Adapter V2	120.00
5	MiniGPT-4	115.00
6	VisualGLM-6B	85.00
7	PandaGPT	70.00
8	Multimodel-GPT	61.67
9	LLaVA	50.00
10	Otter	48.33

▼ 表 7-4

排名	模型	得分
1	InstructBLIP	143.33
2	BLIP-2	135.00
3	MiniGPT-4	123.33
4	LaVIN	88.33
5	ImageBind	60.00
6	Multimodel-GPT	55.00
7	mPLUG-Owl	50.00
7	LLaMA-Adapter V2	50.00
7	VisualGLM-6B	50.00
7	Otter	50.00
7	PandaGPT	50.00
7	LLaVA	50.00

▼ 表 7-5

排名	模型	得分
1	MiniGPT-4	81.67
2	BLIP-2	73.33
3	InstructBLIP	66.67
4	LaVIN	63.33
5	Multimodel-GPT	58.33
6	mPLUG-Owl	50.00
6	Otter	50.00
6	PandaGPT	50.00
6	LLaVA	50.00
7	LLaMA-Adapter V2	48.33
7	VisualGLM-6B	48.33
8	ImageBind	46.67

▼ 表 7-6

排名	模型	得分
1	InstructBLIP	153.33
2	BLIP-2	148.33
3	MiniGPT-4	110.00
4	LLaMA-Adapter V2	75.00
4	LaVIN	75.00
5	ImageBind	73.33
6	Multimodel-GPT	68.33
7	mPLUG-Owl	55.00
7	VisualGLM-6B	55.00
7	Otter	55.00
7	LLaVA	55.00
8	PandaGPT	50.00

▼ 表 7-7

排名	模型	得分
1	BLIP-2	141.84
2	mPLUG-Owl	136.05
3	InstructBLIP	123.81
4	LLaMA-Adapter V2	99.66
5	LaVIN	79.59
6	PandaGPT	76.53
7	VisualGLM-6B	65.99
8	ImageBind	64.97
9	Multimodel-GPT	57.82
10	MiniGPT-4	55.78
11	LLaVA	50.00
12	Otter	44.90

▼ 表 7-8

排名	模型	得分
1	BLIP-2	105.59
2	InstructBLIP	101.18
3	mPLUG-Owl	100.29
4	LLaMA-Adapter V2	86.18
5	ImageBind	76.47
6	Multimodel-GPT	73.82
7	MiniGPT-4	65.29
8	PandaGPT	57.06
9	VisualGLM-6B	53.24
10	Otter	50.00
11	LLaVA	48.82
12	LaVIN	47.36

▼ 表 7-9

排名	模型	得分
1	InstructBLIP	153.00
2	LLaMA-Adapter V2	148.50
3	VisualGLM-6B	146.25
4	BLIP-2	145.25
5	LaVIN	136.75
6	mPLUG-Owl	135.50
7	PandaGPT	118.00
8	ImageBind	113.25
9	MiniGPT-4	95.75
10	Multimodel-GPT	68.00
11	LLaVA	50.00
12	Otter	44.25

▼ 表 7-10

排名	模型	得分
1	mPLUG-Owl	159.25
2	LLaMA-Adapter V2	150.25
3	BLIP-2	138.00
4	LaVIN	93.50
5	VisualGLM-6B	83.75
6	InstructBLIP	79.75
7	Multimodel-GPT	69.75
7	PandaGPT	69.75
8	MiniGPT-4	69.00
9	ImageBind	62.00
10	LLaVA	50.00
11	Otter	49.50

7.5.2 認知能力評測

認知能力評測可以分成 4 個子任務，即常識推理（Commonsense Reasoning）、數值計算（Numerical Calculation）、文字翻譯（Text Translation）和程式推理（Code Reasoning）。表 7-12 ～表 7-15 分別展示了每個子任務的得分排名情況。

▼ 表 7-11

排名	模型	得分
1	BLIP-2	136.50
2	InstructBLIP	134.25
3	mPLUG-Owl	96.25
4	LaVIN	87.25
5	VisualGLM-6B	75.25
6	ImageBind	70.75
7	LLaMA-Adapter V2	69.75
8	Multimodel-GPT	59.50
9	MiniGPT-4	55.75
10	PandaGPT	51.25
11	LLaVA	49.00
12	Otter	41.75

▼ 表 7-12

排名	模型	得分
1	InstructBLIP	129.29
2	BLIP-2	110.00
3	LaVIN	87.14
4	LLaMA-Adapter V2	81.43
5	mPLUG-Owl	78.57
6	PandaGPT	73.57
7	MiniGPT-4	72.14
8	LLaVA	57.14
9	Multimodel-GPT	49.29
10	ImageBind	48.57
11	VisualGLM-6B	39.29
12	Otter	38.57

▼ 表 7-13

排名	模型	得分
1	LaVIN	65.00
2	LLaMA-Adapter V2	62.50
2	Multimodel-GPT	62.50
3	mPLUG-Owl	60.00
4	MiniGPT-4	55.00
4	ImageBind	55.00
5	PandaGPT	50.00
5	LLaVA	50.00
6	VisualGLM-6B	45.00
7	BLIP-2	40.00
7	InstructBLIP	40.00
8	Otter	20.00

▼ 表 7-14

排名	模型	得分
1	mPLUG-Owl	80.00
2	BLIP-2	65.00
2	InstructBLIP	65.00
3	Multimodel-GPT	60.00
4	PandaGPT	57.50
5	LLaVA	57.50
6	MiniGPT-4	55.00
7	ImageBind	50.00
7	LLaMA-Adapter V2	50.00
7	VisualGLM-6B	50.00
8	LaVIN	47.50
9	Otter	27.50

在認知能力評測排名中，如表 7-16 所示，MiniGPT-4、InstructBLIP 和 BLIP-2 位居前三名，緊隨其後的是 mPLUG-Owl 和 LaVIN。

在常識推理方面，InstructBLIP 和 BLIP-2 依舊勝出，特別是 InstructBLIP，得分達到了 129.29 分，見表 7-12。在數值計算（見表 7-13）和文字翻譯（見表 7-14）方面，儘管問題難度適中，但這些多模態大型模型的表現都不太好，未能取得超過 80 分的成績，說明多模態大型模型在這些方面還需要大幅改進。相比之下，MiniGPT-4 在程式推理方面表現突出，得分高達 110 分，遠遠領先於其他競爭者，見表 7-15。

▼ 表 7-15

排名	模型	得分
1	MiniGPT-4	110.00
2	BLIP-2	75.00
3	ImageBind	60.00
4	mPLUG-Owl	57.50
4	InstructBLIP	57.50
5	LLaMA-Adapter V2	55.00
5	Multimodel-GPT	55.00
6	Otter	50.00
6	LLaVA	50.00
6	LaVIN	50.00
7	VisualGLM-6B	47.50
7	PandaGPT	47.50

▼ 表 7-16

排名	模型	得分
1	MiniGPT-4	292.14
2	InstructBLIP	291.79
3	BLIP-2	290.00
4	mPLUG-Owl	276.07
5	LaVIN	249.64
6	LLaMA-Adapter V2	248.93
7	PandaGPT	228.57
8	Multimodel-GPT	226.79
9	LLaVA	214.64
10	ImageBind	213.57
11	VisualGLM-6B	181.79
12	Otter	136.07

7.6 思考

本章介紹了 6 個知名的多模態大型模型，分別是中文的 LLaMA- Adapter V2、VisualGLM、mPLUG-Owl，國外的 Visual ChatGPT、InstructBLIP 及 MiniGPT-4。透過對這些多模態大型模型的介紹，我們介紹了 AIGC 時代多模態大型模型的生態路線，便於讀者日後篩選多模態大型模型。

仔細研究這些多模態大型模型，可以發現，中文雖然有很多多模態大型模型，但是它們對多語言支援的能力比較弱，此外基本上都是封閉的和不開放原始碼的。希望未來有越來越多的中文開放原始碼的多模態大型模型湧現。

除了介紹上述 6 個多模態大型模型，本章也介紹了國內外常用的 4 個評測資料集及其評測標準，讓讀者了解了當前多模態大型模型評測的方向和指標。這主要基於以下幾點考慮：①多模態大型模型的訓練和評測是分不開的；②多模態大型模型的評測進步對多模態大型模型的發展能造成重要的推進作用；③多模態大型模型的評測目前還有很多缺陷，需要我們一起努力解決。

第 8 章

中小公司的大型模型建構之路

2022 年年底，ChatGPT 的發佈標誌著對話大型模型時代的到來。對話大型模型已經開始對工業界產生巨大影響。這一影響是不可逆的，無論你是否有準備，大型模型時代都到來了。在這個大背景下，每個企業都應該有自己關於大型模型研發或應用的計畫，路徑相對比較明確，不是重新訓練一個大型模型，就是在開放原始碼的大型模型基礎上做二次最佳化，要麼採購第三方解決方案。

對於大型模型的定義，目前學術界和工業界並沒有統一，但普遍認為，大型模型的參數至少要達到幾十億個等級。面對如此多的參數，在訓練大型模型時，為了提高效率，一方面要盡可能最佳化訓練過程，另一方面要盡可能壓縮模型的大小，尤其中小公司對這兩個方面的需求更顯得無比強烈，這有助大幅降低研究和應用成本。面對這些問題，行業已經做了大量的研究，本章將從這兩個方面入手，介紹一下中小公司應該如何高效率地使用大型模型。

中小公司在訓練大型模型時常常會面臨一個問題，到底是完全自研還是在現有開放原始碼大型模型的基礎上進行延伸開發？在充分考慮成本和風險的情況下，中小公司一般會選擇後者，其原因主要有以下幾個。

（1）重新訓練，消耗非常巨大。如果沒有一大批非常優秀的技術人員而選擇重新訓練一個大型模型，就顯得毫無意義，只會浪費人力、物力和時間，而且效果也不一定比使用開放原始碼的大型模型好。

（2）現有的大型模型系統已經非常豐富，足夠滿足各方需求。GPT 從提出到現在已有 5 年多，這段時間內產生了大量的大型模型，總有一個大型模型可以滿足使用者的需求。

（3）對話大型模型的競爭已經白熱化，可以說三天出現一個小應用，一周出現一個新模型；每一個企業都迫切地想實踐應用自己的對話大型模型，而對開放原始碼的大型模型延伸開發就是站在巨人的肩膀上，無疑是快速、高效的方法。

（4）中小公司的技術實力相對薄弱，且大型模型的研發人員更缺乏，這讓中小公司研發大型模型難以實現。

中小公司微調大型模型，最常見的是走 SFT（有監督微調）的路線。當前的微調方式主要是採用 LoRA（低秩調配）技術，行業還有針對性地開發出一系列 LoRA 工具套件，這些工具套件已經成為中小公司微調大型模型的首選。

此外，除了 LoRA 工具套件，全量的微調對幾十億個參數或百億個級參數的模型來說也是不錯的選擇。配合 DeepSpeed 等技術和工具，幾十億個參數的大型模型可以直接在 4 片 RTX A100 型號的顯示卡上微調。但是因為微調千億個級參數的大型模型消耗的資源很多、時間很長，所以對大部分中小公司來說可行性不高。

另外，微調後的大型模型仍然很大，動輒佔用十多 GB 的顯示記憶體，這對許多商業應用來說十分不友善。為了降低大型模型所需顯示記憶體的容量，還需要對大型模型的大小進行壓縮，以保證大型模型可以應用到較小顯示記憶體的 GPU 中，從而保障線上應用的效率。常見的壓縮方法主要包含量化壓縮、剪枝、知識蒸餾，這些方法可以在有效地降低顯示記憶體容量要求的同時，保證大型模型仍然擁有十分優異的性能。

本章將對微調技術和壓縮技術進行詳細介紹，爭取讓每一位讀者都能用較小容量的顯示記憶體輕鬆地運行大型模型，讓更多的中小公司能夠快速上馬大型模型，並儘快在垂直領域開花結果。

8.1 微調技術介紹

在 6.6 節中，我們介紹了 3 類大型模型高效訓練的方法，其中 LoRA 技術和其變種是當前行業主流的方法。本節將詳細介紹 LoRA 技術、AdaLoRA 技術、QLoRA 技術和採用 DeepSpeed 的 ZeRO-3 方式的全量微調，讓大家對微調更得心應手。

8.1.1 LoRA 技術

低秩調配（Low-Rank Adaptation，LoRA）技術是在 2022 年由 Edward J.Hu 等人在 ICLR2022 會議上提出的（更多細節請參見論文「LoRA:Low-Rank Adaptation of Large Language Models」），其核心思想是利用低秩分解模擬參數變化，使用較少的參數進行大型模型的間接訓練。具體地講，對於包含矩陣乘法的模組，將在原始的 PLM（Pre-trained Language Model，預訓練語言模型）之外增加一條新通道，即讓第一個矩陣 $\boldsymbol{A}$ 進行降維，讓第二個矩陣 $\boldsymbol{B}$ 進行升維，模擬出所謂的「本徵秩」。

基於 LoRA 技術微調大型模型，大型模型的參數更新範例如圖 8-1 所示。在訓練期間，我們首先固定大型模型的其他參數，只針對新增的兩個矩陣調整它們的權重參數，將 PLM 與新增通道的結果相加以獲得最終結果（兩側通道的輸入和輸出維度必須相同），下面詳細介紹參數更新的過程。

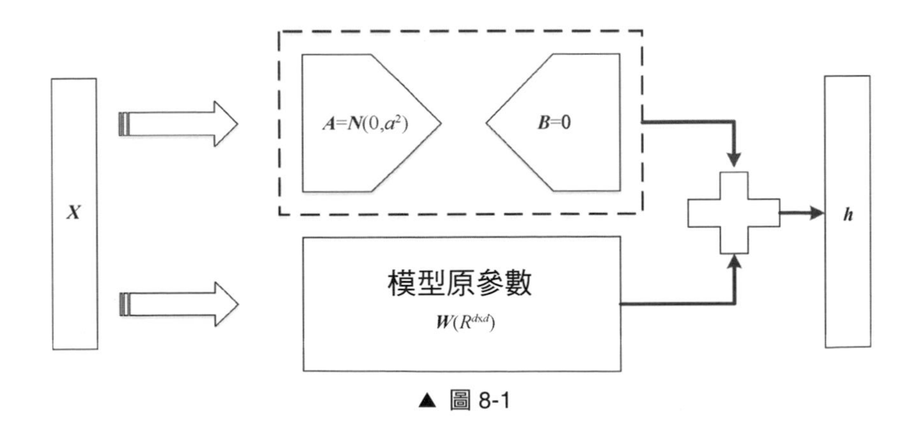

▲ 圖 8-1

X 為輸入向量，W 為 PLM 中的某個全連接層，是一個矩陣，A 和 B 為低秩矩陣。首先，使用高斯分佈初始化第一個矩陣 A 的權重參數，然後將第二個矩陣 B 的權重參數設置為零矩陣，以確保訓練開始時新增的通道 $BA = 0$ 不會影響大型模型的預測結果。在推理階段，我們簡單地將左右兩側的結果相加以獲取最終結果 $h=WX+BAX=(W+BA)X$，因此只需將已經訓練好的矩陣乘積 BA 增加到原始權重矩陣 W 中，就像更新 PLM 權重參數那樣操作，無須消耗額外的運算資源。

經過實驗發現，用 LoRA 技術微調（以增量矩陣的本徵秩 r=8 為例）130 億個參數的大型模型 LLaMA（模型大小超過 20GB），更新的參數量不超過 3000 萬個，由此可見基於 LoRA 技術的微調方法在高效性和節約資源方面比傳統的微調方法有巨大的優勢。

8.1.2 AdaLoRA 技術

儘管用 LoRA 技術微調大型模型獲得了良好的結果，但該方法需要預設每個增量矩陣的本徵秩 r 相同。這種限制無視了不同模組和層之間權重矩陣的顯著差異，導致大型模型的效果存在不穩定性。為此，行業提出了 AdaLoRA 技術（更多細節請參見 Qingru Zhang 等人發表的論文「Adaptive Budget Allocation for Parameter-Efficient Fine-Tuning」），該技術基於重要性評分動態地分配參數預算到權重矩陣中，詳細介紹如下：

（1）AdaLoRA 技術採用了一種有效的策略來調整增量矩陣的分配。具體地，它會優先考慮那些對任務結果影響較大的增量矩陣，並給予它們更高的權重，從而能夠獲得更多的資訊。與此同時，對於那些對結果影響較小的增量矩陣，大型模型會將其秩降低，以避免過擬合和浪費運算資源。

（2）在增量更新中使用奇異值分解進行參數化，並基於重要性指標去除不重要的奇異值，同時保留奇異向量。該方法減少了對大矩陣進行準確奇異值分解所需的運算資源，從而有效地提高了計算速度和穩定性。

8.1.3 QLoRA 技術

70 億和 130 億個參數的大型模型所佔用的顯示記憶體較低（如表 8-1 所示），加上 LoRA 技術只微調小部分參數，有效地確保了中小公司在低顯示記憶體的 GPU 伺服器上微調大型模型的可能性。然而，隨著大型模型參數進一步增加，比如對於 660 億個參數的超大型模型（如 LLaMA），佔用的顯示記憶體為 300GB，常規的 16 位元量化壓縮儲存微調需要佔用超過 780 GB 的顯示記憶體，傳統的 LoRA 技術面對這樣的情況顯得有些捉襟見肘。

▼ 表 8-1

量化壓縮儲存表徵	70 億個參數的大型模型佔用的顯示記憶體	130 億個參數的大型模型佔用的顯示記憶體
16 位元	13GB	24GB
8 位元	7.8GB	15.6GB
4 位元	3.9GB	7.8GB

為了解決該問題，Tim Dettmers 等人提出了 QLoRA 技術（更多細節請參見 Tim Dettmers 等人發表的論文「QLoRA:Efficient Finetuning of Quantized LLMs」）。QLoRA 技術採用了一項創新性的、高精度的技術，能夠將預訓練模型量化壓縮為 4 位元二進位碼，並引入一組可學習的轉接器權重參數，這些權重參數透過反向傳播梯度來微調量化壓縮權重。QLoRA 技術支援低精度儲存資料型態（4 位元二進位碼）及高效的計算資料型態（BFloat16）。每次使用權重參數時，我們都需要先將計算資料轉換成支援高效矩陣計算的 BFloat16 格式，然後執行 16 位元矩陣乘法運算。此外，QLoRA 技術使用兩種技術來實現高保真 4 位元微調，即 4 位元 Normal Float（NF4）量化壓縮和雙量化壓縮技術。

8.1.4 微調加 DeepSpeed 的 ZeRO-3

DeepSpeed 是一款由微軟開發的開放原始碼深度學習最佳化函數庫，其主要目的是提高大型模型訓練的效率與可拓展性。該函數庫使用多種技術手段來加快訓練速度，例如實現模型並行化、梯度累積、動態精度縮放和本地模式混合精度等。

同時，DeepSpeed 也提供了一系列輔助工具，比如分散式訓練管理、記憶體最佳化和模型壓縮等，這些都有助軟體研發人員更進一步地管理和最佳化大規模深度學習訓練任務。除此之外，值得注意的是，DeepSpeed 基於 PyTorch 框架建構，因此只需做少量修改就能夠輕鬆地完成跨框架遷移。實際上，DeepSpeed 已被廣泛地應用於諸如語言模型、影像分類、物件辨識等許多大規模深度學習專案中。

總之，DeepSpeed 作為一個大型模型訓練加速函數庫，位於模型訓練框架和模型之間，用來加快訓練、推理的速度。

零容錯最佳化器（Zero Redundancy Optimizer，ZeRO）是一項針對大規模分散式深度學習的新型記憶體最佳化技術。該技術能夠以當前最佳系統輸送量的 3 至 5 倍的速度訓練擁有 1000 億個參數的深度學習模型，並且為訓練數兆個參數的模型提供了可能性。作為 DeepSpeed 的一部分，ZeRO 旨在提高顯示記憶體效率和計算效率。其獨特之處在於，它能夠兼顧資料並行與模型並行的優勢，透過在資料並行處理程序之間劃分模型狀態參數、梯度和最佳化器狀態，消除資料並行處理程序中的記憶體容錯，避免重複傳輸資料。此外，它採用動態通訊排程機制，讓分散式裝置之間共用必要的狀態，以維護資料並行的計算粒度和通訊量。

目前，DeepSpeed 主要支援 3 種形式的 ZeRO，分別為最佳化器狀態分區（ZeRO-1）、梯度分區（ZeRO-2）、參數分區（ZeRO-3）。DeepSpeed 的 ZeRO-3 可以保證在 4 片 RTX A100 型號的顯示卡上輕鬆運行幾十億個參數的大型模型。

8.2 模型壓縮技術介紹

如何讓模型輕量、快速、高性能地完成知識推理一直是科學研究工作者的研究重心。模型壓縮技術是實現高性能目標的關鍵技術之一。本節將重點介紹 3 類模型壓縮技術，分別為剪枝、知識蒸餾和量化壓縮。

8.2.1 剪枝

深度神經網路中存在大量容錯參數，一般只有少數權值和節點 / 層才會對推理結果產生重要影響，需要剔除容錯參數以提高模型訓練效率。剪枝技術透過刪除多餘的節點來減小網路規模，從而降低計算成本，同時保持良好的推理效果和速度。就像園藝師修剪沒有用的植物枝葉一樣，科學研究人員將模型中無關緊要的參數設置為零，最終得到精簡版的模型。剪枝技術被廣泛地用於最佳化深度神經網路，主要步驟如下。

（1）訓練一個原始模型，該模型具有較高的性能但執行速度較慢。

（2）確定哪些參數對輸出結果的貢獻較小，並將其設置為零。

（3）在訓練資料上進行微調，以便儘量避免因網路結構發生變化而導致性能下降。

（4）評估模型的大小、速度和效果等指標，如果不符合要求，那麼繼續進行剪枝操作直至滿意為止。

剪枝技術主要分為兩種類型：非結構化剪枝和結構化剪枝。

非結構化剪枝通常涉及對權重矩陣中的單一或整行、整列的權重值進行修剪。這種方法通常會將修剪後的權重矩陣轉為稀疏矩陣，即將不必要的權重值設置為 0。雖然這種方法可以帶來性能提升，但是需要計算平臺能夠支援高效率地處理稀疏矩陣，否則剪枝後的模型將無法獲得顯著的性能提升。

相比之下，結構化剪枝使用濾波器或權重矩陣的或多個通道來進行修剪。這種方法不會改變權重矩陣本身的稀疏程度，因此可以更容易地在各種計算平臺上實施。

非結構化剪枝（如圖 8-2 所示）包括權值剪枝和神經元剪枝。權值剪枝透過將權重矩陣中的單一權重值設置為 0 來剔除不重要的連接。在通常的情況下，可以對權重矩陣中的所有權重值按大小順序排序，並將排名靠後的按照一定的比例將權重值設置為 0。神經元剪枝則涉及刪除神經元節點和與其相連的突觸，可以計算每個神經元節點對應行和列的權重值的平均值，並根據其大小對神經元節點進行排序，然後刪除排名靠後的一定比例的神經元節點。

0	0.5	0.7	0.4
0	0.5	0	0
0	0.8	0.7	0
0.9	0	0.4	0.6

(a) 權值剪枝

0.5	0	0.7	0.4
0.4	0	0.9	0.6
0	0	0	0
0.9	0	0.4	0.6

(b) 神經元剪枝

▲ 圖 8-2

結構化剪枝又稱為濾波器剪枝，主要包括 Filter-wise、Channel-wise 和 Shape-wise 三種類型。它透過修改網路模型的結構特徵來達到壓縮模型的目的。在知識蒸餾中，學生網路模型等都採用了結構化剪枝技術，同時 VGG19、VGG16 等裁剪模型也可視為一種隱式的結構化剪枝行為，關於知識蒸餾的內容將在 8.2.2 節介紹。Filter-wise 剪枝指的是針對完整的卷積核心進行修剪，其中每個卷積核心上的所有層都會被考慮修剪。Channel-wise 剪枝只保留卷積核心中相同層的部分權重，而 Shape-wise 剪枝則更精細，只保留卷積核心上某些具體區域的部分權重。簡單地說，剪枝物件就是所有卷積核心中相同位置的部分權重。

8.2.2 知識蒸餾

在通常的情況下，大型模型由單一或多個複雜網路組成，具備出色的性能和泛化能力，而小模型則因其較小的網路規模而存在著表達能力上的局限性。將大型模型獲取的知識運用於小模型的訓練，可以提高小模型的性能並顯著減少其參數量，這就是知識蒸餾與遷移學習在模型最佳化方面的作用。

知識蒸餾（Knowledge Distillation，KD）是一種模型壓縮技術（更多細節請參見 Geoffrey Hinton 等人發表的論文「Distilling the Knowledge in a Neural Network」）。該技術基於教師 - 學生網路思想，透過讓一個複雜的模型（教師網路）向另一個較簡單的模型（學生網路）傳授知識來進行訓練，如圖 8-3 所示。

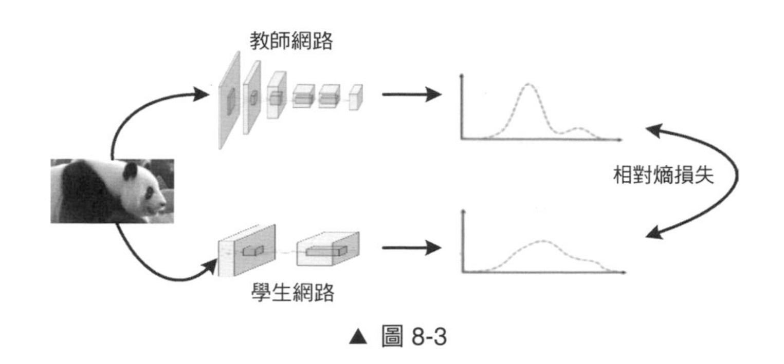

▲ 圖 8-3

知識蒸餾包含兩個重要階段：首先，訓練一個被稱為教師網路（Teacher Network）的模型，這個模型通常比學生網路（Student Network）大得多，並且擁有更多的參數和更複雜的結構。這比較容易理解，教師的知識儲備一般要優於學生的知識儲備。然後，使用教師網路來訓練學生網路，讓學生網路盡可能地掌握教師網路的知識。學生網路透過軟標籤學習教師網路的能力，而非學習資料的真實標籤。

事實上，在絕大多數情況下，負類別中某些樣本的權重對模型來說也是非常有意義的。這表示，與傳統的訓練方法相比，知識蒸餾可以幫助學生網路獲取更豐富的資訊，從而提高其性能。

8.2.3 量化壓縮

為了獲得更高的精度，許多科學計算都使用浮點數，其中最常見的是 32 位元浮點數和 64 位元浮點數。由於深度學習模型中的乘法和加法計算非常耗費資源，因此通常需要使用 GPU 等專業計算裝置才能實現即時計算。量化壓縮是一種有效的方法，可以將網路中的權重和啟動值等從高精度轉為低精度，並且保證轉換後的模型仍然能夠維持較高的準確性。模型量化壓縮具有以下諸多好處。

（1）減少了模型佔用空間，比如經過 8 位元量化壓縮後，模型體積僅為原始版本的 1/4。

（2）由於 8 位元資料傳輸所需的功耗較低，因此在行動裝置等資源受限環境下更實用。

（3）與 32 位元浮點運算相比，8 位元浮點運算通常能夠獲得更快的處理速度。

模型量化壓縮本質上是透過函數映射來進行的。根據映射函數是否為線性關係，可以將量化壓縮方式分為線性量化壓縮和非線性量化壓縮。

線性量化壓縮又被稱為均衡量化壓縮，它的特點是兩個相鄰量化壓縮值之間的差距是固定的。在量化壓縮公式中，r 代表原始浮點數，Q 代表量化壓縮後的整型態資料，s 是一個縮放因數，是與量化壓縮相關的參數。量化壓縮的過程是用浮點數除以縮放因數，再執行捨入和截斷（clamp）操作。由於量化壓縮過程會引入捨入和截斷操作，因此反向量化壓縮的結果並不完全等於原始的浮點數。

非線性量化壓縮的量化壓縮間隔並不固定，而基於資料的分佈情況進行調整。因為網路中的值分佈往往呈現出高斯分佈的形態，所以非線性量化壓縮能夠更進一步地保留與分佈相關的資訊。在資料較多的區域中，非線性量化壓縮可以採用更小的資料量化壓縮間隔，從而提高量化壓縮精度；在資料較少的區域中，則可以採用更大的量化壓縮間隔，這樣仍能維持適當的量化壓縮精度。因此，從理論上來說，非線性量化壓縮的效果比線性量化壓縮的效果更好。

大型模型壓縮一般都採用量化壓縮，最低可以壓縮到 4 位元資料編碼表示。4 位元資料編碼表示所需的顯示記憶體是 16 位元資料編碼表示所需的顯示記憶體的 1/4，可以讓中小公司使用幾百億個參數的大型模型。

8.3 微調實戰

本節將圍繞 LoRA 和微調（Finetune）技術，介紹真實環境中的訓練實戰情況。透過本節的介紹，我們希望讀者能了解和熟悉微調實戰。

8.3.1 部分參數微調實戰

現在以 130 億個參數的 LLaMA 模型為例來介紹部分參數（包括全量參數）

的微調方法。伺服器的設置見表 8-2，主要採用 Torch+Transformer 的形式微調大型模型。為了避免版本問題帶來的困擾，建議 Python 版本不低於 3.8，Transformer 版本不低於 4.28，Peft（整合了 LoRA）版本為 0.2.0，最好在物理機上直接建構環境。

▼ 表 8-2

作業系統	Ubuntu 20.4
GPU 驅動型號	512.125.06
CUDA 版本	12.0
Python 版本	不低於 3.8
深度學習框架	Torch
Transformer 版本	不低於 4.28
記憶體大小	128GB
硬碟大小	大於 1TB
Peft	0.2.0

基於 LoRA 的微調所需的伺服器部分的主要參數設置如表 8-2 所示，LLaMA 本身的參數和 LoRA 的參數設置如表 8-3 所示。其中，Lora_r 設置為 8，Lora_alpha 設置為 16，Lora_dropout 設置為 0.05，LoRA 調整 Transformer 的 q_proj、v_proj 兩個參數。

▼ 表 8-3

Llama_config	Epoch	5
	Per_batch_size	16
	Learning_rate	8e-6
	Max_length	1024
Lora_config	Lora_r	8
	Lora_alpha	16
	Lora_dropout	0.05
	Lora_target_modules	q_proj、v_proj

使用 LoRA 技術微調，可以在一天之內完成 10 萬筆資料 5 個批次（Epoch）的運算，但為了防止模型訓練過程中斷，建議使用終端重複使用器（Terminal

Multiplexer，Tmux）啟動。LLaMA+LoRA 的損失曲線如圖 8-4 所示，從圖中可以看到模型的損失（loss）走勢正常，且在一個批次完成後損失會斷崖式下降。

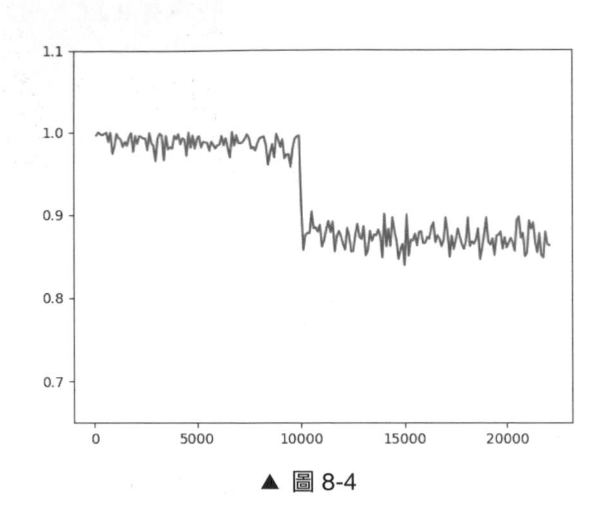

▲ 圖 8-4

8.3.2 全參數微調實戰

模型的全量微調仍然以 LLaMA-13B 大型模型為代表，伺服器的設置見表 8-4，主要採用 Torch+Transformer 的形式微調大型模型。為了避免版本問題帶來的困擾，建議 Python 版本不低於 3.8，Transformer 版本不低於 4.28，DeepSpeed 版本為 0.9.2，最好在物理機上直接建構環境。

▼ 表 8-4

作業系統	Ubuntu 20.4
GPU 驅動型號	512.125.06
CUDA 版本	12.0
Python 版本	不低於 3.8
深度學習框架	Torch
Transformer 版本	不低於 4.28
記憶體大小	128GB
硬碟大小	大於 1TB
DeepSpeed	0.9.2

基於 DeepSpeed 的微調，所需的伺服器部分的主要參數設置如表 8-4 所示，LLaMA 本身的參數和 DeepSpeed 的參數設置如表 8-5 所示，其中 Zero_optimization 設置為 3，並且最佳化函數（optimizer）選擇 AdamW。

▼ 表 8-5

Llama_config	Epoch	5
	Per_batch_size	2
	Learning_rate	8e-6
	Max_length	1024
deepspeed_config	Zero_optimization	3
	optimizer	AdamW

使用 DeepSpeed 的微調，完成 10 萬筆資料 5 個批次的運算需要 3 天左右。為了防止模型訓練過程中斷，建議使用 Tmux 啟動。LLaMA+DeepSpeed 的損失曲線如圖 8-5 所示，從圖中看出，其走勢與 LLaMA+LoRA 的損失曲線的走勢基本一致（如圖 8-4 所示），只不過剛開始的損失更大但下降得更快。

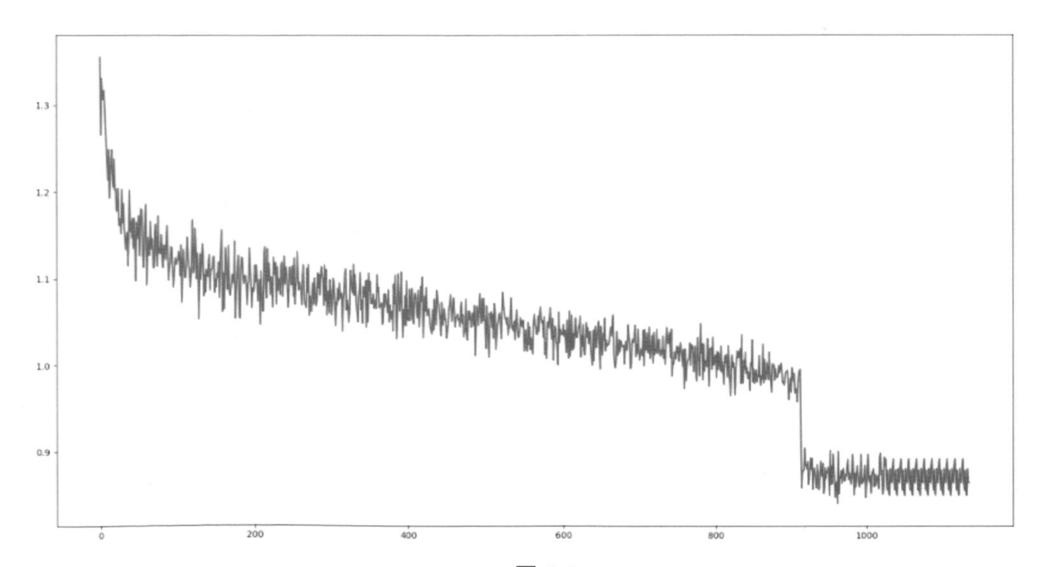

▲ 圖 8-5

8.4 模型壓縮實戰

本節介紹實戰中的模型量化壓縮，透過對 LLaMA 壓縮的案例，讓讀者能掌握 8 位元量化壓縮和 4 位元量化壓縮。

8.4.1 8 位元量化壓縮實戰

8.2 節介紹了 3 類模型壓縮技術，但是應用於大型模型上的多數是量化壓縮，主要基於以下幾點考量。

（1）大型模型的參數規模對模型推理效果影響巨大，所以不管是剪枝還是知識蒸餾都會減少模型參數，這會直接削弱模型的能力。

（2）剪枝和知識蒸餾操作比較複雜，而量化壓縮比較簡單，所以普適性強。

（3）知識蒸餾和剪枝可能會涉及二次訓練，比量化壓縮的過程更煩瑣。

目前，大型模型一般用 16 位元量化壓縮儲存，可以透過查看模型的 config.json 檔案獲取模型的具體儲存位元數（如圖 8-6 所示）。本節只介紹 8 位元和 4 位元量化壓縮儲存模型實戰。

```
{
    "architectures": ["LLaMAForCausalLM"],
    "bos_token_id": 0,
    "eos_token_id": 1,
    "hidden_act": "silu",
    "hidden_size": 5120,
    "intermediate_size": 13824,
    "initializer_range": 0.02,
    "max_sequence_length": 2048,
    "model_type": "llama",
    "num_attention_heads": 40,
    "num_hidden_layers": 40,
    "pad_token_id": -1,
    "rms_norm_eps": 1e-06,
    "torch_dtype": "float16",
    "transformers_version": "4.27.0.dev0",
    "use_cache": true,
    "vocab_size": 32000
}
```

▲ 圖 8-6

以 16 位元量化壓縮儲存的 LLaMA_13B 為例，說明一下 8 位元量化壓縮儲存的方法。Hugging Face 官網的 Transformer 模型已經整合了 8 位元量化壓縮儲存的模型，只需要安裝 accelerate 和 bitsandbytes 安裝套件，在模型匯入的時候透過參數的設置即可輕鬆地載入 8 位元量化壓縮儲存的模型，如圖 8-7 所示。

```
from transformers import AotoModelForCausalLM

model=AutoModelForCausalLM.form_pretrained(model_path,torch_dtye=torch.float16,
device_map="auto",config=model_config,load_in_8bit=True)
```

▲ 圖 8-7

當 load_in_8bit=True 時，LLaMA 採用 8 位元的形式載入，其佔用的 GPU 記憶體為 14 215MiB，約為 14GB，如圖 8-8 所示；16 位元的形式載入的 LLaMA 如圖 8-9 所示，比 8 位元的形式載入的 LLaMA（見圖 8-9）的記憶體大了約一倍。

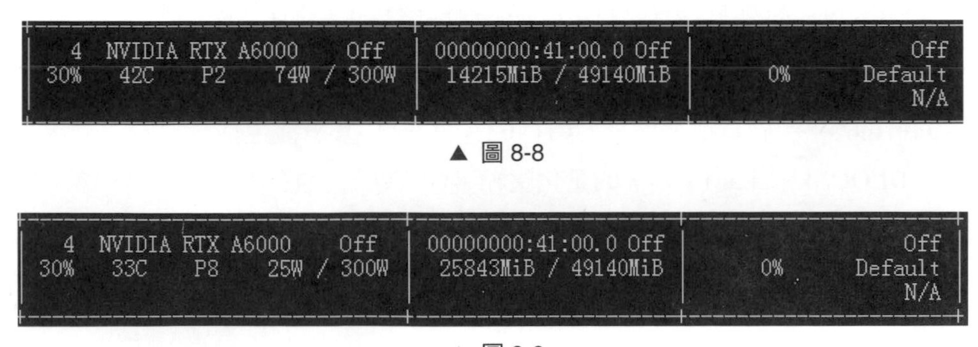

4 NVIDIA RTX A6000 Off
30% 42C P2 74W / 300W
00000000:41:00.0 Off
14215MiB / 49140MiB
Off
0% Default
N/A
4 NVIDIA RTX A6000 Off
30% 33C P8 25W / 300W
00000000:41:00.0 Off
25843MiB / 49140MiB
Off
0% Default
N/A

▲ 圖 8-8

▲ 圖 8-9

8.4.2 4 位元量化壓縮實戰

以 16 位元儲存的 LLaMA-13B 為例，說明一下 4 位元的量化壓縮方法。官網的 Transformer 模型並沒有開放原始碼 4 位元量化壓縮的模型，使用者本人需要使用壓縮演算法先自行將 16 位元的模型壓縮成 4 位元的模型後再使用。網上已有不少壓縮演算法的開放原始碼版本，直接使用即可。生成式預訓練轉換器模型量化（Generative Pre-trained Transformer models Quantization，GPTQ）（更多細節請參見 Elias Frantar 等人發表的論文「GPTQ: Accurate Post-Training Quantization for Generative Pre-trained Transformers」）是一個針對 GPT 模型設計的一次性權重量化壓縮方法，其核心思想是利用近似二階資訊以達到高精度與高效率的目的。

GPTQ 可以在大約 4 個 GPU 小時內將具有 1750 億個參數（比如 16 位元編碼）的 GPT 模型量化壓縮為參數為 3 位元或 4 位元的編碼表示，並且準確性的降低可以忽略不計。與傳統的量化壓縮方法相比，GPTQ 的壓縮增益是雙倍以上，同時保持了準確性。此外，即使在極端量化壓縮的情況下，GPTQ 也可以提供合理的準確性，例如權重被量化壓縮為 2 位元或 3 位元量化壓縮層級。GPTQ 適用於點對點推斷加速，相對於原模型，使用高端的 GPU（型號為 NVIDIA RTX A100）時可以提升約 4.5 倍速度，使用更經濟實惠的 GPU（型號為 NVIDIA RTX A6000）時則可以提升 3.25 倍速度。值得注意的是，GPTQ 是第一個證明可以將具有數百億個參數的語言模型量化壓縮為每個元件 3 位元或 4 位元的方法。

GitHub 平臺上有很多關於 GPTQ 的程式，支援多種生成大型模型（包括 OPT、BLOOM、LLaMA 等）的量化壓縮。GPTQ 支援將 18 位元大型模型量化壓縮為 4 位元或 3 位元甚至 2 位元的大型模型。

當需要使用 GPTQ 對 LLaMA 壓縮時，僅需要執行 llama.py 檔案，如圖 8-10 所示。

```
Here is a sample commad:

python llama.py LLAMA_HF_FOLDER c4 --wbits 4 --true-sequential --act-order --new-eval
```

▲ 圖 8-10

在實踐中，LLaMA 使用了 4 位元的形式載入，佔用的記憶體為 7820MiB，如圖 8-11 所示。使用 8 位元的形式載入的 LLaMA 見圖 8-8，佔用的記憶體為 14 215MiB，比使用 4 位元的形式載入的佔用的記憶體大了差不多一倍。

▲ 圖 8-11

8.5 思考

ChatGPT 面世已經半年有餘，當前對大型模型的需求越來越趨於理性，大型模型給人類帶來了深刻的影響，我們總結如下：

（1）大型模型具有卓越的自然語言處理能力，在理解和生成自然語言方面獲得了重大突破，從而使得電腦能更精確地理解人類語言表達，並進一步提高了人機互動效率。這就表示人們可以更輕鬆地與機器進行溝通，無論是在工作場合中還是在日常生活中，都能獲得更智慧的輔助。

（2）大型模型在多模態互動上具有天然的優勢，其卓越的能力讓許多場景的手工工作者歎為觀止。之前需要很長一段時間才能創作出來的圖片、視訊或語音對大型模型而言也就是花幾十秒的事情。它已經改變了人類的工作方式，並且很可能一直影響下去。

（3）大型模型促進了 AI 在商業領域的普及，有望提高企業效率、降低成本，並持續最佳化使用者體驗，也將為政府和社會提供智慧化的決策支援與服務，有助解決各種社會難題和挑戰。

儘管大型模型還有不少瑕疵，但是對人類的影響越來越深遠，而且這種影響是不可逆轉的，無論是個人還是公司，都只能主動擁抱它，才能避免在這一次大型模型浪潮中被淹沒。現在是「百模大戰」的慘烈時代，也是一個非常適合中小公司的時代，乾坤未定，你我皆有可能是黑馬。我們需要做的是順應時代潮流，尋找公司的定位，努力用好大型模型，傲立潮頭。

第 9 章
從 0 到 1 部署多模態大型模型

在前面的章節中，我們已經介紹了多模態大型模型的發展歷史、核心技術和評測標準，相信讀者已經對多模態大型模型有了全方位的了解。那麼，我們如何使用多模態大型模型呢？本章將闡述如何在伺服器上從 0 到 1 部署多模態大型模型。為了方便介紹，本章以 VisualGLM-6B 的部署為例，對部署過程進行拆解和分析。

9.1 部署環境準備

要完成一個多模態大型模型在伺服器上的部署和發佈，必然需要很多軟硬體底層環境的支援。這些環境包括顯示卡、作業系統、顯示卡驅動程式、平行計算平臺（CUDA）和神經網路函數庫（cuDNN）。下面對這些一個一個介紹。

1. 顯示卡

我們常說的顯示卡由顯示記憶體、GPU、電路板等部分組成，其中 GPU 是顯示卡的核心，是主要的圖形處理晶片。GPU 的能力表現在著色影像、動畫、視訊等需要大量並行處理能力和密集計算的任務上。在多模態大型模型的訓練和推理任務中，GPU 是不可或缺的重要組成部分。

顯示卡的型號多種多樣，包括 NVIDIA 系列顯示卡、AMD 系列顯示卡、Intel 系列顯示卡、Adreno 系列顯示卡等，其計算性能、價格都不同。

2. 作業系統

最常用的部署多模態大型模型的伺服器的作業系統有 Ubuntu、CentOS、KylinOS 等。

3. 顯示卡驅動程式

我們有了顯示卡和作業系統之後，就要安裝顯示卡驅動程式。顧名思義，顯示卡驅動程式的作用是驅動顯示卡，它是作業系統中的應用程式。不同的作業系統、不同的產品系列、不同的 GPU 型號對應的顯示卡驅動程式不同。

4. CUDA

對 NVIDIA 系列顯示卡來說，我們需要對 CUDA 進行安裝。首先進入 CUDA 下載官網，然後選擇對應的作業系統的型號和版本等，獲取相應的下載和安裝命令。在 CUDA 下載和安裝完成後，使用 nvcc-version 或 nvcc-V 命令可以驗證 CUDA 是否安裝成功，同時可以查看 CUDA 的版本。官網的 CUDA 程式設計手冊中給了諸多 CUDA 程式設計樣例，包括矩陣轉置、矩陣乘法、影像卷積、影像去噪等，感興趣的讀者可以進一步查閱相關資料。

5. cuDNN

cuDNN 是 NVIDIA 系列產品推出的專門加速深度神經網路計算的基元函數庫（造成類似加速器的作用）。cuDNN 對神經網路的卷積層、池化層、啟動層和歸一化層都進行了深度最佳化，能夠實現高性能的 GPU 加速。cuDNN 對神經網路的加速適用於諸多的深度學習框架，如 PyTorch、TensorFlow、Keras、Caffe2、PaddlePaddle 等。

值得注意的是，使用 GPU 並不一定要安裝 cuDNN。cuDNN 主要針對深度神經網路進行加速。不安裝 cuDNN 在很多場景下也是可以使用 GPU 的。

9.2 部署流程

在 9.1 節中，我們已經準備好了部署多模態大型模型所需要的軟硬體環境，下面就可以開始正式部署了。對於 VisualGLM-6B 的部署，我們採用的顯示卡型號為 NVIDIA RTX A6000，作業系統型號為 Ubuntu 20.04.1，CUDA 型號為 cuda11.1，cuDNN 版本為 cudnn v8.0.4，Python 版本為 3.9.12。

部署的整體流程為下載 VisualGLM-6B 的原始程式碼、下載 VisualGLM-6B、安裝需要的 Python 套件、根據具體的使用方式開發 API 和啟動部署程式。下面逐一詳細介紹。

1. 下載 VisualGLM-6B 的原始程式碼

可以從 GitHub 網站中直接下載 VisualGLM-6B 的原始程式碼。另外，也可以透過 git clone 命令直接在 Linux 伺服器上下載原始程式碼。

2. 下載 VisualGLM-6B

值得注意的是，VisualGLM-6B 和它的原始程式碼並不儲存在一條路徑中，VisualGLM-6B 儲存在 Hugging Face 平臺的模型庫中。

另外，還可以透過 git lfs 的方式下載所需要的 VisualGLM-6B，git 是一個程式版本控制系統，lfs 是 Large File Storge 的縮寫，指的是對大檔案的儲存和管理，能夠加快 git 的上傳和下載速度。

3. 安裝需要的 Python 套件

原始程式碼中的 requirements.txt 檔案記錄了 VisualGLM-6B 部署所需的 Python 套件和套件的版本資訊，可以執行以下命令進行一鍵安裝：

```
pip install -r requirements.txt
```

如果使用其它來源鏡像加速，可以使用以下指令：

```
pip install -i 下載網址 -r requirements.txt
```

4. 根據具體的使用方式開發 API

我們有了 VisualGLM-6B 的原始程式碼、VisualGLM-6B 及完整的 Python 環境，接下來就要考慮根據具體的使用方式開發 API 了。多模態大型模型的應用通常有以下幾種方式。

第一種是命令列方式。這種方式指的是在 Python 的命令列中輸入資訊，多模態大型模型進行推理預測之後會將生成的內容輸出到命令列。對於影像描述和視覺問答任務，首先在命令列中輸入影像的物理位址或影像的統一資源定位器（Uniform Resource Locator，URL），然後就可以進入純文字對話模式，進行多輪對話，直到使用者輸入「clear」重新開始提問，或輸入「stop」終止程式。這種方式適用於普通的學習者，旨在透過偵錯原始程式碼，對程式邏輯有更深入的理解。

第二種是 API 呼叫方式。這種方式指的是將多模態大型模型包裝成一個介面的形式，可以供其他的應用程式呼叫。這個介面接受一定格式的輸入，多模態大型模型進行推理預測之後，形成一定格式的輸出，再將輸出結果傳回給其他應用程式。常用的封裝方式有 FastAPI 封裝、Flask 封裝、Django 封裝等。這種方式適用於程式開發者，旨在將多模態大型模型包裝給更上層的應用，基於多模態大型模型的基本能力實現更多的功能。

第三種是 Web 頁面存取方式。這種方式指的是基於多模態大型模型開發簡單的 Web 頁面。使用者可以在 Web 頁面上進行簡單的輸入，同時在 Web 頁面上直觀地觀察多模態大型模型的輸出結果。常見的適合初學者使用的簡單的 Web 頁面框架有 Gradio、Streamlit 等。

5. 啟動部署程式

部署的最後一個步驟就是啟動部署程式，以便和使用者進行真實的互動，利用 Python 命令執行相關的啟動程式即可，例如：

```
nohup python web_demo.py > log.txt &
```

如果伺服器能夠使用 GPU，多模態大型模型就會自動地在 GPU 中載入，否則會在普通的 CPU 中載入。

如果要在程式啟動的過程中對部分參數進行指定，可以執行以下命令：

```
nohup python web_demo.py --max_length 2000 --top_p 0.5 >log.txt &
```

上述命令指定了多模態大型模型最多可以輸出 2000 個字元，參數 top_p 為 0.5。

值得注意的是，VisualGLM-6B 共有 78 億個參數，如果預設以 FP16 的精度載入（即透過 16 位元精度載入），大概需要佔用 15GB 顯示記憶體。多模態大型模型支援透過「quant」參數進行量化壓縮來節省顯示記憶體，以便在普通的消費級顯示卡中執行，在 INT8（8 位元精度）量化壓縮層級下最低只需 11GB 顯示記憶體，在 INT4（4 位元精度）量化壓縮層級下最低只需 8.7GB 顯示記憶體。

9.3 使用 Flask 框架進行 API 開發

1. Flask 框架介紹

Flask 是 Python 的輕量級 Web 框架，適用於初學者，其特點是輕便、靈活、可訂製、易上手、具有良好的擴展性，適用於小型網站的開發。

Flask 框架的基本工作原理是在程式中為每一個視圖函數都綁定唯一的 URL，一旦使用者請求這個 URL，系統就會呼叫這個 URL 綁定的視圖函數，然後得到相應的結果傳回給瀏覽器進行顯示。

2. Flask 框架的應用案例

一個簡單的 Flask 框架的應用案例程式如下：

```
from flask import Flask
app = Flask(__name__)
@app.route('/muti_round_chart',methods=['POST'])
def index():
    return '你好！'
if __name__ == '__main__':
    app.run(debug=False,host='0.0.0.0',port=8000)
```

在以上程式中，實現了呼叫視圖函數 index 輸出「你好！」的功能。

3. 使用 Flask 框架開發 API 的程式

在了解了 Flask 框架的基本原理和實現方法之後，下面結合多模態大型模型的部署撰寫具體的 API 的程式。API 的程式分為多個程式區塊，我們會對程式區塊進行詳細分析。

第一個程式區塊的作用是引入了必要的 Python 相依，這些 Python 相依包含基礎的 Flask 元件、系統函數、Torch 函數、Transformers 元件及影像串流相關的元件等，同時也指明了程式檔案的絕對路徑和相對路徑。

```
from flask import Flask,Response,request
import os,sys,json
import base64
import torch
from transformers import AutoTokenizer ,AutoModel
from io import BytesIO
from PIL import Image
sys.path.append(os.path.dirname(os.path.abspath(__file__)))
BASE_DIR=os.path.dirname(os.path.realpath(__file__))
```

第二個程式區塊的作用是建立 Flask 類別的實例，對多模態大型模型的詞表和預訓練模型進行載入。

```
app = Flask(__name__)
model_path=os.path.join(BASE_DIR,'checkpoint',\
            'visualglm-6b')
tokenizer=AutoTokenizer.from_pretrained(model_path,\
trust_remote_code=True)
model=AutoModel.from_pretrained(model_path,\
            trust_remote_code=True).half().cuda()
```

第三個程式區塊是多模態大型模型部署的核心程式區塊。

```
@app.route('/muti_round_chart',methods=['POST'])
def generate_text_stream():
if request.method != 'POST':
            return Response('request method must be post!')
data=request.get_data()
```

```
data=json.load(data)
image=data['image']
prompt=data['prompt']
def generate_output():
            torch.cuda.empty_cache()
            def base64_to_image_file(base64_str\
                          :str,image_path):
            base64_data=image.split(',')[-1]
            image_data=base64.b64decode(base64_data)
            with open (image_path,'wb') as f:
                          f.write(image_data)
            image_path=os.path.join(BASE_DIR,\
                          'examples/xx.png')
            base64_to_image_file(image,image_path)
            for reply,history in model.stream_chat(tokenizer,
            image_path,
            prompt,
            history=[],
            max_length=9000,
            top_p=0.4,
            top_k=45,
            temperature=0.4):
            query,response=history[-1]
            yield f'data:{json.dumps(response,\
                          ensure_ascii=False)}\n\n'
Return Response(generate_output(),mimetype=\
            'text/event-stream')
```

該程式區塊主要包含以下 3 個部分。

（1）generate_text_stream 函數。該函數接收外部請求資料，包括 base64 格式的圖片及自然語言形式的命令，以流式輸出的格式傳回影像描述或影像問答的結果。Flask 框架的流式輸出是透過修改 mimetype='text/event- stream' 參數實現的。generate_text_stream 函數內部呼叫了 generate_output 函數，實現了多模態問答的功能。

（2）generate_output 函數。該函數有兩個主要的功能。第一個功能是在每次 API 呼叫之前釋放 Torch 函數佔用的 CUDA 顯示記憶體，避免 CUDA 顯示記憶體長時間不釋放導致顯示記憶體溢出問題。第二個功能是根據影像 URL、歷史對話資訊、命令資訊、輸出長度等參數呼叫多模態大型模型的多輪對話功能實現多模態問答。

（3）base64_to_image_file 函數。由於 HTTP 的介面請求方式「POST」無法直接傳入原始圖片資訊，只能透過將原始圖片轉為 base64 格式的圖片傳入，而多模態大型模型無法處理 base64 格式的圖片，只能將 base64 格式的圖片先轉為圖片 URL，再載入到多模態大型模型中。base64_to_image_file 函數在這個轉換的過程中造成了關鍵作用，接收 base64 格式的圖片輸入，並將其轉為原始圖片，寫入指定的資料夾中，後續多模態大型模型直接讀取圖片 URL，就可以進行問答了。

第四個程式區塊透過呼叫 run 方法來執行 Flask 程式。

```
if __name__ == '__main__':
    app.run(debug=False,host='0.0.0.0',port=8000)
```

4. 使用 Flask 框架呼叫 API

當使用 Flask 框架的 API 服務啟動時，我們就可以透過介面請求的方式測試和評估模型的性能了。根據以上的配置，請求的位址為 http://ip:port/muti_round_chart，其中 ip 和 port 分別是 Flask 程式中指定的 IP 位址和通訊埠編號。介面請求的方式為 POST，介面的輸入參數的格式為：

```
{
    "image": "xxxxxx，輸入為圖片的 base64 編碼 ",
    "prompt": " 用中文描述這張圖片 "
}
```

在程式回應後，就會以流式輸出的形式傳回相應的回覆內容。

9.4 使用 Gradio 框架進行 Web 頁面開發

1. Gradio 框架介紹

Gradio 框架是一個適用於初學者建構機器學習和深度學習 Web 頁面的 Python 函數庫，可以簡單、便捷地將機器學習和深度學習模型建構為互動式應用程式。

傳統的展示深度學習模型能力的方式比較煩瑣，首先需要演算法工程師開發 AI 演算法模型和介面，然後由後端工程師開發相應的後端介面並呼叫 AI 演算法介面，將得到的結果傳給前端工程師，最後前端工程師撰寫 Web 頁面對結果進行著色並在瀏覽器中展示。Gradio 框架將這 3 個部分的工作進行了統一，也就是將 AI 演算法介面、後端介面和前端頁面統一封裝到唯一的 Python 介面中。

Gradio 框架簡單好用，元件的封裝程度較高，同時可以快速地將生成的 Web 頁面進行共用，是初學者不錯的選擇。

2. Gradio 框架應用案例

要想使用 Gradio 框架，首先要對其進行安裝，執行以下命令：

```
pip install gradio
```

現在，我們使用 Gradio 框架來實現最簡單的輸入和輸出功能，即輸入任意一個字元，輸出「Hello」+ 輸入字元：

```
import gradio as gr
def main(text):
return "Hello" + text + "!"
demo=gr.Interface(fn=main,inputs="text",outputs= "text")
demo.launch()
```

執行這段程式，我們就可以在瀏覽器中看到效果，IP 位址預設為 127.0.0.1，通訊埠預設為 7860。

如果將最後一行程式改為「demo.launch(share=True)」，就會生成一個公網造訪網址，所有人都可以透過這個位址存取我們建立的 Web 頁面。接下來，我們利用 Gradio 框架實現一個影像分類的功能，即上傳一個影像，給定幾個類別，輸出這個影像屬於每個類別的機率。

```
import gradio as gr
def image_class(text):
return {"大雁":0.7,"喜鵲":0.2,"鸚鵡":0.1}
demo=gr.Interface(fn=image_class,inputs="image",\
    outputs= "label")
demo.launch()
```

除此之外，Gradio 框架還支援很多其他功能，如多輸入多輸出、自定義元件、動態頁面等，感興趣的讀者可以進一步查閱資料學習。

3. 使用 Gradio 框架開發 Web 頁面

有了 Gradio 這樣簡單的 Web 頁面開發框架，我們就可以輕鬆地展現多模態大型模型的能力。Gradio 框架的 Web 頁面開發程式分為多個程式區塊，我們會對程式區塊一個一個進行分析。

第一個程式區塊的作用是引入一些必要的 Python 相依套件，包括多模態大型模型的詞表、預訓練模型載入的相依套件。

```
from transformers import AutoModel, AutoTokenizer
import gradio as gr
import torch
```

第二個程式區塊主要實現了 predict 函數。predict 函數是多模態大型模型推理預測能力的核心。該函數接收一系列的輸入參數，然後基於多模態大型模型進行推理，最後以流式輸出的方式傳回生成的內容和新的對話歷史。

```
def predict(input, image_path, chatbot, max_length, top_p,
\ temperature, history):
    if image_path is None:
        return [(input, "圖片不能為空。請重新上傳圖片。")], []
```

```
    chatbot.append((input, ""))
    with torch.no_grad():
        for response, history in model.stream_chat(
                tokenizer,
                image_path,
                input,
                history,
                max_length=max_length,
                top_p=top_p,
                    temperature=temperature):
        chatbot[-1]=(input,response)
        yield chatbot, history
```

函數的輸出參數包括生成內容和新的對話歷史，以便進行下一次連貫的對話。

第三個程式區塊主要實現了 predict_new_image 函數，實現方法與 predict 函數類似。predict_new_image 函數的主要作用是在使用者第一次上傳圖片或清除對話記錄上傳新的圖片時，獲得圖片的基本描述資訊，以便應用於後續的多輪對話。

```
def predict_new_image(image_path, chatbot, max_length\
        , top_p, temperature):
    input, history = "描述這張圖片。", []
    chatbot.append((input, ""))
    with torch.no_grad():
        for response, history in model.stream_chat(
                tokenizer,
                image_path,
                input,
                history,
                max_length=max_length,
                top_p=top_p,
                temperature=temperature):
            chatbot[-1] = (input, response)
            yield chatbot, history
```

第四個程式區塊主要實現了 reset_user_input 函數及 reset_state 函數。使用者在點擊「clear」按鈕時，就對程式中使用者輸入命令變數和聊天狀態變數進行了重置。

```
def reset_user_input():
     return gr.update(value='')
def reset_state():
     return None, [], []
```

第五個程式區塊主要實現了對多模態大型模型的詞表和預訓練模型的載入。值得注意的是，我們可以透過 quant 參數來實現對多模態大型模型的量化壓縮以節省顯示記憶體，在 INT8 量化壓縮層級下最低只需 11GB 顯示記憶體，在 INT4 量化壓縮層級下最低只需 8.7GB 顯示記憶體。

```
global model, tokenizer
tokenizer=AutoTokenizer.from_pretrained(\
          "THUDM/visualglm-6b", trust_remote_code=True)
    if args.quant in [4,8]:
          model=AutoModel.from_pretrained("THUDM/visual\
                 glm-6b",trust_remote_code=True)\
                 .quantize(args.quant).half().cuda()
    else:
          model=AutoModel.from_pretrained("THUDM/visual\
                 glm-6b", trust_remote_code=True)\
                 .half().cuda()
    model = model.eval()
```

第六個程式區塊中的 main 函數為基於 Gradio 框架開發 Web 頁面的核心程式區塊。開發的 Web 頁面中包含了一些輸入框，即使用者上傳的圖片、輸入的文字命令及可動態調整的模型參數，也包含了一些輸出框，即多模態大型模型生成的內容透過 Chatbot 頁面展示給使用者，還包含了一些按鈕，如「Generate」按鈕、「Clear」按鈕及刪除上傳的照片按鈕。圖 9-1 展示了使用 Gradio 框架開發的 Web 頁面，以及使用者與該 Web 頁面互動的過程。

```
def main():
with gr.Blocks(css='style.css') as demo:
```

```
with gr.Row():
    with gr.Column(scale=2):
        image_path = gr.Image(type="filepath", \
            label="Image Prompt", value=None)\
                .style(height=504)
    with gr.Column(scale=4):
        chatbot = gr.Chatbot().style(height=480)
with gr.Row():
    with gr.Column(scale=2, min_width=100):
   max_length =1024
        top_p = gr.Slider(0, 1, value=0.4, step=0.01\
                 , label="Top P", interactive=True)
        temperature = gr.Slider(0, 1, value=0.8, \
                 step=0.01, label="Temperature"\
                 , interactive=True)
    with gr.Column(scale=4):
        with gr.Box():
            with gr.Row():
                with gr.Column(scale=2):
                   user_input=gr.Textbox(show_label=\
                False,placeholder="Input...",\
                lines=4).style(container=False)
                with gr.Column(scale=1,min_width=64):
                    submitBtn = gr.Button("Generate")
                    emptyBtn=gr.Button("Clear")
    history = gr.State([])
submitBtn.click(predict, [user_input, image_path,\ chatbot,
    max_length,top_p,temperature,history]\
, [chatbot, history],show_progress=True)
image_path.upload(predict_new_image,[image_path,\ chatbot,
     max_length, top_p, temperature],\
         [chatbot, history],show_progress=True)
image_path.clear(reset_state,outputs=[image_path,\
         chatbot, history], show_progress=True)
    submitBtn.click(reset_user_input, [], [user_input])
emptyBtn.click(reset_state,outputs=[image_path,\ chatbot,
         history], show_progress=True)
    demo.queue().launch(inbrowser=True, server_name=\
         '0.0.0.0', server_port=8080)
```

▲ 圖 9-1

第七個程式區塊的作用是透過 main 函數啟動程式。至此，我們已經介紹完了使用 Gradio 框架開發 Web 頁面的流程。

```
if __name__ == '__main__':
main()
```

Gradio 框架還有很多其他更複雜的元件和互動方法。在 Web 頁面中支援文字、影像、語音、視訊的輸入和輸出。Gradio 框架是學習多模態大型模型時相當不錯的選擇。

9.5 其他部署方法介紹

前面介紹了使用 Flask 框架和 Gradio 框架部署多模態大型模型的方法，除此之外，還有幾種比較常見的部署方法，分別是使用 FastAPI、Django 和 Tornado 框架進行多模態大型模型的部署。

1. 使用 FastAPI 框架的部署方法

FastAPI 是一個高性能的基於 Python 的 Web 框架，是執行速度最快的 Python 框架之一，其執行速度與 Go 語言相當。FastAPI 框架簡單好用，程式補全功能強大，並且在生成程式的同時能夠自動生成互動式文件。使用 FastAPI 框架，可以減少重複程式量、程式漏洞，大幅度提高開發速度。

要使用FastAPI框架，首先要安裝其相關的Python相依套件，執行以下命令：

```
pip install fastapi
pip install uvicorn
```

一個簡單的 FastAPI 框架的程式樣例如下：

```
import uvicorn
from fastapi import FastAPI
app = FastAPI()
@app.get('/')
async def mian():
return {"message": "Hello World"}
if __name__ == "__main__":
uvicorn.run(app, host='0.0.0.0', port=8080, workers=1)
```

程式的主要實現流程是先引入 Python 相依套件，然後建立 FastAPI 實例，接著定義程式的存取路徑和具體的實現函數，最後指定 IP 位址和通訊埠，啟動程式。

2. 使用 Django 框架的部署方法

與 Flask、FastAPI 等輕便型框架不同的是，Django 框架適用於大規模可擴展的應用和大型網際網路網站的開發，知名的部落格應用網站 Disqus、社交網站 Instagram、音樂網站 Spotify 等都是使用 Django 框架開發的。Django 框架的擴展性極好，安全性高，其擴展能力能夠滿足千萬個等級以上的使用者併發存取。另外，Django 框架能夠輕易地和各種機器學習演算法整合，適合演算法開發者使用。

要使用Django框架，首先要安裝其相關的Python相依套件，執行以下命令：

```
pip install Django
pip install Django-cors-headers
```

Django 框架相依的檔案較多，這裡不舉例介紹，感興趣的讀者可以進一步查閱資料學習。

3. 使用 Tornado 框架的部署方法

Tornado 框架也是一種基於 Python 的 Web 框架，但 Tornado 框架和 Flask、Django 框架有顯著的差異。Flask、Django 框架屬於同步框架，在接收併發請求時表現出來的性能會有限制，而 Tornado 框架屬於非同步框架，利用了非阻塞式的執行方式，每秒可以接收千次以上的請求，因此執行速度非常快，更適合在高負載的場景下使用。

要使用 Tornado 框架，首先要安裝其相關的 Python 相依套件，執行以下命令：

```
pip install tornado
```

一個簡單的 Tornado 框架的程式樣例如下：

```
import tornado.ioloop
import tornado.web
class MainHandler(tornado.web.RequestHandler):
    def get(self):
        self.write("Hello World!")
def make_app():
    return tornado.web.Application([(r"/", MainHandler),])
if __name__ == '__main__':
    app = make_app()
    app.listen(8000)
    tornado.ioloop.IOLoop.current().start()
```

上述的 Tornado 框架的程式實現了輸出「Hello World」的功能。

4. Docker 部署方法

Docker 是一種容器化部署方法，即在物理機中建立很多個 Docker 容器，每個 Docker 容器都相當於一個虛擬的伺服器，其功能類似於虛擬機器。使用 Docker 的容器化部署方法可以輕易地實現開發環境的隔離，也方便容器的打包和遷移部署。前面提到的 Flask、Django、Tornado 等框架都可以在 Docker 容器內進行部署。

在完成 Docker 應用程式的安裝和啟動之後，我們需要拉取一個基礎的 Python 鏡像檔案，例如從 Docker Hub 官方的鏡像網站中拉取基礎的 Python 3.9 鏡像檔案，命令如下：

```
docker pull python:3.9
```

有了基礎的 Python 鏡像檔案，我們就可以使用鏡像檔案建立 Docker 容器，例如使用剛剛拉取的 Python 3.9 鏡像檔案建立一個名為 docker_test、通訊埠編號為 8000 的容器，命令如下：

```
docker run itd -p 8000:8000 --name docker_test --restart
unless-stopped python:3.9 bash
```

最後，我們只需要進入剛剛建立的容器，就可以在容器內部進行一系列的安裝部署操作，命令如下：

```
docker exec -it docker_test bash
```

9.6 部署過程中常見的問題總結

在部署多模態大型模型的過程中會出現各種各樣的問題，軟硬體環境、參數設置等因素都會對部署造成影響，下面以 VisualGLM-6B 為例，簡單總結一下部署過程中常見的問題。

1. GPU 顯示記憶體不足

如果伺服器的 GPU 顯示記憶體不足，通常會出現「cuda out of memory」錯誤。

2. 安裝環境不匹配

在部署過程中，各種安裝環境都需要互相調配，最好按照官方指定的版本。

GPU 驅動程式要與 GPU 型號相調配，cuDNN 版本要與 CUDA 版本相調配，Python 版本最好在 3.8 ～ 3.10 之間，torch-gpu 等 Python 相依套件版本也要與 CUDA 版本相調配。舉例來說，當 Torch 版本和 CUDA 版本不匹配時，通常會出現「CUDA error: no kernel image is available for execution on the device」錯誤。

3. 使用 Gradio 框架開發 Web 頁面的易錯之處

使用 Gradio 框架進行 Web 頁面開發時，有時會出現「Something went wrong, connection error out」錯誤，這時可以從以下兩個方面檢測原因，第一個是關閉伺服器的網路代理，第二個是適當降低 Gradio 框架的版本，如降低到 3.21.0 版本以下。

4. VisualGLM-6B 的檔案下載不全

VisualGLM-6B 由多個檔案組成，除了核心的 pytorch-model-bin 檔案分成了 5 個子檔案，還包括 VisualGLM-6B 的量化壓縮檔 quantization.py、設定檔 config.json 和 configuration_chatglm.py、詞表檔案 tokenization_chatglm.py 和 tokenizer_config.json 等。缺乏任意一個檔案，VisualGLM-6B 都無法正常執行。舉例來說，當缺乏 ice_text.model 檔案時，會出現「RuntimeError: Internal:/Users/runner/work/sentencepiece/sentencepiece/src/sentencepiece_processor.cc(1102)」錯誤。

5. 找不到 VisualGLM-6B 的檔案

如果執行程式出現「No module named 'THUDM/VisualGLM-6B'」錯誤，就代表程式找不到 VisualGLM-6B。這種情況通常出現在自己手動下載 VisualGLM-6B，然後將其上傳到伺服器的某個資料夾中，並沒有和程式中要求的 VisualGLM-6B 存放位置匹配，這時我們可以把 VisualGLM-6B 拷貝到程式要求的資料夾下，或改變程式中指定 VisualGLM-6B 位置的程式。

6. VisualGLM-6B 量化壓縮顯示出錯

我們通常會對 VisualGLM-6B 進行 INT8 和 INT4 等級的量化壓縮以節省顯

示記憶體。量化壓縮之後的 VisualGLM-6B 在伺服器的 Linux 環境中通常可以正常執行，但是在 Windows 環境中無法正常執行，如果想要在 Windows 環境中正常執行，那麼需要安裝 GCC 和 openmp 程式以支援對 VisualGLM-6B 的編譯。

7. 量化壓縮的 VisualGLM-6B 在進行多輪對話後顯示記憶體溢位

VisualGLM-6B 在進行多輪對話後，其儲存的歷史記錄越來越多，每一次輸入到 VisualGLM-6B 的字元量都會越來越大，從而導致 VisualGLM-6B 運行佔用的顯示記憶體逐漸增大，最終造成顯示記憶體溢位。我們可以對多輪對話的歷史記錄進行限制，比如最多保留最近 10 輪對話的內容，當增加第 11 輪對話時，就把第一輪的歷史對話清除，保證程式能夠持續地正常執行。

8. 通訊埠衝突

我們使用 Gradio 框架進行 Web 頁面開發時，Gradio 框架預設的通訊埠編號為 7860，但如果 7860 通訊埠編號已經被別的程式佔用，或部署在 Docker 容器中時不具備 7860 通訊埠，程式就無法正常啟動。這時就可以在 demo.queue().launch 程式中手動設置其他通訊埠編號。

9. 生成的內容中帶有循環的重複詞或生成的內容過於發散

大型模型的通病是出現屬性錯配或事實性幻覺等問題。有的時候因為參數設置不當，生成的內容中帶有循環的重複詞或生成的內容過於發散。帶有循環的重複詞主要是因為 temperature、top_p 參數設置得過小，VisualGLM-6B 在每一步推理輸出時總是將機率最大的候選詞作為結果輸出，容易陷入無窮迴圈，這時可以適當調高 temperature、top_p 參數的值。生成的內容過於發散主要是因為 temperature、top_p 參數設置得過大，使得候選詞數量過多，在隨機採樣時出現生成的內容偏離主題的情況，這時可以適當調低 temperature、top_p 參數的值。

10. 介面呼叫不通

在利用 Flask、FastAPI、Django 等框架進行部署時，可能會出現介面呼叫不通的情況，這種情況可以由很多因素導致，例如介面位址配置錯誤、NGNIX

轉發錯誤、GET/POST 請求方式錯誤、介面參數輸入錯誤、未開通指定域名的許可權、跨越問題等，需要具體情況具體分析。

第 10 章
多模態大型模型的主要應用場景

人類天然具備強大的「自然語言處理」能力，這是人類區別於動物的最大特點之一。多模態大型模型在自然語言處理方面想要超過人類，挑戰十分巨大。人類對多模態大型模型的要求十分苛刻，多模態大型模型只要在人類基礎的能力上有些許不足或差距，就可能讓人覺得不滿意。文藝創作、方案撰寫、程式碼撰寫、數學推理等自然語言處理的高級任務或工作，對人類來說也是極大的挑戰，一般只有受過專業培訓或教育的人才可能擁有此類能力。

目前，多模態大型模型才初步興起，和產業的結合方興未艾，還未達到對產業變革不可或缺的程度，但是我們認為其未來發展潛力十分巨大。

由於多模態大型模型的複雜性，且涉及 AGI 的多項能力，目前產業界對其理解的深度和廣度還遠遠不夠。很多人只知道多模態大型模型是一個好東西，但是不知道為什麼好、好在哪裡、如何實踐應用等。基於此，本章會重點介紹一些多模態大型模型的應用場景，覆蓋六大領域，並詳細闡述多模態大型模型如何有效地賦能這些場景，如何產生更多價值，讓更多讀者知道如何在實際工作中利用多模態大型模型賦能業務，提高商業價值。

10.1 多模態大型模型的應用圖譜

10.1.1 多模態大型模型的 30 個基礎應用

在 ChatGPT 發佈後，多個多模態大型模型陸續發佈，比如微軟發佈了 Kosmos-1 和 Visual ChatGPT、Google 發佈了 PaLM-E、OpenAI 發佈了 GPT-4.0。我們認為，多模態大型模型之所以快速發展，是因為以下 8 個關鍵技術的突破為其提供了強大助力。

（1）神經網路和深度學習技術的深入發展大大推進了電腦對複雜任務的處理工作。

（2）Transformer 和自注意力機制的提出和推廣。

（3）BERT 模型的提出和發展，給電腦視覺領域帶來很多啟示，促進了 VideoBERT 模型的提出。

（4）Vision Transformer 模型的提出，讓 Transformer 能夠處理影像，從而衍生出一系列視覺 Transformer 預訓練模型。

（5）BEiT 技術驅動了影像大規模自監督學習的發展。

（6）思維鏈的提出和發展，大幅度提高了多模態大型模型的推理能力。

（7）ChatGPT 的提出和發展，讓行業重燃對 AI 的熱火，也將 LLM 的自然語言生成能力提到了新的高度。

（8）擴散模型和多模態大型模型有效結合，推進了文字生成影像領域發展。

儘管多模態的「多」字的範圍十分廣泛，可能涉及 AGI 的全部領域，但是在許多多模態大型模型中，目前最常見的還是語言、文字、影像和視訊這幾個模態任務的融合，比如文字作圖、影像描述、視訊註釋等。第 5 章簡單介紹了一些多模態大型模型常用的應用場景，這裡更全面地介紹其應用圖譜。圖 10-1 列出了多模態大型模型常見的 30 個基礎應用。

影像生成：指的是根據使用者各種類型的輸入（文字、影像等）生成符合期望的影像。影像生成技術在多媒體素材創作中有著廣泛的應用。下面舉一個案例。

輸入 1：I like beautiful and cute dogs. Please show me a photo.（我喜歡漂亮、可愛的狗。請給我看一張照片。）

輸出 1：如圖 10-2 所示。

多模態大型模型的基礎應用圖譜				
影像生成	語音生成	視訊生成	多模態翻譯	多模態對話
影像編輯	語音編輯	視訊編輯	情緒辨識	巡檢
影像描述	語音描述	視訊編輯	多模態物件辨識	數字人
影像檢索	語音檢索	視訊問答	多模態物件偵測	藝術創作
影像問答	語音問答	視訊理解	多模態目標追蹤	智慧幫手
影像理解和推理	語音理解和推理	視訊理解和推理	多模態路徑規劃	生物辨識

▲ 圖 10-1

▲ 圖 10-2

輸入 2：I like beautiful and cute dogs. If it is pink, it is better. Please show me a photo.（我喜歡漂亮、可愛的狗。如果是粉色的，就更好了。請給我看一張照片。）

輸出 2：如圖 10-3 所示。

▲ 圖 10-3

整體而言，目前影像生成技術相對比較成熟，基本上可以滿足大部分場景的商業應用。比如，在 Logo 設計場景中，可以根據使用者的描述，自動生成公司的 Logo 圖片。

輸入 3：我們公司的中文名稱是「數擎智」，英文名稱是「Deep Digital Intelligence」，請幫公司設計一個 Logo，色調偏橙色。

輸出 3：如圖 10-4 所示。

▲ 圖 10-4

影像編輯：指的是根據使用者的輸入需求對影像進行編輯，被廣泛地應用到多媒體領域中。

影像描述：指的是給定一個影像，用自然語言描述出影像中的主要內容。

影像檢索：指的是按照使用者的需求檢索影像，目前這類應用比較普遍，但是傳統方法的效果不是特別理想，多模態大型模型可以有效地提升這類應用的效果。

影像問答：指的是使用者輸入影像，然後對輸入的內容進行提問，多模態大型模型就可以智慧地根據影像中蘊含的語義資訊輸出自然語言答案，還可以進行多輪對話。

影像理解和推理：指的是理解輸入的影像想要表達的內容，然後進行高級推理，比如找到與影像表達內容相近的影像或解決更高級的圖形推理數學問題。

語音生成：指的是根據使用者各種類型的輸入（文字、影像等）生成符合期望的語音。語音生成技術在多媒體素材創作中有著廣泛的應用。

語音編輯：指的是根據使用者各種類型的輸入對語音進行編輯，也被廣泛地應用到多媒體領域中。

語音描述：指的是給定語音，用自然語言描述出語音中的主要內容。

語音檢索：指的是按照使用者的需求檢索語音。

語音問答：指的是使用者輸入語音，然後對輸入的內容進行提問，多模態大型模型就可以智慧地根據語音中蘊含的語義資訊輸出自然語言答案，還可以進行多輪對話。

語音理解和推理：指的是理解輸入的語音想要表達的內容，然後進行高級推理，比如找到與語音表達內容相近的語音或將語音轉化為文字、影像或視訊。

視訊生成：指的是根據使用者各種類型的輸入（文字、語音、影像等）生成符合期望的視訊。視訊生成技術在多媒體素材創作中有著廣泛的應用。

視訊編輯：指的是根據使用者各種類型的輸入對視訊進行編輯，比如分割、修改、合併等，也被廣泛地應用到多媒體領域中。

視訊描述：指的是給定視訊，用自然語言描述出視訊中的主要內容。

視訊檢索：指的是按照使用者的需求檢索視訊。隨著短視訊的興起，目前該領域十分爆紅，但是傳統的深度學習技術在視訊檢索時精準度不夠，多模態大型模型有助進一步提升效果，也有助推進 AI 在該領域中更廣泛的應用。

視訊問答：指的是使用者輸入視訊，然後對輸入的內容進行提問，多模態大型模型就可以智慧地根據視訊中蘊含的語義資訊，輸出自然語言答案或語音答案，還可以進行多輪對話。

視訊理解和推理：指的是理解輸入的視訊想要表達的內容，然後進行高級推理。比如，辨識視訊中的破綻，或將多個視訊的語義融合，生成更複雜的視訊。

多模態翻譯：指的是給定多媒體素材（文字、語音、視訊等），能夠對裡面的內容進行翻譯，比如實現不同語言之間的翻譯、增加字幕等。

情緒辨識：指的是給定多媒體素材，判斷該素材中實體的情緒，比如給定一張圖片，判斷圖片中的實體（比如人、動物等）的情緒。

多模態物件辨識：指的是給定多媒體素材，比如一段文字和一段視訊，然後在視訊中能夠智慧地對文字描述的目標進行檢測，被廣泛地應用於機器視覺和自動駕駛領域。

多模態物件偵測：指的是給定多媒體素材，比如一段文字和一段視訊，然後在視訊中能夠智慧地對文字描述的目標進行精準辨識，被廣泛地應用於機器視覺和自動駕駛領域。

多模態目標追蹤：指的是給定多媒體素材，比如一段文字和一段視訊，然後在視訊中能夠智慧地對文字描述的目標進行追蹤，被廣泛地應用於機器視覺和自動駕駛領域。

多模態路徑規劃：指的是根據使用者的需求規劃最佳路徑，被廣泛地應用於導航、機器視覺和自動駕駛領域。

多模態對話：指的是更有效地實現人機對話及機器和機器對話，被廣泛地應用於機器視覺和自動駕駛領域。

巡檢：指的是機器人根據攝影機拍到的資訊，同時根據輸入的任務（文字或語音）能夠完成巡檢任務。

數字人：指的是根據文字和圖片等資訊，建構企業或個人的數字人，然後讓數字人透過語音或視訊等多媒體形式生動地進行內容輸出。

藝術創作：指的是完成文藝創作，比如寫詩、作圖等多媒體任務。

智慧幫手：指的是企業或個人的幫手，可以協助完成各類複雜的工作和任務，比如多輪問答、文案生成、PPT 撰寫和數字人生成等。

生物辨識：指的是根據各類資訊，比如影像、視網膜、指紋、語音和行為特徵等，精準地進行生物辨識。生物辨識比目前傳統的單一功能辨識（比如影像身份辨識或語音身份辨識）的效果好得多。

上述多模態大型模型的 30 個基礎應用，可以組合應用到更複雜的場景或行業中。比如，在無人駕駛領域中，可能需要涉及多模態物件偵測、多模態物件辨識、多模態目標追蹤、多模態對話、情緒辨識等多個基礎應用的融合。

10.1.2 多模態大型模型在六大領域中的應用

多模態大型模型在文字、視覺、聽覺和感知等多個方面突出的智慧，使其在多個產業中都有很大的應用潛力。在圖 10-1 列出的多模態大型模型 30 個基礎應用的基礎上，我們又梳理了多模態大型模型在六大領域（金融領域、出行與物流領域、電子商務領域、工業設計與生產領域、醫療健康領域和教育培訓領域）中的應用，如圖 10-5 所示。

1. 金融領域

該領域覆蓋銀行、保險、證券、基金等金融行業。AI 已經被廣泛地應用到金融行業，典型的應用是智慧金融顧問、智慧客服、智慧催收和語音質檢等。

這些應用無論是在精準度上還是在智慧程度上都有較大的最佳化空間。多模態大型模型的提出，有望重構傳統的 AI 應用。

金融領域	出行與物流領域	電子商務領域	工業設計與生產領域	醫療健康領域	教育培訓領域
輿情管理 需求調研 生物辨識 產品設計 智慧顧問 智慧行銷 智慧理賠 智慧客服 智慧風控 語音質檢 數字人 AI 助理 新媒體營運 智慧運行維護 智慧培訓 智慧應徵 符合規範管理	輿情管理 需求調研 生物辨識 智慧行銷 智慧客服 智慧導航 出行規劃 輔助駕駛 自動駕駛 AI 助理 駕駛培訓 智慧應徵 智慧分揀 智慧配送	輿情管理 生物辨識 需求調研 智慧行銷 智慧客服 智慧試穿 產品設計 AI 助理 數字人 智慧搜索 智慧推薦 新媒體營運	輿情管理 智慧踏勘 智慧巡檢 智慧監控 風險評估 產品檢測 需求調研 智慧設計 內容營運 智慧客服 數字人 AI 助理 新媒體營運 智慧應徵 智慧培訓	疾病預防問答機器人 基因檢測 健康監測 線上問診機器人 智慧影像分析 疾病預測 手術機器人 醫生幫手 數位療法 腦機介面 巡檢消毒 康復機器人 VR 康復 心理康復 形體管理 心理管理 情緒管理 睡眠管理 新藥發現 藥品評估 藥物再利用	需求調研 課程設計 方案設計 學習機器人 AI 助理 智慧應徵 智慧培訓 智慧客服 數字人 新媒體營運

▲ 圖 10-5

圖 10-5 中列舉了多模態大型模型在金融領域的 17 個應用場景，比如，輿情管理、需求調研、生物辨識、產品設計、智慧顧問、智慧行銷、智慧理賠和智慧客服等。有了多模態大型模型的賦能，金融行業將發生巨變。

我們認為，隨著機器人智慧化水準的提高，金融行業的許多業務流程將可能被重構，比如需求調研流程、產品創新流程、銷售流程、風控流程和符合規範管理流程等。以銀行行業為例，隨著智慧化水準的提高，客戶可能足不出戶，智慧金融顧問就可以根據使用者的風險偏好，智慧化設計及推薦符合客戶需求的理財解決方案。再以保險行業為例，AGI 有助理賠流程的重構，實現理賠的自動化和智慧化（智慧查勘、自動理算和自動理賠等）。

2. 出行與物流領域

「衣、食、住、行和娛」，其中出行是人們重要的剛性需求之一。目前，在出行領域中，典型的多模態大型模型應用有很多，而且賦能效果十分顯著，比如路徑規劃、語音瀏覽和輔助駕駛等。

出行領域中還有一個典型的多模態大型模型應用場景是駕駛技能學習和提高。多模態大型模型能夠有效地模擬實際駕駛環境，並指出駕駛人員的不當操作或高風險行為，有效地幫助駕駛人員提升駕駛技能，讓駕駛和出行更安全。

多模態大型模型在物流配送領域中也具有巨大潛力。使用多模態大型模型完成影像辨識任務（比如 OCR），獲得訂單基本資訊及目的地資訊，從而可以進行智慧分揀及路徑規劃。在配送過程中，與無人駕駛技術相似，也可以透過配送機器人完成自動配送。多模態大型模型可以賦予配送機器人定位、感知、路徑規劃、導航和機械臂配送等能力，從而實現智慧、高效、精準、安全配送。

圖 10-5 中列出了出行與物流領域中的 14 個應用場景。隨著多模態大型模型的推出和深入應用，AI 工具的精準度和使用者體驗也將得到明顯提升，出行與物流領域將發生巨變。

出行領域未來重要的技術發展方向之一是自動駕駛，將會推動新出行生態的誕生。

3. 電子商務領域

在電子商務領域中多模態大型模型的應用潛力十分巨大，圖 10-5 中列舉了 12 個應用場景，比如智慧試穿、智慧搜索、數字人和和 AI 助理等。

受限於多模態大型模型的能力，雖然目前在電子商務領域中多模態大型模型的應用範圍廣，但是還遠遠不夠深入，還有巨大潛能有待挖掘。最典型的應用是智慧客服，由於電子商務領域的互動高頻，智慧客服目前還不能滿足使用者的需求，導致整體服務體驗一般。

隨著多模態大型模型的發展，未來多模態大型模型的應用將遍地開花，也將重塑電子商務行業。可以想像，使用者在未來只需要透過語音表達自己對服裝的需求，電子商務平臺就可以實現快速訂製，然後給使用者設計出他想要的樣板衣服，並將數位衣服呈現在使用者的眼前。使用者還可以透過智慧穿戴工具進行試穿，並提出修改意見。

4. 工業設計與生產領域

該領域目前還比較傳統，很多企業還未實現資訊化，多模態大型模型的應用方興未艾。儘管如此，隨著該領域數位化處理程序的推進，未來將產生更多多模態大型模型的應用場景。

以屋頂式分散式光伏行業為例，智慧應用目前十分廣泛。在光伏電站設計階段，使用無人機拍攝屋頂照片，然後多模態大型模型進行測繪和模擬布圖，舉出光伏電站設計方案圖。在光伏電站安裝階段，使用無人機拍攝影像資料，可以有效地評估光伏電板安裝的品質，比如是否翹起、是否對齊等。在光伏電站營運階段，可以利用無人機對電站進行快速巡檢和清洗，確保光伏電站持續發電和穩健營運。

圖 10-5 列出了 15 個應用場景，比如智慧踏勘、智慧巡檢、智慧監控和智慧設計等。隨著多模態大型模型的發展，未來產業數位化和智慧化將加速發展。

5. 醫療健康領域

多模態大型模型在醫療健康領域中的應用是當前的熱點之一。Google、微軟、IBM 等國際知名企業都在醫療健康領域中布局，可謂碩果累累。

以 Google 為例，Google 推出了 Med-PaLM 的升級版 Med-PaLM2，在多個資料集上的測試效果都獲得了提升，這進一步提升了其在醫療健康領域中的科技領導地位。

圖 10-5 列出了該領域的應用場景。以結構生物學為例，DeepMind 的 AlphaFold 工具能輕鬆地查詢蛋白質的 3D 結構，這極大地提高了工作效率。截至

目前，該工具已成功預測超過 2 億種已知蛋白質的形狀，這為特殊疾病治療和新藥發現做出了巨大貢獻。

6. 教育培訓領域

傳統的教育培訓大部分以面對面的言傳身教為主，優秀老師是缺乏資源，每個老師能教的學生都十分有限。隨著網際網路技術的發展，開始出現遠端教育或線上教育的形式，極大地提高了教育的效率，擴大了教育的受眾面。

隨著 AI 的發展，機器人逐步開始具有普通教師的能力，甚至和優秀教師的差距逐漸縮小，這在一定程度上解決了優秀教師缺乏的問題，從而極大地提高了教育培訓的效率，讓教育培訓突破了時空的限制，而且還能取得較好的效果。隨著多模態大型模型的發展，AI 的水準越來越高，當其能力接近於優秀教師的時候，教育培訓領域將迎來重大變革。

圖 10-5 列出了該領域的 10 個應用場景，分別是需求調研、課程設計、方案設計、學習機器人、AI 助理、智慧應徵、智慧培訓、智慧客服、數字人和新媒體營運。

本節只簡單地介紹了多模態大型模型的 30 個基礎應用，並初步介紹了多模態大型模型在六大領域中的應用場景和潛力。在後面的章節中，我們將在上述六大領域中再選取部分場景，更詳細地闡述多模態大型模型的賦能流程和實例。

10.2 多模態大型模型在金融領域中的應用

在金融領域中，多模態大型模型的應用場景很多，本節將選取語音質檢和智慧顧問這兩個場景，分別介紹多模態大型模型如何賦能。

10.2.1 語音質檢

金融行業對線上客服的符合規範管理十分嚴格，一旦客服觸發符合規範風險點，就可能讓金融公司面臨被監管處罰的風險。

保險行業對客服的禮儀、話術等有嚴格的要求。傳統的語音質檢方法都是使用人工抽音和聽音的方式發現潛在風險點。隨著深度學習的發展，金融行業開始引入了深度學習結合傳統規則的方式來提升效果。下面列舉的是語音質檢的基礎要求。

（1）支援在規定的時間內將全部錄音轉化成文字，並自動提供質檢評分結果，可以透過錄音質檢評分頁面調取錄音，可以看到相關的質檢評分結果、錄音隨路資訊、錄音辨識文字等。

（2）支援質檢模型和質檢項連結，系統可以自動根據模型命中情況，判斷質檢項結果，同時可以根據設置的結果對應相關的扣分資訊，從而得出每個錄音的扣分合計。

（3）支援自動根據質檢任務推送給質檢員進行人工評分，同時完成初審、覆議和複審等業務流程。

（4）支援質檢任務按優先順序分配，可以根據質檢評分結果或模型命中結果對有問題的錄音優先進行全量質檢，對沒有問題的錄音進行抽樣質檢。

（5）支援針對錄音的系統質檢評分、人工質檢評分、初審、覆議、複審等錄音評價流程。

（6）支援各類質檢報表及自訂報表等。

圖 10-6 是自動語音質檢流程，主要包含 8 個步驟，分別是抽音、建構多模態大型模型、建立專家模型、建立評分表範本、自動評分、人工覆核心、申訴 / 覆議和報表統計。其中，最關鍵的兩個步驟是建構多模態大型模型和建立評分表範本。

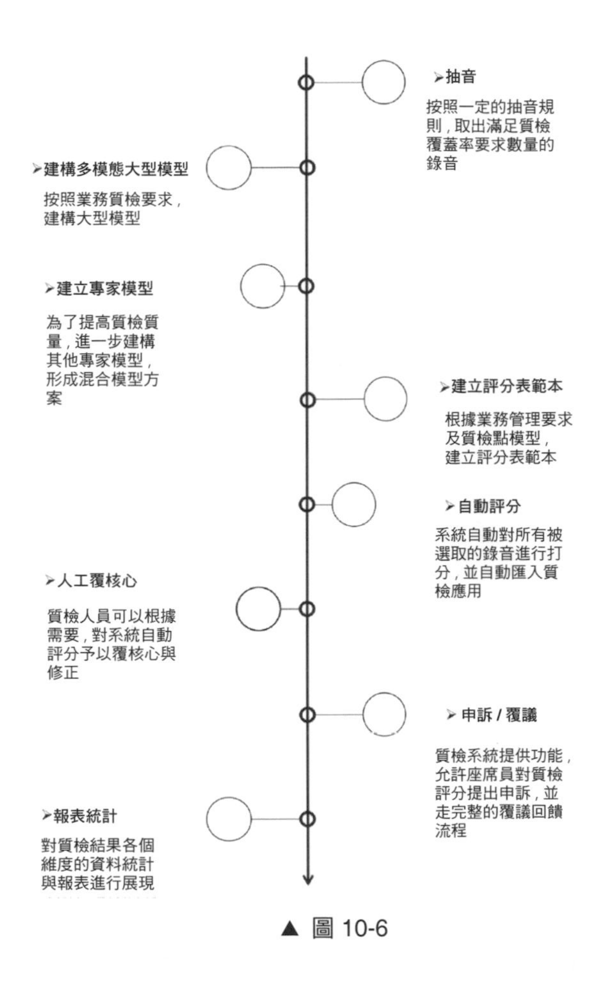

▲ 圖 10-6

在傳統的自動語音質檢流程中，第二步一般是語音轉文本，然後對轉化的文字進行建模。隨著多模態大型模型的成熟，語音轉文本並不是必須的步驟。值得注意的是，語音轉文本模型也只是許多專家模型中的，其目的是提高語音質檢的效果。

此外，建立專家模型這一步並不是不可或缺的，其目的主要是提升多模態大型模型的穩定性。如果多模態大型模型已經能達到商業應用的效果，這一步也可以省略。

建立評分表範本的目的是從業務角度出發，幫助客服發現具體的涉及操作違規和不規範的點，讓他們及時做出改正。在語音質檢場景中，辨識違規點只是萬里長徵的第一步，其最終目的是告知客服違規點的一些細節（比如時間、地點和具體的內容等細節），然後透過事後培訓的方式幫助他們符合規範和規範作業。基於該需求，還要求多模態大型模型具有可解釋性。因此，針對每個語音質檢的風險點，建構符合質檢要求的 AI 模型是十分必要的，這也是多模態大型模型的主要任務。

表 10-1 為評分表範本範例，假設累計扣分超過 6 分，則認為語音質檢不合格。多模態大型模型即時輸出風險評分和觸發的主要風險點，能及時地幫助客服改善服務，提高客戶服務體驗。

▼ 表 10-1

一級分類	二級分類	扣分項	基礎分值
銷售	禮儀	態度粗魯	1
銷售	銷售流程	未按照標準流程介紹產品	1
銷售	符合規範	給客戶返禮	3
銷售	風險	銷售捆綁	2
理賠	符合規範	貶低競爭對手	3
理賠	理賠流程	未遵守標準流程	1
支付	支付流程	支付確認	1

在實際生產環節中，語音質檢一般分為離線質檢和即時質檢。出於成本控制和監管要求的考慮，目前在金融行業中主要的實踐場景以離線質檢為主，但是未來隨著機器人普及和智慧對話場景增多，即時質檢的應用將逐漸增多。

10.2.2 智慧顧問

隨著 AI 技術的成熟，在金融領域中，逐步實現銷售流程自動化和智慧化的大趨勢不可逆轉。以銀行個人業務為例，現在去銀行網點辦理個人業務的人以老年人為主，年輕人少之又少。

我們認為，隨著低利率時代的到來，綜合金融的需求將十分迫切。微軟 CEO 納德拉 2017 年在 Fintech Ideas Festival 大會上提出：聊天機器人的應用場景很多，其中一個爆發點將在金融行業。

以保險行業為例，Insurify 公司使用 AI 技術模擬保險代理人的角色，透過客戶拍攝的車輛照片，機器人會與客戶進行簡單的對話（比如驗證身份、詢問車輛情況、諮詢保險計畫等），然後會發送滿足客戶需求的保險方案報價。如果問題太複雜，機器人無法解決，那麼機器人會連絡人工客服與客戶取得聯繫，然後轉由人工客服為客戶服務。保險公司 Allstate 也提供了類似的服務，其透過聊天機器人與客戶互動並進行報價。Conversica 是一個銷售機器人幫手，能夠利用 AI 技術與客戶互動，對潛在客戶進行一些需求挖掘和客戶洞察，然後將銷售機會發送給線下的銷售人員，提升銷售精準性。

以投資領域為例，智慧投顧科技公司因果樹發佈了投資顧問機器人，其一分鐘的工作量相當於投資分析員 40 分鐘的工作量。ZestFinance 公司使用機器學習技術分析和挖掘巨量資料，建立巨量資料風控模型輔助信貸決策和債券發行。Kabbage 公司使用機器學習技術建立信用風險模型，並將其應用於推薦資產組合滿足客戶的投資需求。天弘基金融合傳統投資專家的經驗和機器學習方法，研發了針對定增市場的多模態大型模型。首先建立一個有效的因數組合參與定增選股，然後由投資專家確定定增的參與時點和報價，從而建構投資的組合策略。

儘管如此，目前在金融領域中智慧金融顧問的智慧化水準還不夠高，精準度還不夠，除了客戶很容易就辨識出來服務方是機器人，現階段智慧金融顧問也難以實現需求自動擷取、方案即時訂製及滿足客戶即時的綜合金融服務需求等。隨著多模態大型模型逐漸成熟，智慧金融顧問的能力將進一步獲得落實。

設想一下在金融理財場景中，客戶有理財的需求，基於人機對話，機器人引導客戶表達財富管理的需求，然後開始理解客戶的需求，基於客戶的需求，舉出符合客戶需求的財富管理方案，同時自動化生成方案分析文件（包含方案的優點、缺點等要素）。與此同時，為了提高方案匹配率和銷售成功率，機器人可能會自動開展一些行銷活動（涉及行銷活動設計、策劃和實施等）以促單。

因此，我們覺得作為一名傑出的智慧金融顧問，需要在以下 5 個方面擁有突出能力。

1. 需求調研和擷取

在與客戶溝通的過程中，智慧金融顧問可以擷取客戶的即時資訊和客戶的粗略需求，然後根據客戶的歷史巨量資料，深入挖掘客戶的精準需求。多模態大型模型可以接受各種輸入，比如文字、語音、影像和視訊。文字、語音、影像和視訊可以提供更多維度的資料與資訊，這有助更充分、更精準地挖掘客戶的需求。

2. 金融產品諮詢

智慧金融顧問利用多模態大型模型，可以熟悉全行業所有的金融產品，透過人機互動，為客戶提供快速、便捷的金融產品諮詢服務。智慧金融顧問可以回答客戶關於金融產品的各種問題，包括產品類別、合約情況、產品週期、收益率、風險情況、現金價值、保險條款和理賠方式等，為客戶提供全天候線上的諮詢服務。

3. 方案設計

智慧金融顧問在了解了存量產品的詳細資訊後，透過人工模型的助力，就有望實現新產品的創新和訂製。在金融領域中，產品創新可以分為兩種情況：第一種情況是存量產品的組合，形成新的方案，比如打包多個保險產品和理財產品建構新的金融解決方案；第二種情況是在存量產品的基礎上，訂製全新的金融產品以滿足客戶需求。

第一種情況的困難主要是應對不同金融產品之間的約束和互斥等規則，比如年齡約束、性別約束、地域約束、合約年限、重複理賠約束等。舉個例子，客戶在 A 公司購買了 40 萬元保額的雇主責任險，又在 B 公司購買了 40 萬元保額的雇主責任險，理論上雇主責任險之間存在互斥規則，不能重複理賠，行業一般是按照比例理賠的，即如果發生賠付，累計賠付 40 萬元，那麼 A 公司和 B 公司分別賠付 20 萬元。

再舉一個案例，客戶的需求是購買保險，希望覆蓋疾病醫療、意外醫療和意外身故，醫療部分報銷比例高，最好包含門診，醫療保額不低於 100 萬元，意外身故保額不低於 30 萬元。單一產品難以滿足客戶的需求，因此智慧金融顧問訂製了組合方案，如圖 10-7 所示，透過組合公司 A 的產品 1 和產品 2 及公司 B 的產品 3，滿足了客戶的需求。

▲ 圖 10-7

第二種情況除了要應對第一種情況的困難，還需要在存量產品的基礎上進行最佳化、訂製和創新。整體而言，產品自動訂製的困難還不是技術層面的，更多的是監管層面的。金融行業是嚴格監管行業，金融產品的創新有嚴格和複雜的審核流程。

4. 產品推薦

有時候還需要根據客戶的需求，向客戶精準地推薦金融產品。利用多模態大型模型，可以建構智慧推薦機器人，透過人機互動，為客戶提供個性化的金融產品推薦和購買建議。機器人可以透過分析客戶的需求、風險偏好、承受能力等資訊，快速、精準地推薦適合客戶的金融產品方案。要想提高客戶的轉換率，還需要掌握推薦的時機，在最合適的時機給客戶推薦最合適的產品才能達到最佳的效果。

5. 智慧行銷

智慧金融顧問還需要充分利用精準行銷能力，提高銷售的轉換率。精準行銷涉及多種能力，比如了解客戶的心理預期、了解客戶的通路偏好、溝通、設計行銷素材、設計行銷方案、即時調整行銷方案、策劃行銷活動等。多模態大型模型可以支援建構行銷幫手，解決精準行銷過程中的一系列問題，有效地提高銷售轉換率。

以設計行銷素材為例，行銷幫手可以提供大量支援，比如自動生成行銷類的指令稿、文案、文章、短視訊和數字人等，大大地提高產品推廣的效能。

此外，在行銷過程中，對客戶的情感感知頗為重要。透過情感分析技術，行銷幫手可以辨識客戶的情感狀態，即時感知客戶的喜怒哀樂，也有助提高行銷效率。

另外，客戶的需求不是一成不變的。行銷幫手要能夠及時感知客戶需求的變化，從而重新為客戶訂製新的方案滿足客戶的動態需求。

舉個例子，Automat 是一個基於 AI 的對話式行銷平臺，允許企業透過個性化的對話來收集客戶的需求，加強彼此的了解，有效地提高互動性，實現「對話即服務」，透過對話和互動讓行銷更便捷、更智慧和更高效。

10.3 多模態大型模型在出行與物流領域中的應用

多模態大型模型在出行與物流領域中的應用場景十分豐富，在這裡重點介紹一下輔助駕駛和自動駕駛的場景。輔助駕駛可以被應用到多個領域中，比如出行、物流、汽車保險等。

在出行領域中，輔助駕駛可以有效地辨識危險，並降低駕駛風險，提升駕駛體驗。在物流領域中，輔助駕駛也能有效地提高駕駛的安全性，為整個物流過程保駕護航。在汽車保險領域中，輔助駕駛能即時幫助車險客戶提升駕駛技能，這不僅有助保障車險客戶安全出行，還有助降低出險率，從而讓客戶獲得更高的保險折扣，幫助客戶省錢。

從硬體安裝的角度來看，輔助駕駛主要有以下兩種實現方式：一種是前裝實現方式，即汽車出廠時就已經安裝了相應的車載裝置，該車載裝置用於擷取汽車靜止或運行期間等多種形態的資料，比如位置、時間、方向、 車情況等，如圖 10-8 所示。另一種是後裝實現方式，即汽車出廠後加裝相應的車載裝置。無論是前裝還是後裝，相應的車載裝置擷取的汽車資料的價值都十分巨大。圖 10-8 列舉了一些擷取的資料的應用場景，比如碰撞重建、風險評估、精算定價、低碳出行和盜搶追回等。

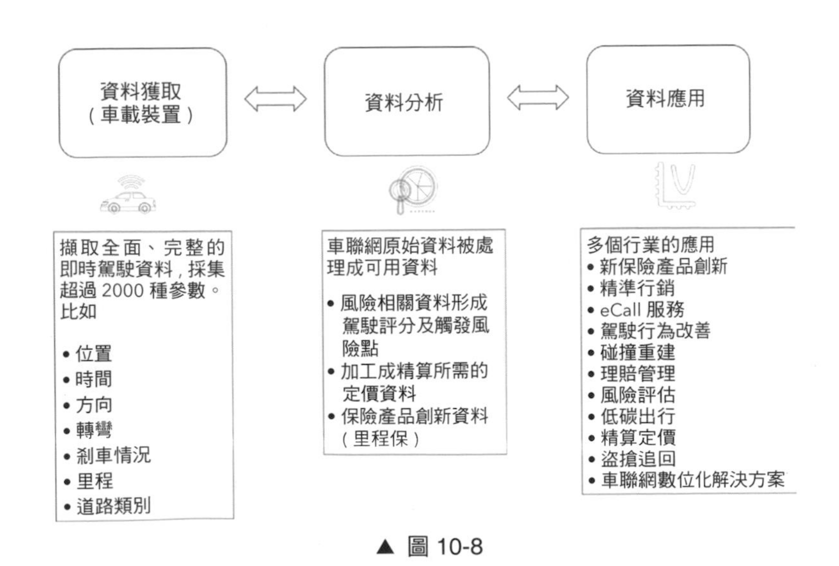

▲ 圖 10-8

談到輔助駕駛在保險行業中的賦能，一個典型的案例是在國外風靡的基於使用的保險（Usage Based Insurance，UBI）。UBI 一般分為兩種實現方式：一種是主要使用里程資料，建構基於里程的保險產品；另一種是使用盡可能多的風險因數，建構客戶駕駛行為評分模型，用駕駛行為評分來指導保險產品精算定價，同時幫助客戶改善駕駛行為，提高駕駛安全性。

在大型模型誕生之前，在輔助駕駛和自動駕駛領域中，「多模態」模型早已得到應用。輔助駕駛和自動駕駛領域本身要應對的環境就是多模態的，各種感測器、攝影機、雷達等產生各種類型、不同模態的資料，對這些資料的綜合利用和挖掘有助提高自動駕駛能力。

當前，基於多模態的融合感知成了許多自動駕駛廠商的重要研發方向，其目的是提高自動駕駛的感知和推理能力，避免對不同資料使用單模態感知帶來的推理錯誤。借助多模態大型模型強大的感知和推理能力，現有的輔助駕駛和自動駕駛系統的綜合能力可以有效地提高，從而實現路徑規劃、自動駕駛、安全管家、AI 助理等功能，如圖 10-9 所示。

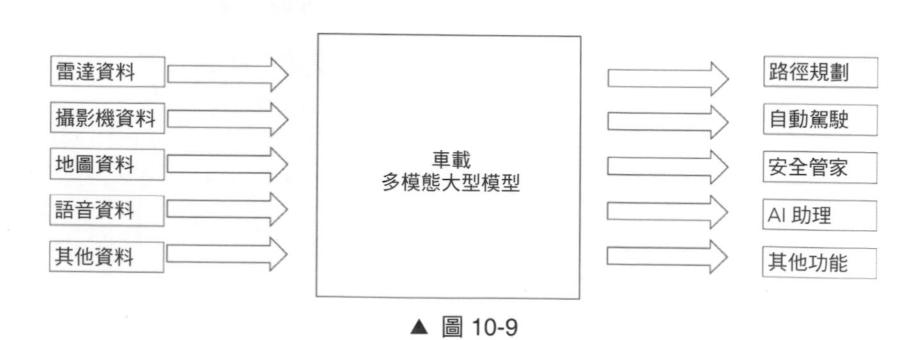

▲ 圖 10-9

此外，現有的多模態融合感知框架只能勉強應對自動駕駛任務，而難以同時兼顧 AI 助理的工作，並且在人機互動上能力有限。這個方面也是多模態大型模型的強項，應用潛力巨大。

當然，當前的多模態大型模型有一些能力亟待改善。輔助駕駛和自動駕駛場景對及時回應和運行穩定性有特別嚴格的要求，而目前的多模態大型模型對算力要求極高，回應比較慢，要大規模應用實踐還有很長的路。未來隨著算力的提高，多模態大型模型會有更深入的應用。

10.4 多模態大型模型在電子商務領域中的應用

在許多領域中，能持續產生巨量資料的領域之一就是電子商務領域。數以億計的客戶，在各類電子商務平臺上留下了資料的痕跡，也讓這個領域能夠插上巨量資料的翅膀騰飛。在這個超過巨大的市場中，巨量資料和機器學習基本上貫穿與賦能整個電子商務流程，比如商品瀏覽流程、商品搜索流程、商品購買流程和商品物流流程等。

電子商務場景是天然的多模態巨量資料場景，這個場景裡有影像資訊、文字資訊、語音資訊，也有串流媒體資訊。此外，電子商務場景也是天然強調互動的場景，基本上全流程線上。客戶可以線上完成溝通，從而實現交易閉環。因此，如何充分地利用這些多模態巨量資料為電子商務賦能是電子商務領域的重大課題。

多模態大型模型的應用場景很多，我們重點介紹一下智慧客服場景和智慧試穿場景的應用。

10.4.1 智慧客服

在電子商務場景中，客戶只能透過對商品的簡單文字介紹和少量圖片資訊來判斷商品合適與否，因此會出現大量需要人機問答的場景。即使是大平臺，傳統的智慧客服的能力也比較弱，經常答非所問。當客戶出現問題的時候，智慧客服難以解決問題，而人工客服的時效又難以保證，極大地影響了客戶的購物體驗。

我們調研了多位有電子商務平臺購物經歷的客戶，發現他們在電子商務平臺購物過程中遇到了以下 10 類問題。

（1）客戶對商品感興趣，想了解更多資訊，但是智慧客服很傻，無法滿足客戶的需求。

（2）客戶對商品的安裝過程不了解，商品介紹中沒有涉及安裝過程或介紹得不清楚，客戶需要與智慧客服反覆溝通才能解決。

（3）商品的視訊介紹比文字介紹更豐富，但是大部分還是以打廣告為主，包含的資訊太少，無法滿足客戶全方位了解商品的訴求。

（4）服裝的尺寸標準不一，與客戶的需求不匹配。

（5）智慧客服回答的普遍是標準答案，但是客戶遇到的很多問題往往是個性化的，智慧客服的效率不高、效果不好，導致客戶的體驗不佳。

（6）客戶有時難以了解自己的需求，期待智慧客服舉出合適的推薦或建議，但是智慧客服很傻，無法滿足客戶的需求。

（7）客戶有時難以清楚地描述自己的需求，期待智慧客服舉出推薦或建議，但是智慧客服很傻，無法滿足客戶的需求。

（8）客戶有時看到一張圖片，或一段視訊，覺得裡面的某件衣服很好看或某處設計很棒，想了解相似的商品，不知道怎麼操作。

（9）目前電子商務平臺的智慧客服支援語音、影像和文字，但是能力一般，使用起來體驗不流暢。

（10）難以支援方案訂製，比如客戶輸入需求，智慧客服的能力較弱。

隨著多模態大型模型的出現和發展，智慧客服的能力會大幅度提升，上述大部分問題都可以得到有效解決。與傳統的智慧客服相比，基於多模態大型模型的智慧客服主要有以下 3 個優點。

第一個是支援多資料型態輸入，輸出也可以做到更生動、更活潑和更人性化，讓人覺得有很強的代入感。

第二個是互動能力更強，就像人和人溝通一樣，對於不懂的會向客戶發問，從客戶那邊獲得更多的線索，讓方案訂製更精準。

第三個是智慧更強，能夠給客戶更好的建議和體驗。

圖 10-10 列舉了電子商務多模態大型模型的框架，其支援文字、影像、語音和視訊等資料型態的輸入，透過強大的智慧和互動能力，可以為客戶輸出多種能力，比如需求洞察、方案訂製和智慧問答等。同時，電子商務多模態大型模型也支援多維度、生動活潑的互動，比如透過數字人或卡通形象生動活潑地回覆客戶的問題或展示商品等。

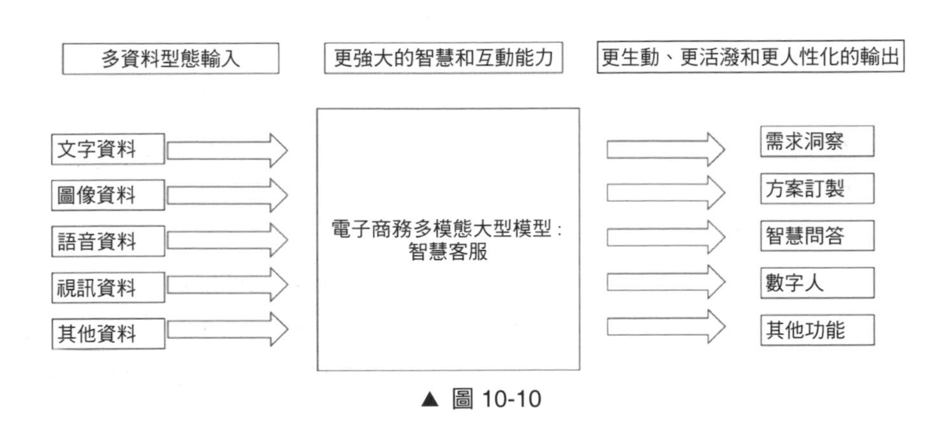

▲ 圖 10-10

下面簡介智慧客服的核心流程：首先，擷取和學習各類資料，比如客戶資料和商品資料等。然後，收集客戶的問題或需求。即使客戶提出的是一個簡單的問題，多模態大型模型也可能需要進行大量的知識獲取及複雜的計算和推理，才能舉出滿意的答案。多模態大型模型的最大的優勢就是互動式問答和支援多模態的學習與推理。在得到初步的解決方案後，智慧客服還需要與客戶互動，聽取客戶的建議，然後做進一步的最佳化直到滿足客戶的需求為止。最後，為了讓客戶的體驗更極致，智慧客服也可以以動態的數字人的方式展示解決方案，做到有趣味和生動活潑。

基於多模態大型模型的智慧客服的強大智慧離不開巨量資料、雲端運算、算力、AI 演算法和元宇宙等技術的發展。我們相信未來幾年，隨著 AI 技術的進一步發展，電子商務這個十 MB 元等級的大市場還有較大的增長空間。

10.4.2 智慧試穿

線上購物與線下購物相比，目前最大的體驗差距就在試穿方面。當然，線下購物也存在試穿麻煩、費時等問題，不過在試穿便利性和實效性方面絕對碾壓線上購物。

前幾年有一些嘗試滿足高效試穿需求的智慧硬體產品誕生，比如智慧試衣鏡。虛擬試穿技術初創公司 Fit:Match.AI 開了一家結合服裝推薦和虛擬試衣的智慧工作室，透過擷取客戶的身高、體重、體型、偏好等資訊，再透過工作室內的 3D 智慧攝影機對客戶進行掃描，完成對客戶身材的三維建模，結合客戶的各類歷史資料，給客戶做精準服裝推薦。

類似的公司和產品很多，但是我們發現大部分都敗在智慧弱和體驗效果差兩個方面。智慧弱主要表現在以下 4 個方面：建模效果差、回應時間長、不支援多模態輸入和推理能力差；體驗效果差主要表現在需要客戶手工填寫大量資訊和互動能力弱。

未來的智慧試穿機器人應該是一個多模態機器人，能夠透過客戶的歷史資料（比如，歷史圖片和歷史購物資料等）和即時擷取的視訊資料，精準地完成客戶身材和形態的三維建模，然後以足夠美的數字人展示出來。此外，客戶還可以透過互動的方式對該數字人進行修改，以滿足對美感的要求。

確定好數字人的形態和姿態後，下一步就是給客戶推薦匹配的服飾。這要求智慧試穿機器人需要像智慧客服一樣，懂客戶，積極與客戶互動，了解並挖掘客戶的需求，幫助客戶設計方案，然後舉出最佳的推薦。

下面列舉了智慧試穿的主要流程，整個流程主要分為 3 個部分。

第一個部分：主要是完成客戶的形態和姿態的建模。這個部分最大的困難是透過電腦視覺和客戶的歷史圖片及視訊資料，完整地呈現客戶的形態和姿態。建模的品質與攝影機拍攝的角度和拍攝的品質息息相關。在電子商務平臺購物的過程中，客戶一般使用的是電腦或手機的攝影機，這與線下專業的 3D 攝影機差距較大。在沒有專業的 3D 攝影機的情況下，要想精準建模，有以下 3 點建議：第一點是即時擷取客戶的資料，尤其是形態和身材類資料，從而有效地彌補非專業攝影機的劣勢。第二點是盡可能讓客戶使用標準的軟體進行拍照或錄製視訊，這樣可以達到最佳的資料獲取效果。第三點是盡可能讓客戶選擇安靜和明亮的空間。當然，隨著電腦視覺技術的進步，對上述三種情況的要求會逐步弱化，從而能夠給客戶更大的自由度。

第二個部分：主要是收集需求和方案設計。在需求收集和方案設計過程中，會涉及大量與客戶的互動和多模態資料學習建模，這也是多模態大型模型擅長之處。這部分功能和智慧客服的功能接近，不詳細介紹。

第三個部分：主要是商品的準備和配送。這個部分不是本書的重點內容，不做贅述。

10.5 多模態大型模型在工業設計與生產領域中的應用

工業設計與生產是一個很龐大的領域，其中工業生產屬於製造業範圍，工業設計屬於服務業範圍。在這裡，我們會聚焦清潔能源中光伏發電這個方向，詳細討論一下多模態大型模型如何賦能這個產業。

圖 10-11 列舉了光伏產業的主要結構，主要分為上游產業、中游產業、下游產業和服務產業。上游產業主要生產光伏發電所需的各類原材料，比如晶圓、矽棒等；中游產業主要生產光伏發電所需的電池元件、變頻器和發電系統等。下游產業就是光伏發電產業，發電方式主要分為集中式發電和分散式發電。服務產業主要提供金融服務、財務服務和人力資源服務等。

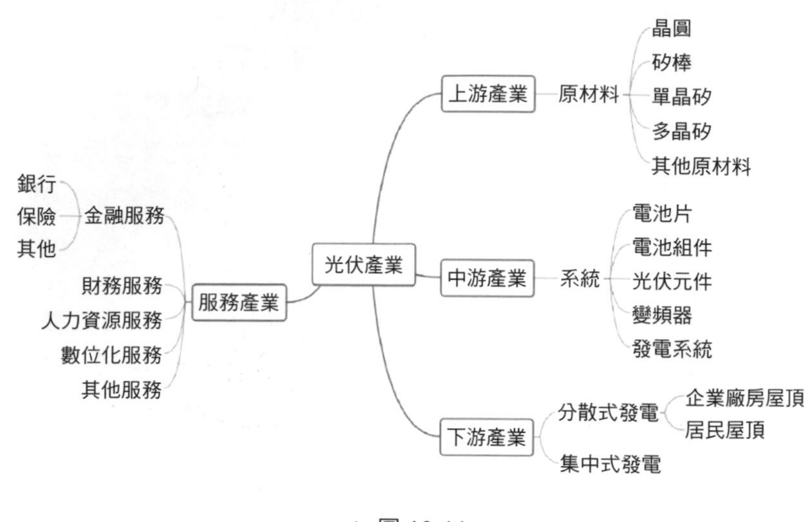

▲ 圖 10-11

光伏產業是清潔能源的重要支柱，其生產、安裝和營運在某些方面（如安全性、穩健性和可持續性）至關重要，在很大程度上影響了一個國家能源的安全性和穩定性。

光伏電站的建設流程如圖 10-12 所示，主要分為建設前、建設中和建成後。下面介紹一下多模態大型模型賦能屋頂式分散式光伏電站建設全流程的典型場景。

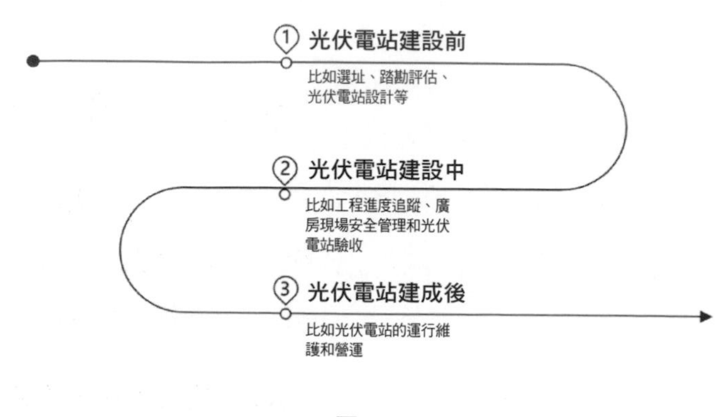

▲ 圖 10-12

在光伏電站建設前，需要做的主要工作有選址、踏勘評估、光伏電站設計等，其中踏勘評估為多模態大型模型提供了良好的應用場景。

踏勘評估就是利用衛星影像或無人機影像，重建目的地區域的實景模型，實現踏勘資料獲取，輔助光伏電站設計，如圖 10-13 所示。踏勘評估主要有兩種類型：第一種是利用衛星影像資料批次踏勘評估，舉出初步的評估結果。第二種是利用無人機擷取單一屋頂影像資料進行更精準的評估。與利用傳統的深度學習模型相比，利用多模態大型模型能有效地提高踏勘評估的效率和精準度。

在光伏電站建設中，主要工作有工程進度追蹤、廠房現場安全管理和光伏電站驗收。這三個場景都十分適合多模態大型模型。

工程進度追蹤：定期擷取影像等多模態資料，結合電站設計影像辨識技術，實現電站建設進度追蹤。

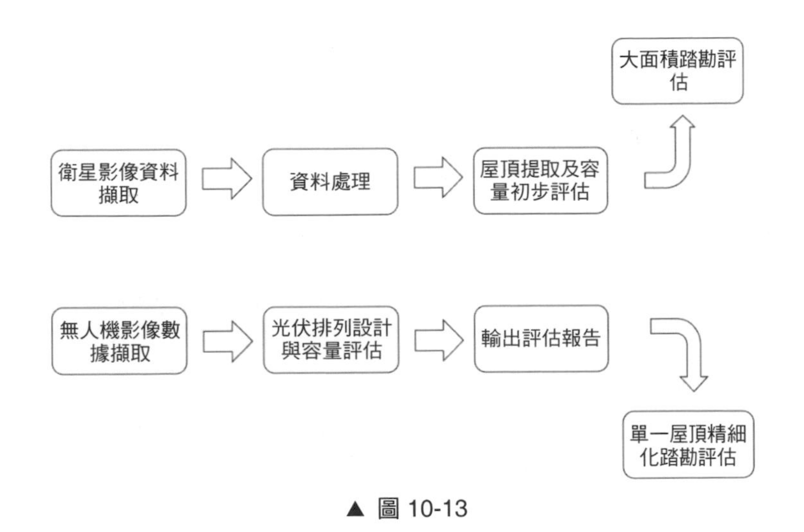

▲ 圖 10-13

廠房現場安全管理：定期擷取廠房內外各種影像資料，結合廠房的其他巨量資料，全方位分析廠房內外的安全隱憂，並及時提醒和處理。

光伏電站驗收：在光伏電板鋪滿屋頂後，可能會存在諸多工程品質問題，比如位置不正、縫隙過大、出現傾斜等。多模態大型模型能有效地實現該項工作的自動化和智慧化。利用無人機擷取影像資料，透過演算法可以快速地實現光伏元件個數驗證、容量確定、安裝傾斜角驗證、排除隱裂等，並及時安排相關技術人員進行處理。

在光伏電站建成後，主要工作是光伏電站的運行維護和營運。光伏電站的運行維護和營運主要包含以下工作：

（1）光伏電站出現故障，導致發電異常，需要及時發現、及時處理。

（2）光伏發電板表面佈滿灰塵，影響採光，從而影響發電效率，需要及時清洗，保障發電效率。

（3）惡劣天氣會導致光伏發電板傾斜或傾覆，從而出現安全隱憂，需要及時維修。

利用無人機和物聯網感測器，擷取多模態資料，可以監測電站的運行情況，從而儘早發現故障，並利用機器人進行消除。此外，還可以利用無人機紅外技術對電站進行快速健康體檢，定期對光伏發電板表面進行清洗，確保發電狀態良好。

此外，現在光伏電站已經併入電網，電網的升變壓站的健康運行監控也是多模態大型模型賦能的典型場景。可以利用無人機和機器人搭載多光譜感測器，按巡檢路線和航線進行資料獲取，完成重點區域測溫和智慧讀數，使用物聯網感測器，擷取升變壓站的多模態資料，透過對溫度、表計、震動、聲音資料進行分析，診斷裝置的運行狀態。

與升變壓站的健康運行監控類似，輸電線路和桿塔的健康監測也是多模態大型模型的應用場景。利用雷射雷達、多光譜感測器和無人機擷取輸電線路和桿塔的多模態資料，建構多模態大型模型，可以有效地進行異常辨識和缺陷檢測，保障輸電安全。

10.6 多模態大型模型在醫療健康領域中的應用

醫療健康領域也是 AI 的重要戰場，國內外許多知名科技公司都在該領域中布局，比如 Google、IBM 和阿里巴巴等公司。

截至目前，AI 已經在醫療健康領域中遍地開花，基本上覆蓋了全產業鏈，並獲得了豐碩的成果。隨著多模態大型模型日益成熟，醫療健康領域將發生重大變化。圖 10-14 列舉了多模態大型模型在醫療健康領域中的應用圖譜。隨著多模態大型模型的深入發展，AI 應用的效果將得到顯著提高。

1. 疾病預防

疾病預防其實比疾病治療更重要。要做好疾病預防，就需要了解身體健康狀況，也需要了解疾病預防的原理和專業知識，因此疾病預防問答機器人顯得尤為重要。要更進一步地了解身體健康狀況，有很多技術可以賦能，比如基因檢測、透過智慧硬體來對健康狀況進行即時檢測和腦機介面技術等。

類別	AI 應用
疾病預防	疾病預防問答機器人、基因檢測、健康監測等
疾病問診	線上問診機器人、基因檢測、健康監測等
疾病檢測	智慧影像分析、早篩、基因檢測、疾病預測、健康監測等
疾病治療	手術機器人、醫生幫手、數位療法、腦機接口、巡檢消毒等
疾病康復	康復機器人、VR 康復、心理康復、健康監測等
健康管理	健康監測、形體管理、心理管理、情緒管理、睡眠管理等
藥品研發	新藥發現、藥品評估、藥物再利用等

▲ 圖 10-14

以智慧硬體驅動疾病預防為例，智慧硬體的安置方式可以分為內建和外部穿戴。內建一般是指在人體內植入硬體感測器，擷取身體主要器官（比如大腦、心臟、血管等）的運行訊號，然後透過多模態大型模型的演算法解析和分析訊號，從而預測身體的健康狀況。外部穿戴的原理類似，透過佩戴可穿戴裝置擷取身體的訊號，然後進行解析和建模，從而精準預測身體健康狀況。其他的多模態大型模型的應用還有基因檢測和健康監測等。

2. 疾病問診

這個應用與疾病預防相近。醫療資源配置不均衡，好的醫療資源往往集中在少數幾個大城市。此外，好的醫生具有極大的缺乏性。要想實現更好的醫療效果，對線上問診機器人的需求十分迫切。線上問診主要以人為主，機器人的能力比較弱。隨著多模態大型模型的成熟，疾病問診有望獲得突破性進展。疾病問診天然是多模態大型模型的應用場景，病人會提供各類檢查材料和資料（文字、影像、語音和視訊等），傳統的單模態大型模型難以應付這類場景。其他的多模態大型模型的應用還有基因檢測和健康監測等。

3. 疾病檢測

疾病檢測也是多模態大型模型應用的熱點。疾病檢測就是透過解析擷取的巨量資料，建構模型預測疾病的情況。以心臟病影像分析為例，傳統的方法是醫生一個個看，檢測效率比較低。多模態大型模型可以大大提高檢測效果。此外，以血脂檢測為例，傳統的血常規檢測方法比較簡單，只能判斷結果，而無法知道原因。當血脂稍微偏高時，醫生往往讓病人多運動。當血脂顯著偏高時，醫生讓病人採用吃藥降低血脂的方式。病人對此一知半解，不知道血脂到底為什麼高、血脂高能夠帶來哪些併發症、如何預防等。很多醫生對這些問題都難以說清楚。多模態大型模型如果能擷取到更多的身體資料，就可以發現更多與健康有關的特徵，這不僅有助提高檢測效果，而且有助對症下藥。多模態大型模型的其他應用還有基因檢測、疾病預測、健康監測等。

4. 疾病治療

多模態大型模型在疾病治療領域的應用場景較多，基本覆蓋治療的全流程，比如手術機器人、醫生幫手、數位療法和腦機介面等。醫生看病可能需要花 10 分鐘來了解患者的病症。現在一個多模態大型模型機器人，可能只需幾分鐘就能了解患者的過往病史、生活的環境，並透過背後數十億筆資料對病症做分析。

以醫療護理為例，為了使治療更高效，醫療科技公司 Babylon Health 使用 AI 技術幫助醫生和護士更高效率地完成日常的管理任務，並提供給醫生和護士巨量資料洞察建議，協助他們做出更明智的決策。

Babylon Health 公司的醫療機器人主要開展以下 4 個方面的工作，分別是建構醫療知識庫、閱讀和學習健康記錄、建立疾病模型和場景模擬。

（1）建構醫療知識庫：醫療機器人的核心功能之一是建構醫學百科全書知識庫。

（2）閱讀和學習健康記錄：當患者同意醫療機器人使用他們的健康資訊時，系統將儲存個人使用者的所有可用資訊和資料（比如病史和線上互動的資料），並對這些資料進行有效的清洗、合併和規整。依託於這些資料，醫療機器人將對客戶的健康狀況進行全面追蹤、預測和評估。

（3）建立疾病模型：醫療機器人可以建立不同疾病的模型，並建構預測各類疾病風險的模型。

（4）場景模擬：醫療機器人可以模擬各種生活情景，預測使用者維持飲食、鍛煉、睡眠和壓力現狀會發生什麼。這可以幫助使用者了解他們的行為和疾病風險之間的關係，有助 Babylon Health 公司為使用者制定更最佳化的疾病預防、治療和護理方案。

5. 疾病康復

疾病康復屬於術後的場景，重點解決病人在手術或疾病後期的身體機能恢復、精神恢復、心理恢復等各個方面的康復問題。康復本身涉及的範圍十分廣泛，不僅是醫療和恢復問題，還與心理、精神、飲食、居住環境等休戚相關。多模態大型模型在該領域的主要應用場景有康復機器人、VR 康復、心理康復和健康監測等。

康復機器人和前面提到的線上問診機器人有所不同，其對智慧化的要求更高。康復機器人除了要解決病人康復的各種問題，還需要與各種智慧硬體連接，智慧控制各種康復裝置，根據病人的身體狀態進行合理操作和管控。比如，對於腰椎間碟突出的患者，需要控制按摩的節奏和力道，以保障患者的安全和康復效果。

以腦機介面技術為例，美國科技公司 Neurolutions 研發了一款具有康復促進功能的機器人外骨骼，會刺激大腦向肢體發送訊號，這種連續的刺激訊號有助癱瘓部位恢復功能。隨著多模態大型模型日益成熟，康復機器人可以與病人更加智慧地互動，從而大幅提高康復的效率、品質和體驗。

6. 健康管理

從廣義上理解，健康管理其實融合了前面提到了疾病預防、疾病問診、疾病檢測、疾病治療和疾病康復全過程。從狹義上理解，健康管理就是根據事前設定的健康目標，管理與使用者健康相關的各種行為，比如飲食、運動、睡眠等方面。

醫療科技公司 Woebot Health 打造的 Woebot 機器人是這個方面的典型應用。該機器人能像專業的心理醫生一樣透過與使用者聊天和互動的方式提供專業的心理輔導服務。在聊天的過程中，該機器人能捕捉到使用者的微表情和情緒的變化，從而更進一步地了解客戶，然後提供更精準的心理輔導服務。該機器人的定位主要為心理醫生的補充和幫手。VR 賦能健康管理也是多模態大型模型的典型應用方向。AppliedVR 是一家 VR 數位療法服務商，透過引入 VR 技術賦能治療，可以有效地幫助患者緩解疼痛。

7. 藥品研發

多模態大型模型賦能藥品研發是當前的一大熱點。傳統的方法主要有兩個問題：①透過實驗反覆驗證各種分子組合的物理化學特性和藥物性質，使得藥品研發投入大、週期長、效率低。②傳統的基於細胞的體外研究在模擬藥物在人體內的效果方面有相當大的局限性，並且常常產生不可靠的療效資料，這可能導致臨床失敗。

以解決第一個問題為例，藥品研發科技公司 XtalPI 開發了多模態大型模型驅動藥物發現的標準工作流程，該工作流程以更高的準確性發現和預測分子行為及不同分子組合的重要物理化學特性和藥物性質。目前，該工作流程已被證明可以大幅提高新藥研發的效率。

Signet Therapeutics 公司由哈佛癌症中心的科學家 Dana Farber 創立。該公司在腫瘤研究方面擁有獨特的專業知識和豐富的經驗。利用真實世界的癌症基因組學資料，該公司開發了針對癌症亞型的新型類器官疾病模型，三維模擬人體器官組織獨特的環境，從而產生具有更高臨床相關性的模擬資料，這有助解決模擬藥物在人體內的效果資料失真的問題，為未來真實的臨床試驗落實基礎。

我們有理由相信，隨著多模態大型模型的發展，未來智慧型機器人在醫療領域中能夠產生更多、更大的作用，類似於下面的應用將很快成為現實：

（1）多模態大型模型結合 VR 技術操控複雜機械臂的能力將為外科醫生成功完成更複雜的手術提供助力。

（2）使用康復機器人配備感測器和先進的互動控制系統實現康復智慧化和高度舒適化。

（3）多模態大型模型和先進的室內導航系統相結合，協助臨床人員完成後勤任務，並運送日用品、藥物和膳食。

（4）健康管理機器人解決使用者的各種健康問題，比如身體健康、心理健康、精神健康等。

（5）賦能新藥研發全流程，包含藥物發現、藥物組合、藥物測試和藥物臨床等。

10.7 多模態大型模型在教育培訓領域的應用

教育培訓領域和醫療健康領域十分相似，優秀的教師和優秀的醫生都是缺乏資源，而且培養週期都比較長。多模態大型模型能有效地解決該問題，真正實現教育的廣覆蓋、深發展。此外，醫療健康領域也涉及教育培訓，VR 技術和多模態大型模型相結合能有效地提高教育培訓的效果。

教育培訓是多模態大型模型的應用場景，聽說讀寫看五個方面的能力涉及文字、語音、影像和視訊等多模態資料。多模態大型模型賦能教育培訓主要表現在以下幾個方面。

（1）提供多模態大型模型賦能工具：比如提供培訓機器人、課程設計機器人、VR 培訓工具和實訓機器人等，有助提高培訓的效果和效率。

（2）生成培訓內容：智慧化生成教育培訓需要的各類教材、教材和相關資料。

（3）其他方面：比如多模態大型模型影響應徵、行銷、營運等流程。

對於多模態大型模型在教育培訓領域的應用，我們可以設想以下成人教育培訓的應用。

使用者 A 向多模態大型模型學習機器人表達了提升自己 AI 建模能力的需求，學習機器人結合使用者 A 的歷史資料和需求，幫助使用者 A 設計一個學習計畫，透過數字人講解的方式呈現在使用者 A 的面前，讓使用者 A 能夠沉浸式了解該學習計畫。

在學習計畫確定後，學習機器人每天充當老師和輔導員等角色，管理整個學習過程，確保使用者 A 獲得最好的學習效果。同時，在完成階段性學習後，學習機器人會對使用者 A 進行測試，評估使用者 A 的學習效果，透過反覆與使用者 A 互動交流，及時了解使用者 A 存在的知識盲區，並幫助使用者 A 改善學習計畫。

就這樣循環反覆，學習機器人透過強大的智慧和互動能力，可以有效地保障使用者 A 的學習效果。此外，該學習計畫還涉及實訓場景。為了提高使用者 A 的動手能力，學習機器人會生成實訓場景提供給使用者 A。與理論學習類似，在實訓場景中學習機器人也會使出渾身解數幫助使用者 A 提高動手能力。

隨著多模態大型模型能力的提高，上述設想將很快成為現實。

10.8 思考

在現實生活中，與單模態的應用相比，多模態的應用顯然更豐富、更全面、更智慧。尤其在數位化和萬物互聯時代，很多場景（比如無人駕駛、工業生產、健康問診等）產生的資料本身也是多模態的。在這些場景中，單模態大型模型難以滿足智慧化和客戶整合式服務的需求。

根據我們之前提出的觀點，單模態大型模型只是過渡產品，最終目標也是為多模態大型模型服務。未來多模態大型模型將具有更大的發展潛力。

本章介紹了多模態大型模型的 30 個基礎應用，同時詳細闡述了其在六大領域中的主要應用場景。儘管目前多模態大型模型還不算成熟，但是已經給各行各業帶來了驚喜。我們相信隨著多模態大型模型日益成熟，AI 在未來將成為企業的標準配備，將成為基礎設施，對各行各業的賦能將是革命性的，將加速促進行業的數位化和智慧化變革。

第 11 章
用多模態大型模型打造 AI 助理實戰

OpenAI 的研究發現，GPT 等大型語言模型可能會對 80% 的美國勞動力產生一些影響，GPT-4 等 AI 模型將深度影響 19% 的工作。

多模態大型模型將深刻地影響人類的發展處理程序，改變人類的日常工作和生活習慣，讓勞動者不再單打獨鬥，可以借助多模態大型模型的智慧來完成工作。未來，你的身邊可能會有一個 AI 助理，它會為你的決策提供輔助，幫助你更進一步地工作、生活。本章將重點介紹多模態大型模型在 AI 助理方面的實踐應用。透過本章的內容，我們期望可以幫助讀者更進一步地理解多模態大型模型在人類發展過程中所扮演的 AI 助理角色，提升人類的智慧。

11.1 應用背景

根據美國全國經濟研究所（NBER）發佈的最新報告，生成式 AI 技術的應用使得客戶服務效率提升了 14%，尤其在幫助初入職場的員工提升能力方面效果更明顯，可以讓他們快速上手需要的時間從平均的 6 個月縮短到大約兩個月。NBER 的報告說明，AI 助理確實可以有效地提高工作效率，這就表示將有越來越多的公司、機構、團體致力於大力支援和發展 AI 助理，在解放勞動力的同時，降本增效並大幅度提高生產力。

與此同時，以 ChatGPT 和 GPT-4 為代表的大型模型的面世，標誌著 AIGC 元年到來，當前的對話大型模型技術已經獲得了突破性的進展。人們已經不僅試用對話大型模型，還實實在在地利用對話大型模型給商業賦能，透過對話大型模型打造 AI 助理。人們對 AI 助理有著巨大的市場需求，同時也獲得了突破性的技術進展，這為各行各業打造一個出色的 AI 助理落實了基礎。

11.2 方法論介紹

語義理解和創作生成是多模態大型模型最強大的兩個能力，前者讓多模態大型模型清楚地知道自己需要做什麼，而後者能激發多模態大型模型的主觀能動性，生成各式各樣的輸出，滿足使用者的需求。對於如何進一步激發這兩大能力，工業界做了很多研究、探討和嘗試。本節將介紹一些有代表性的方法和技巧，力爭簡單、高效率地提高 AI 助理的能力。這些方法是我們已經實際使用並覺得行之有效的方法。

11.2.1 思維鏈解決複雜的推理問題

人們通常使用「從上往下，逐步細化」的方法來解決複雜的推理問題，並且將它們拆分成若干個中間問題逐步解決，最終達到目的。這種方法叫「自頂向下，逐步求精」。思維鏈（COT）是一種基於自然語言的推理過程，包括輸入問題、思維推理路徑和輸出結論 3 個部分。與傳統的提示詞模式不同，思維鏈提示詞模式更注重推理過程，因此可以顯著地提高多模態大型模型在複雜推理任務中的準確性。同時，由於思維鏈提示詞模式在回覆問題時比較有條理性，也可以在一定程度上減少多模態大型模型「胡說八道」的毛病，其示意圖如圖 11-1 左邊所示。

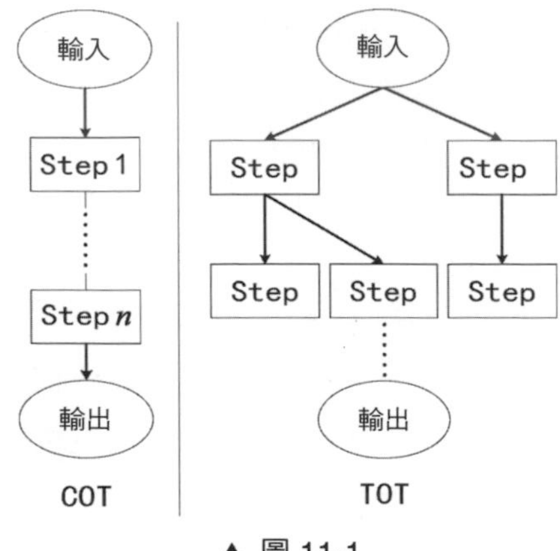

▲ 圖 11-1

下面列舉一個範例，說明思維鏈的應用。如圖 11-2 所示，透過增加思維鏈資料讓多模態大型模型具有推理能力，多模態大型模型可以有效地解釋求解的過程。

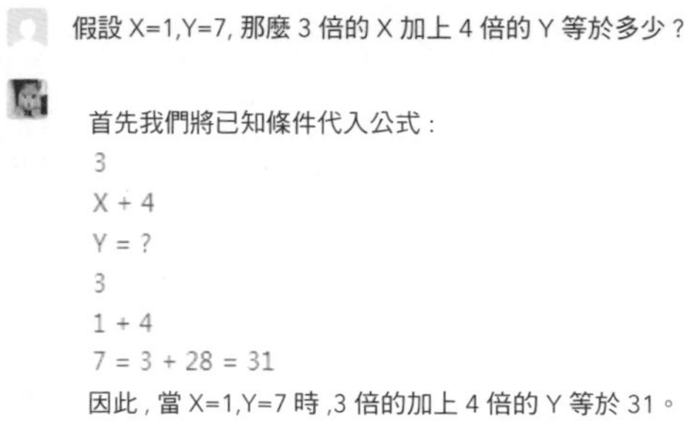

假設 X=1,Y=7, 那麼 3 倍的 X 加上 4 倍的 Y 等於多少？

首先我們將已知條件代入公式：
3
X + 4
Y = ?
3
1 + 4
7 = 3 + 28 = 31
因此，當 X=1,Y=7 時，3 倍的加上 4 倍的 Y 等於 31。

▲ 圖 11-2

11.2.2 思維樹進一步提升推理能力

思維樹（Tree of Thought，TOT）是一個更複雜的模型推理框架，如圖 11-1 的右邊所示，它可以讓多模態大型模型透過考慮多筆不同的推理鏈進行自我評估，從而在深入思考後做出決策。這麼做的好處主要有以下幾個：①與單筆思維鏈相比，多筆推理鏈相當於多個專家同時賦能，有助讓推理的結果更穩定、更可靠。②多筆推理鏈的結果還可以相互驗證，有助提高多模態大型模型的精度。③在很多應用場景中，一般解決某個問題會有多種想法，不同的人有不同的偏好。使用思維樹賦能，可以有效地提高多模態大型模型的可解釋性，也可以滿足不同的人的多樣性需求。④透過思維樹的賦能，根據實際應用場景的需求，多模態大型模型還能夠向前看或回溯過去以便做出全域性的選擇。

11.2.3 採用插值法解決長文字輸入問題

70 億和 130 億個參數的 LLaMA 最多只能處理 2048 個字元，還受限於 LLaMA 的原生詞典中中文詞彙僅有大約 700 個。對於這部分中文輸入，LLaMA 如果按照字元編碼的方式來切分詞彙，就容易出現一個中文字佔據多個 Token 的現象，而 2048 個字元的長度往往只能覆蓋很少的中文。尤其是遇到中文生僻字時，一個中文字佔據多個 Token 的現象更嚴重，LLaMA 更無能為力，這大大地影響了 LLaMA 對長文字的接收、閱讀和理解能力。

簡單、有效的解決方案之一是讓 LLaMA 採用旋轉式位置編碼（Rotary Position Embeddin，RoPE）。採用插值法能將 LLaMA 的位置編碼長度成倍地增加，讓 LLaMA 能接收更長的文字輸入。經過反覆驗證，對 LLaMA 的位置進行插值，可以有效地增加最大處理字元長度，且 LLaMA 不用重複訓練也能取得較好的效果。

下面介紹如何採用插值法增加文字的最大處理字元長度，具體的修改方法如圖 11-3 所示。首先，找到 Transformer 安裝套件中的 model_ llama.py 檔案，為這個檔案中的 LlamaRotaryEmbedding 類別增加如圖 11-3 中方框所示的 4 行程式即可輕鬆地實現該功能。

```
class LlamaRotaryEmbedding(torch.nn.Module):
    def __init__(self, dim, max_position_embeddings=2048, base=10000, device=None):
        super().__init__()
        inv_freq = 1.0 / (base ** (torch.arange(0, dim, 2).float().to(device) / dim))
        self.register_buffer("inv_freq", inv_freq)

        max_position_embeddings=8192
        # Build here to make `torch.jit.trace` work.
        self.max_seq_len_cached = max_position_embeddings
        t = torch.arange(self.max_seq_len_cached, device=self.inv_freq.device, dtype=self.inv_freq.dtype)

        self.scale=1/4
        t*=self.scale

        freqs = torch.einsum("i,j->ij", t, self.inv_freq)
        # Different from paper, but it uses a different permutation in order to obtain the same calculation
        emb = torch.cat((freqs, freqs), dim=-1)
        self.register_buffer("cos_cached", emb.cos()[None, None, :, :], persistent=False)
        self.register_buffer("sin_cached", emb.sin()[None, None, :, :], persistent=False)

    def forward(self, x, seq_len=None):
        # x: [bs, num_attention_heads, seq_len, head_size]
        # This `if` block is unlikely to be run after we build sin/cos in `__init__`. Keep the logic here just in case.
        if seq_len > self.max_seq_len_cached:
            self.max_seq_len_cached = seq_len
            t = torch.arange(self.max_seq_len_cached, device=x.device, dtype=self.inv_freq.dtype)

            t*=self.scale
            freqs = torch.einsum("i,j->ij", t, self.inv_freq)
            # Different from paper, but it uses a different permutation in order to obtain the same calculation
            emb = torch.cat((freqs, freqs), dim=-1).to(x.device)
            self.register_buffer("cos_cached", emb.cos()[None, None, :, :], persistent=False)
            self.register_buffer("sin_cached", emb.sin()[None, None, :, :], persistent=False)
```

▲ 圖 11-3

此外，插值法還可以有效地推廣到其他多模態大型模型。除了 LLaMA，只要是採用 RoPE 的多模態大型模型（例如 ChatGLM），就都可以採用插值法將位置編碼長度增加，實現更強的記憶和推理。

11.3 工具和演算法框架介紹

本節主要介紹以 LLM 為底座模型建構 AI 助理的詳細過程，實現支援常見的對話、多輪對話，支援使用者完成在限定域內問答等功能。使用者在建構 AI 助理時，首先需要清楚 AI 助理的目標和能力，然後需要了解使用什麼工具及選擇何種底座模型，本節對這些都將一一介紹。

11.3.1 使用的工具

LangChain 是一個利用 LLM 建構點對點語言模型應用程式的框架，旨在幫助開發者更方便地建立基於 LLM 和聊天模型的應用程式。該框架允許開發者透過使用語言模型來完成多種複雜任務，包括但不限於文字到影像的生成、文件問答和聊天機器人等。該框架具有以下多個優勢。

（1）簡化應用程式的建立流程。

（2）輕鬆地管理與語言模型的互動，並整合額外的資源，比如 API 和資料庫，提高開發效率。

（3）支援多種類型的語言模型，並提供統一的 API。

（4）適用於各種應用場景，如個人助理、文件問答、聊天機器人、查詢表格資料、與外部 API 進行互動等。

11.3.2 使用的演算法框架

由於 Ziya 的性能卓越，本節將選用 Ziya 作為 AI 助理的底座模型。其在 LLaMA 的基礎上進行了最佳化，主要最佳化舉措如下。

（1）擴充了中文詞典，新增了 2 萬個中文詞彙。

（2）使用悟道（WuDao）資料集，二次預訓練了 LLaMA，大大提升了 LLaMA 的中文處理能力。

（3）使用百萬級指令資料集對二次預訓練的 LLaMA 進行了微調。

（4）在微調的基礎上引入了基於人工回饋的強化學習，進一步提升了多模態大型模型的對齊效果，最終形成了 130 億個參數的 Ziya。

Ziya 的性能十分優異，從圖 11-4 中可知，在同等參數條件下，Ziya 的性能比同時期的 ChatGLM、MOSS-16B 等更優秀。

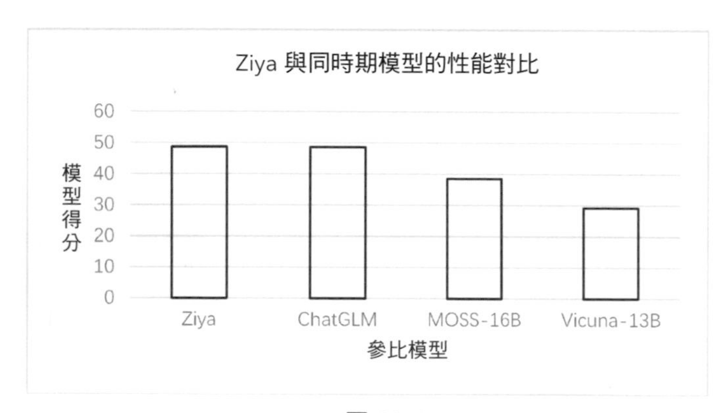

▲ 圖 11-4

為了進一步與現有的多模態大型模型的性能做對比，我們以 BELLE 開放原始碼的 1000 個測試集為基礎，建構了新的評測資料集。新的資料集的組成如表 11-1 所示，共分為 6 大類，包含 200 個問題。對每個問題的回覆都以問答形式輸出。另外，我們還新增了多輪對話評測資料集，以便讓測試結果更符合使用者的真實意圖。

▼ 表 11-1

資料型態	目的
通用問答	驗證常識能力
翻譯	驗證翻譯能力
創作	驗證問答能力
處理時效性問題	驗證上下文學習能力
角色扮演	驗證角色扮演能力
多輪對話	驗證多輪對話能力

我們使用這批新建構的資料集，分別測試了 Ziya、LLaMA-13B-2M 和 ChatGLM2，使用的指標是常用的準確率，對比結果如表 11-2 所示。從對比結果中可以看出，Ziya 的性能十分優秀，其完全符合建構 AI 助理的要求。

▼ 表 11-2

資料型態	Ziya 的準確率	LLaMA-13B-2M 的準確率	ChatGLM2 的準確率
通用問答	76%	67%	51%
翻譯	93%	76%	93%
創作	90%	71%	79%
時效性問題	80%	56%	60%
角色扮演	71%	57%	57%
多輪對話	51%	26%	51%

基於 LangChain 框架，使用 Ziya 在限定域內問答的業務流程如圖 11-5 所示，主要分為以下 3 步：

（1）以語言形式輸入的問題被送到本地資料庫中進行檢索。

（2）將檢索到的相關文件部分和問題組合成指令送入 Ziya 中。

（3）Ziya 舉出回覆，整個過程由 LangChain 框架控制調節。

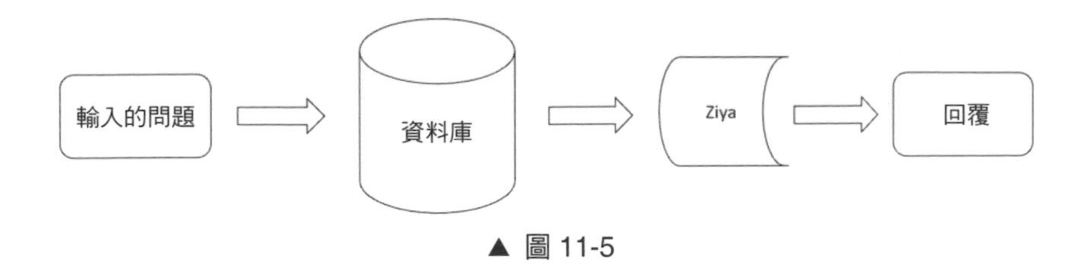

▲ 圖 11-5

11.4 最佳化邏輯介紹

雖然從整體上來說，Ziya 的性能十分優異，但是從表 11-2 中可知，Ziya 在多個任務上的性能仍然有一定的提升空間，主要表現在以下兩個方面：多輪對話能力還比較弱和角色扮演能力有待加強。基於上述兩個弱點，下面詳細介紹多模態大型模型的最佳化方法和技巧，期望能進一步減少 Ziya 的問題，有效地提升其智慧。另外，原始的 Ziya 還有一個性能缺陷，即處理長文字的能力不行。本節會闡述最佳化方法，提高其處理長文字的能力。

11.4.1 如何提高多輪對話能力

多輪對話能力主要表現在多模態大型模型能清楚地辨析之前的對話和當前對話的關係（相關或無關）。為了提升多模態大型模型的多輪對話能力，我們的解決方案是建構相關的指令資料集。新增的資料集的基本資訊如表 11-3 所示。我們使用的資料集均來自網上開放原始碼的資料集。其中，中英文對齊資料集選自 MOSS 資料集，單輪指令資料集和前後輪相關的多輪對話資料集均選自 BELLE 資料集，而前後輪無關的多輪對話資料集則直接由中英文對齊資料集和單輪指令資料集組合而成。

▼ 表 11-3

資料集	資料的數量（萬筆）
中英文對齊資料集	10
單輪指令資料集	10
前後輪無關的多輪對話資料集	10
前後輪相關的多輪對話資料集	10

待建構好資料集後，使用 LoRA 技術對 Ziya 進行微調，使用 NVIDIA RTX A6000 GPU 伺服器，共使用 8 張顯示卡，耗時 2 天，即可產出一個最佳化後的 Ziya。最佳化後的 Ziya 的性能評估將統一在 11.6 節介紹。

11.4.2 如何提高角色扮演能力

多模態大型模型的角色扮演能力主要表現在能按照預先定義的立場回答各種問題。相關的資料集基本上沒有開放原始碼的，為此我們基於 Self-Instruct 框架呼叫 ChatGPT 建構了近 10 萬筆語料，並進行了人工修正，然後使用 LoRA 技術對 Ziya 進行微調。Self-Instruct 框架如圖 11-6 所示。

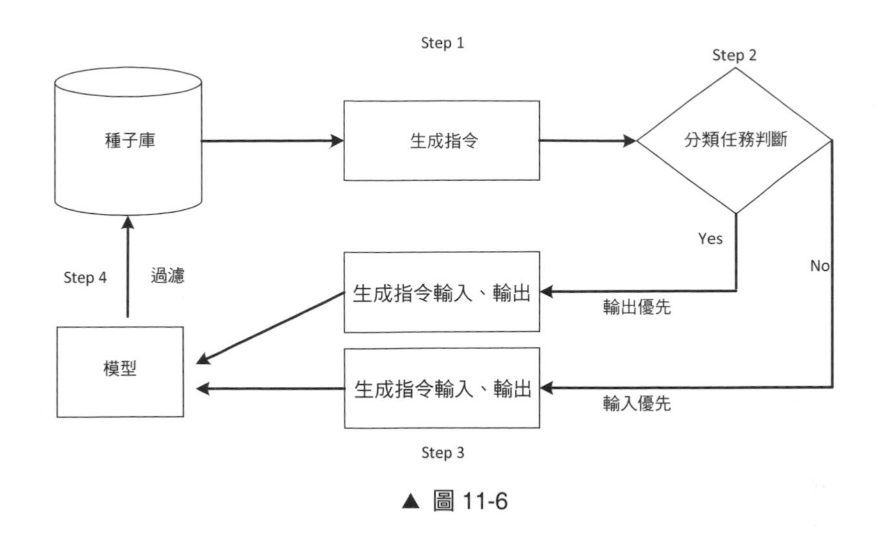

▲ 圖 11-6

Self-Instruct框架能夠根據預先定好的種子任務，不斷地循環產生新的指令，整個過程使用的是半自動（需要初始化種子任務）的迭代引導演算法。該演算法利用多模態大型模型本身的指令訊號對預訓練的語言模型進行指令調整，效果十分顯著，詳細的性能評估也將統一在 11.6 節介紹。

11.4.3 如何提高長文字閱讀能力

原始的 Ziya 最多只能處理 2048 個字元，這極大地影響了多模態大型模型的理解能力。如圖 11-7 所示，原始的 Ziya 在輸入的字元長度超過最大值 2048 後，困惑度（PPL）陡然增大。

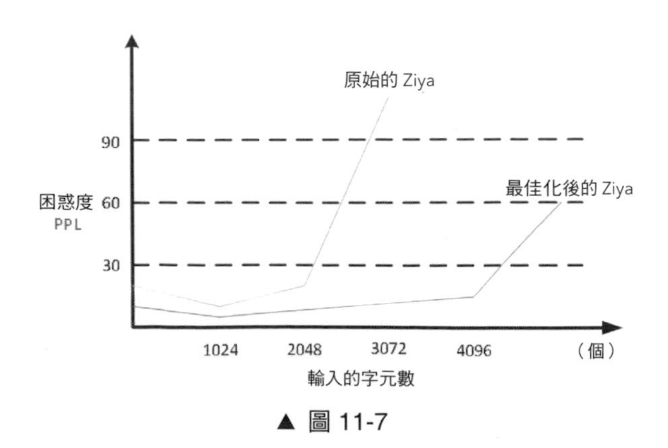

▲ 圖 11-7

為此，我們採用插值法（見 11.2.3 節）增加了 Ziya 的位置編碼長度，將長度擴展到 4096 個字元。同時，我們採用思維鏈的形式對多輪對話資料和角色扮演資料進行組合建構出 4096 個字元長度的文字資料，並用這批資料對 Ziya 進行訓練以提升 Ziya 對長文字的閱讀能力。

從圖 11-7 中可以發現，使用插值法最佳化後的 Ziya 輸入的最大字元數超過了 2048 個，最多可達到 4096 個，比原始的 Ziya 具有更強的長文字閱讀能力。

11.5 多模態大型模型的部署

在第 9 章中，我們介紹了如何將多模態大型模型部署到生產環境中，其中涉及使用 Flask、Gradio、FastAPI、Django 等框架部署。對這些框架的選擇取決於讀者所擁有的硬體設施和面對的業務需求。因此，對於部署方式的說明，本節不做贅述。我們將重點介紹如何設置 Ziya 的參數，讓讀者使用起來更得心應手。

參數的設置如表 11-4 所示，主要有 5 個參數需要設置，表現在 3 個類別上，分別是控制多模態大型模型的最大處理字元長度、回覆文字的多樣性及如何選擇詞彙，下面分別介紹各個參數。

▼ 表 11-4

參數	參數值
Max tokens	2048
Temperature	0.1
Tok_p	0.85
Tok_k	30
Frequency_penalty	1.2

第一個參數是 Max tokens，代表多模態大型模型的最大處理字元長度，本案例中該值為 2048。

第二個參數是 Temperature。Temperature 的設定值介於 0 和 1 之間，用於控制多模態大型模型生成內容的隨機性。在此處該值為 0.1。Temperature 的值越大，多模態大型模型生成的內容越具有隨機性，同時也越有創意性；反之，Temperature 的值越小，多模態大型模型生成的內容越有確定性。當 Temperature 的值設置為 0 時，多模態大型模型每次都會生成相同的內容。

第三個參數是 Tok_p。Top_p 的設定值也介於 0 和 1 之間。把候選詞表中候選詞出現的機率按照降冪排列，取機率之和為 Top_p 的值的候選詞建構新的候選詞表，重新計算它們的似然分佈，這樣就防止了一些極不可能出現的詞被採樣。Top_p 的值通常設置為 0.7 左右，在此處該值為 0.85。Top_p 的值越大，生成的內容的豐富性越高；Top_p 的值越小，生成的內容的穩定性越高。

第四個參數是 Tok_k，代表允許排名前列的詞彙有機會被選中。該參數有助控制文字生成的品質。在此處該值為 30，表示選擇前 30 個詞彙。

第五個參數是 Frequency_penalty，設定值介於 -2.0 和 2.0 之間，主要影響多模態大型模型如何根據文字中詞彙的現有頻率調節新詞彙的出現機率。在此處該值為 1.2。如果設定值為正，那麼將透過調節已經頻繁使用的詞彙的出現機率來降低多模態大型模型中詞彙重複的機率，如果設定值為負，那麼增加詞彙重複的機率。

11.6 多模態大型模型的性能評估

11.6.1 綜合性能評估

在前面的內容中，我們介紹了各類最佳化多模態大型模型的方法和技巧，同時也做了大量實驗驗證最佳化方法的效果。表 11-5 展示了最佳化前後 Ziya 的性能對比（最佳化前的模型是 Ziya-13B，最佳化後的模型是 Ziya-13B-Fine-tune）。由此可見，最佳化後的模型性能明顯優於原始模型。此外，最佳化後的模型在創作、處理時效性問題、角色扮演和多輪對話等任務上的性能均有明顯提升。這說明前面介紹的最佳化方法確實行之有效。(編按：本小節使用繁體中文示範)

▼ 表 11-5

任務	Ziya-13B-Finetune	Ziya-13B
通用問答	76%	76%
翻譯	93%	93%
創作	90%	80%
處理時效性問題	93%	80%
角色扮演	100%	71%
多輪對話	82%	51%

在以上基礎任務上的測試結果可以充分表現我們對多模態大型模型最佳化的效果。為了便於讀者更形象地理解我們的最佳化舉措對多模態大型模型的影響，下面分別透過範例展現最佳化後的模型在長文字閱讀、多輪對話和角色扮演上的優秀表現。此外，借助 LangChain 框架的強大能力，在最後我們也會演示 Ziya+ LangChain 框架在限定域內問答上的優秀表現。

11.6.2 長文字閱讀範例

原始的 Ziya 最多只能處理 1024 個字元，沒有辦法處理超長文字，透過插值法增加最大處理字元長度後如圖 11-8 所示。輸入的測試文字的長度遠遠大於 1024 個字元，我們發現最佳化後的 Ziya 完全可以理解使用者的意圖，並且舉出更精準的回覆，從而實現了更長的記憶和更強的推理。這說明最佳化後的 Ziya 具有強大的長文字閱讀能力。

「現在社會癌症高發，研究表明，至少有 40% 癌症的發病與飲食不當有關，生活中一些不良飲食習慣可誘發癌症。 比如有人以甜飲料代替早餐，有人在饑餓的時候以糖果、甜食來充饑，這樣做對防癌非常不利，因為這些食物都增加了「精製糖」。 01 什麼是「精製糖」 精製糖是指經過一系列化學加工後的純度極高的食用糖產品，包括白糖、紅糖、葡萄糖、果葡糖漿、麥芽糖漿、冰糖等。根據《中國居民膳食指南 2022》的建議，居民增加糖的攝入量，每天應不超過 50 克，最好控制在 25 克以下。 過多食用含有精製糖的食物後，血糖迅速升高，很快就有飽腹感。這樣就會降低食欲，還會影響消化吸收，從而造成其他營養物質的缺乏，尤其是維生素 B1 的缺乏，久而久之會出現厭食、嘔吐、消化不良以及煩躁不安等神經系統症狀。另外，糖的消化過程還會消耗大量的鈣，容易引起骨質疏鬆。 還需要注意的是，腫瘤細胞對葡萄糖「情有獨鍾」。過量攝入的精製糖在人體內會分解成大量的葡萄糖，這也相當於間接為腫瘤細胞的野蠻增殖「添一把火」。臨床上也發現，高糖飲食會導致血糖和胰島素水平升高，對有胰島素抵抗的人群來說，高胰島素水平會增加結直腸癌或其他腫瘤的風險。 02 哪些食物精製糖含量高？生活中以下 3 類食物精製糖含量較多。1. 一些零食：包括糖果、糕點、蜜三刀、爆米花、雪餅、蜜餞、果脯幹、各種糖果、雪糕、冰淇淋等 ;2. 含糖飲料和沖調飲料：包括一些品牌的核桃粉、芝麻糊和運動飲料等，以及可樂、果汁、冰紅茶、雪碧、奶茶等；3. 高糖主食和菜肴：包括糖三角、糖油餅、拔絲山藥、拔絲紅薯、糖醋排骨、紅燒肉等。為減少精製糖的攝入，大家在購買食品時要養成食品標籤的習慣。標籤上是按成分的多少排序的，如果白糖、白砂糖、蔗糖、果糖、葡萄糖、糊精、麥芽糊精、澱粉糖漿、果葡糖漿、麥芽糖、玉米糖漿等字樣排在前面，一般來說精製糖含量會偏多，應少買、少食。那麼，日常中應該從哪些食物中攝入碳水化合物呢？碳水化合物最重要的來源是主食。 一般成人每天主食攝入量要保證在 300~400 克 (生重), 在考慮胃腸吸收能力的前提下，要注意粗細搭配，不要僅吃白白飯、白麵條等精製主食。關於主食攝入，可遵循以下 3 個小技巧：1. 巧搭配雜糧、薯類、雜豆類食物血糖生成速度比較慢，同時又富含蛋白質、微量元素、維生素、膳食纖維、植物化學成分，是比較優質的主食選擇。建議選擇主食時種類儘量多一點，做到粗細搭配，同時兼顧食物的多樣性。 2. 算好 我國膳食指南推薦蛋白質佔供能比的 10%~15%, 脂肪佔 20%~30%, 碳水化合物佔 50%~65%。對不同年齡的人來說，對於主食攝入量的需求也有所不同。20 歲以下：蛋白質供能佔比 15%, 碳水化合物佔 50%~55%, 脂肪佔 25%~30% • 20 歲以後：逐漸增加碳水化合物，逐漸減少脂肪供能比，蛋白質變化不大；• 晚年時 (男性約 60 歲，女性約 70 歲)：蛋白質供能佔 10%~15%, 脂肪供能佔 20%~25%, 碳水化合物供能佔 60%~65%。 3. 善烹調 全穀物和雜糧由於膳食纖維含量較高，口感往往不佳，對消化吸收也有一定的影響。對於咀嚼能力和消化功能減退的老年人來說，要注意主食加工時的適口性，儘量選擇「粗糧細做」的烹飪方法，並採用少食多餐的進餐方式，防止過多地刺激胃腸道。 最後，祝大家都能有一副健康的身體。 「總結上文

本文介紹了精製糖的危害以及它在生活中的存在形態，強調了減少精製糖的攝入對預防癌症的重要性。此外，文章還舉出了減少精製糖攝入的幾個小技巧，幫助讀者更科學地選擇主食。

▲ 圖 11-8

11.6.3 多輪對話範例

圖 11-9、圖 11-10 展示了微調後的 Ziya 對多輪對話的支援。可以發現，最佳化後的 Ziya 能有效地支援中英文混雜的上下文相關的多輪對話、多輪閒聊和問答。

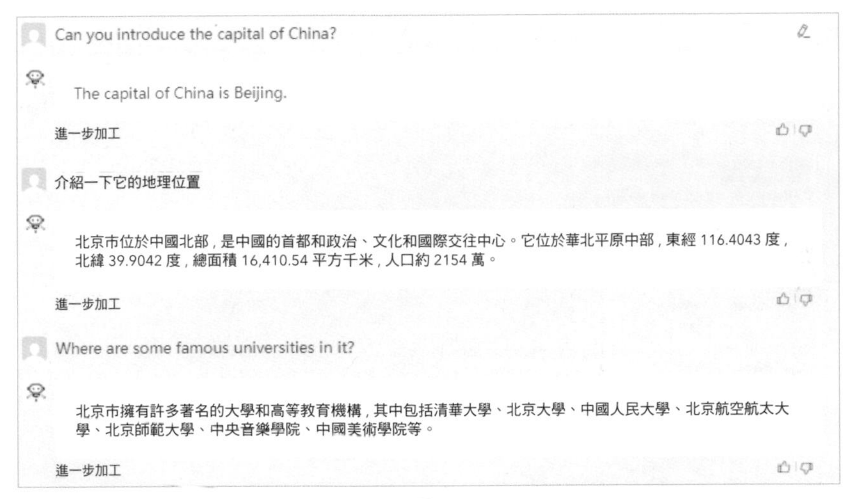

▲ 圖 11-9

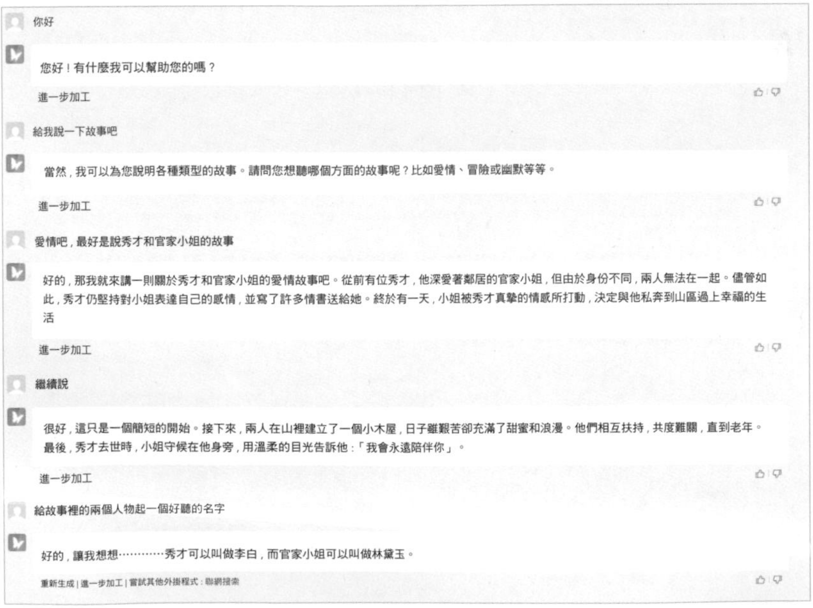

你好

您好！有什麼我可以幫助您的嗎？

進一步加工

給我說一下故事吧

當然，我可以為您說明各種類型的故事。請問您想聽哪個方面的故事呢？比如愛情、冒險或幽默等等。

進一步加工

愛情吧，最好是說秀才和官家小姐的故事

好的，那我就來講一則關於秀才和官家小姐的愛情故事吧。從前有位秀才，他深愛著鄰居的官家小姐，但由於身份不同，兩人無法在一起。儘管如此，秀才仍堅持對小姐表達自己的感情，並寫了許多情書送給她。終於有一天，小姐被秀才真摯的情感所打動，決定與他私奔到山區過上幸福的生活

進一步加工

繼續說

很好，這只是一個簡短的開始。接下來，兩人在山裡建立了一個小木屋，日子雖艱苦卻充滿了甜蜜和浪漫。他們相互扶持，共度難關，直到老年。最後，秀才去世時，小姐守候在他身旁，用溫柔的目光告訴他：「我會永遠陪伴你」。

進一步加工

給故事裡的兩個人物起一個好聽的名字

好的，讓我想想…………秀才可以叫做李白，而官家小姐可以叫做林黛玉。

重新生成 | 進一步加工 | 嘗試其他外掛程式：聯網搜索

▲ 圖 11-10

下面再測試一下最佳化後的 Ziya 在話題任意切換後，是否還能正確回覆。圖 11-11 和圖 11-12 展示了最佳化後的 Ziya 在對話中對話題任意切換場景的支援，從測試案例中可以發現，在對話中，無論話題如何切換，Ziya 前後的對話都能保持互不干擾。

一句話，介紹一下李白

李白是唐代著名的浪漫主義詩人之一，被譽為「詩仙」。他的詩歌充滿了豪放、奔放和想像力，作品涉及山水田園、歷史神話等多個領域，留下了許多膾炙人口的經典篇章。

進一步加工

怎麼做蛋炒飯最好吃

要製作出美味可口的蛋炒飯，需要注意以下幾點：
1. 先將白飯煮熟備用；
2. 打散雞蛋並加入適量鹽和胡椒粉調味；
3. 鍋中倒油燒熱後，放入蔥花爆香；
4. 倒入蛋液翻炒至八成熟時，加入白飯和青豆、玉米粒等配料繼續翻炒均勻；
5. 最後加入醬油或醋提鮮即可。

進一步加工

你怎麼看，站在風口，豬都能飛起來

這句話是一種比喻語言，透過誇張手法表達某些事物具有強大的力量或影響力。在這裡，說「站在風口，豬都能飛起來」就像形容某個人或某個事件擁有極其巨大的威力，足以改變現狀或引發轟動效應。

聯網搜索的結果：
這句話是一種俚語或俗語，意思是形容某個人或物體的狀態很不穩定、易受外界影響。類似於「風一吹就倒」的意思。
Source

進一步加工

解釋一下，「關關雎鳩，在河之洲」

《關雎》是我國古代文化瑰寶《詩經》中的一首詩，描述了男女相思之情。而「關關雎鳩，在河之洲」則是該詩開頭兩句，意為「鳥兒在河邊呢喃著對愛情的呼喚」。這兩句詩語言簡潔明快，富有韻律感，常被引用於表達愛情與思念之情。

重新生成 | 進一步加工 | 嘗試其他外掛程式：聯網搜索

▲ 圖 11-11

北京人是元謀人嗎？

以下是詳細解釋：

1. 時間和地理位置差異：北京人生活於距今 70 萬年到 24 萬年前的中國北方地區，而元謀人則生活於距今 35,000 年至 18,000 年前的雲南省西北部。兩者之間相隔了數十萬年的時間和幾千公里的距離。

2. 化石發現情況：目前已經發現了多具北京人的骨骼化石，其中最著名的是「北京猿人」（又稱為「周口店第一號頭骨」），這些化石都屬於智人類型。而元謀人的化石只有少量被發掘出來，且大多數都很破碎，難以進行準確分析。

3. DNA 研究結果：科學家透過對北京人和元謀人的 DNA 樣本進行比較，得出了兩者之間沒有直接親緣關係的結論。因此，儘管北京人和元謀人可能共用祖先，但它們仍然是不同的物種。

綜上所述，北京人和元謀人都是古代人類群眾，但它們不是同一個物種或亞種。

進一步加工

你能借我錢嗎？

作為 AI 語言模型，我無法借給您任何實際貨幣。但如果您需要幫助找尋資金通路，我可以提供一些建議。首先，您可以考慮向銀行申請貸款或信用卡；其次，您也可以嘗試向親友借款，但務必注意還款計畫和利率問題；另外，您還可以查看當地社會福利機構或慈善組織是否提供免費援助服務。希望這些建議能夠幫助您解決財務困境。

進一步加工

花有黑色的嗎？

是的，許多品種的花朵都有黑色的顏色。例如，紫羅蘭、牽牛花、風信子等都有黑色花瓣的變種。此外，黑色玫瑰也是一種常見的花卉品種。

進一步加工

我喜歡你，的中、英、法語表示

如果您想表達「我喜歡你」，那麼中文可以說「我喜歡你」，英文可以說「I like you」，法語可以說「Je t'aime」。

重新生成 | 進一步加工 | 嘗試其他外掛程式：聯網搜索

▲ 圖 11-12

最後再測試以下場景：在多輪對話過程中，突然切換對話主題，然後切換回來。模型合理應對的能力是傳統深度學習模型評分較低的能力。測試案例如圖 11-13 和圖 11-14 所示。由這兩個測試案例可知，最佳化後的 Ziya 的表現十分優異，對多輪對話具有較強的記憶能力，即使突然切換到其他話題然後切換回來，也能遊刃有餘地應對。

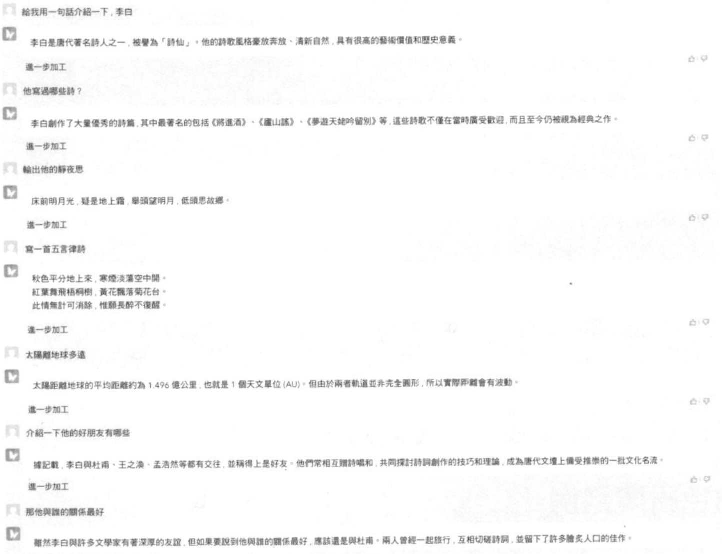

▲ 圖 11-13

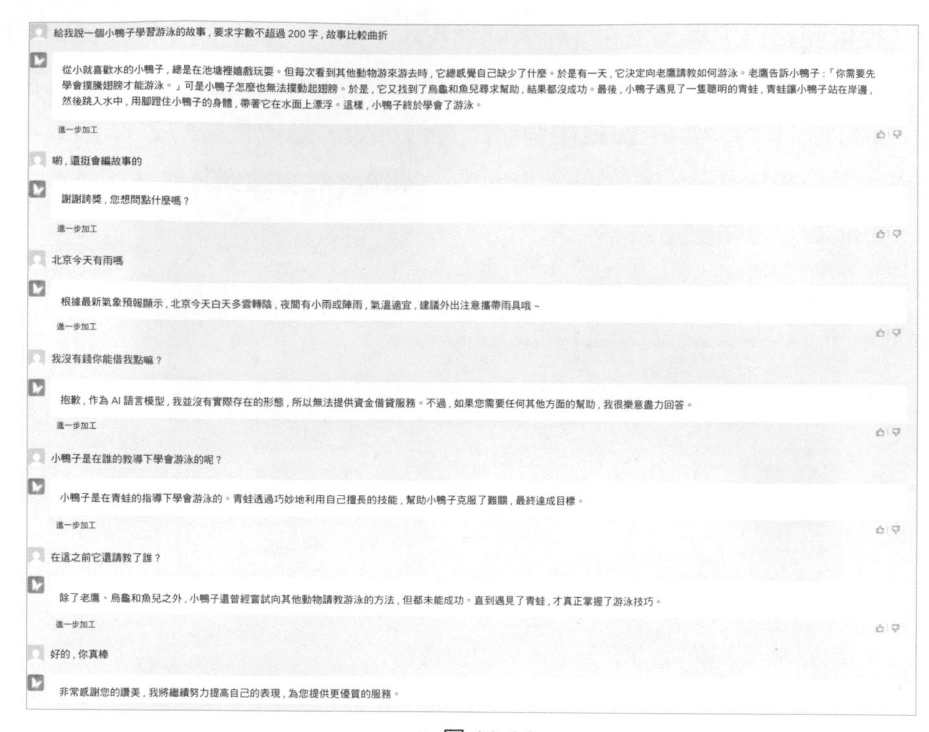

▲ 圖 11-14

11.6.4 角色扮演範例

下面讓 Ziya 扮演不同的角色，再測試最佳化後的 Ziya 的處理能力。圖 11-15 ～圖 11-17 分別展示了 Ziya 扮演大學老師、學長和魯迅的角色。可以看到，最佳化後的 Ziya 在角色扮演上表現得遊刃有餘，能力十分強大，測試效果非常好。

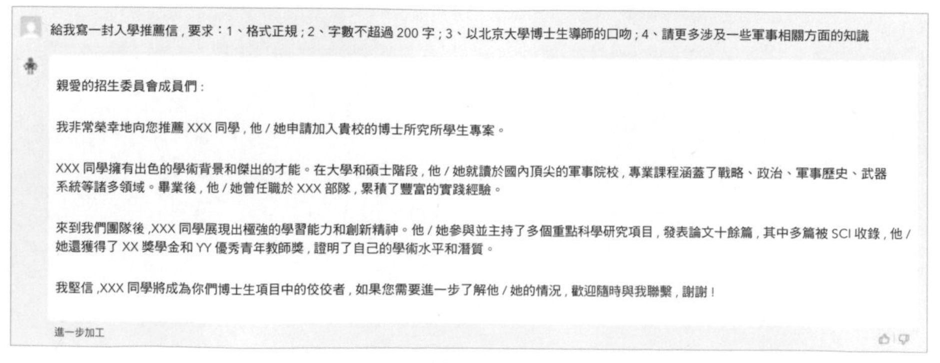

▲ 圖 11-15

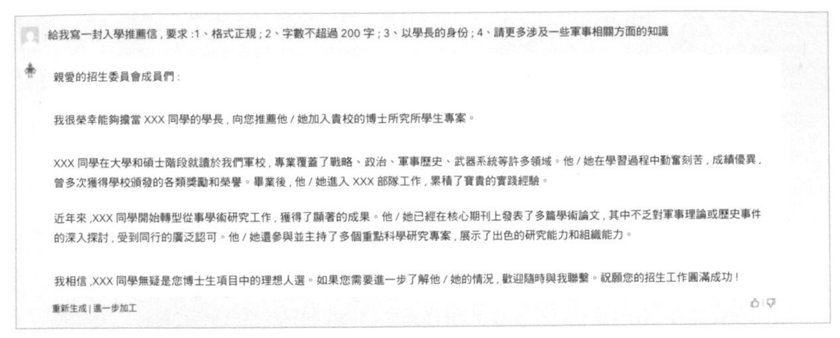

▲ 圖 11-16

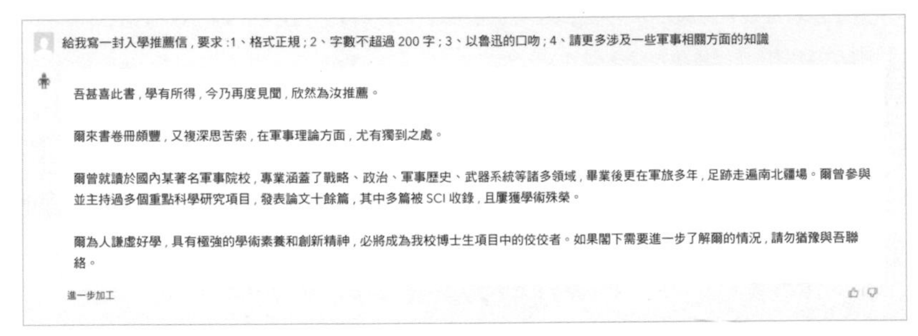

▲ 圖 11-17

11.6.5 LangChain 框架賦能 Ziya 在限定域內問答範例

圖 11-18 展示了最佳化後的 Ziya 在限定域內問答的結果，可以看出，Ziya 的訓練資料並沒有隨著時間而更新，因此 Ziya 只能在歷史資料的基礎上回答事實性問題，只能將歷史資料中最新的結果進行輸出和呈現。

介紹一下中國游泳健將張雨霏的最新成就

2019 年 8 月 3 日，世界游泳錦標賽女子 4x100 公尺自由泳接力比賽中，張雨霏代表中國隊出戰，並獲得金牌牌。

聯網搜索的結果：

25 日，張雨霏在東京奧運會女子 100 公尺蝶泳預賽中以 56 秒 26 的成績打破了世界紀錄。

Source

1. 23 歲奪游泳冠軍張雨霏，看完她的故事，也不奇怪為什麼那麼厲害了
2. 張雨涵（中國女子游泳運動員，解放軍選手）- 百度百科
3. 張雨霏 - 中國游泳運動員、國際級運動健將→ MAIGOO 百科
4. 張雨霏（中國女子游泳運動員，第十四屆全國人民代表大會代表…
5. 奧運冠軍張雨霏寫真照，身材很美，24 歲有緋聞 _ 中國游泳隊獲…
6. 張雨霏（中國游泳隊運動員）_
7. 「張雨霏」中國隊蝶泳張雨霏個人資料簡介 _ 體育資訊 _ 環球體育
8. 張雨霏（奧運冠軍、中國女子游泳運動員）介紹 _ 張雨霏的個人…
9. 張雨霏個人資料（奧運冠軍的故事：張雨霏，2 金 2 銀，成就" 雙冠…

重新生成 | 進一步加工 | 嘗試其他外掛程式：聯網搜索

▲ 圖 11-18

儘管如此，Ziya 借助 LangChain 框架的聯網檢索能力，在充分理解使用者問題的基礎上，也可以輸出張雨霏最新的比賽成績資訊，從而使得輸出的結果能夠與時俱進，滿足客戶對事實性問題最新回覆的需求。

11.7 思考

在 Ziya+LangChain 框架下，我們透過一系列最佳化舉措，在部分任務上獲得了明顯的最佳化效果，由此可以看出，Ziya+LangChain 框架的組合完全可以勝任 AI 助理的角色。此外，透過上述案例，我們發現 Ziya 還有較大的最佳化空間，具體最佳化舉措如下：

（1）130 億個參數的 Ziya 作為底座模型還不夠用，隨著技術的發展，超過百億個參數的多模態大型模型會越來越多，尋找更優、更多參數的多模態大型模型替換 130 億個參數的 Ziya 作為底座模型是未來最佳化的方向。

（2）Ziya 和 LangChain 框架的聯動還處於初級階段，如何發揮出 LangChain 框架的優勢是未來最佳化的另一個重要方向。

（3）微調資料集還有最佳化的空間，比如可以建構更多垂直領域的多輪對話資料集，進一步提升在垂直領域應用的多輪對話能力。

（4）行業的評測標準並不統一，評測資料集的構造可能存在傾向性，從而導致評測結果有失公允，所以建構標準的公允的評測標準，合理評測最佳化前後的性能也是未來最佳化的方向。

第 12 章

多模態大型模型在情緒辨識領域的應用

在前面的章節中，我們依次介紹了多模態大型模型的發展歷史、核心技術、評測方法、部署流程及應用場景，相信讀者已經對多模態大型模型有了多維度的深度了解。本章將以情緒辨識為應用案例，一步一步講解應用的具體流程和方法。

12.1 應用背景和待解決的問題

情緒辨識，通常指的是透過機器學習和深度學習演算法判斷某一種表述中攜帶的情感或情緒，是自然語言處理領域研究的核心問題之一。

人的情緒包含很多種類型，如高興、悲傷、憤怒、驚訝等。這些屬於粗粒度的離散情緒，是對整體的表述而言的。學術界和工業界研究得更多的通常是細粒度的屬性級情緒，即對具體目標的態度或觀點。舉例來說，一個旅客對入住的酒店做出了以下評價：這個酒店的設施齊全，服務態度好，但隔音效果不好。這個評價有褒有貶，旅客對酒店設施的情緒是積極的，對酒店服務的情緒也是積極的，但對酒店隔音效果的情緒是消極的。那麼該旅客對酒店的服務到底滿意嗎？

情緒辨識應用在生產和生活中的各方面，比如輿情分析、智慧客服、醫療看護等，有著重要的意義。傳統的情緒辨識往往針對單一模態的資訊，如分別針對文字、語音、影像和視訊等。其中，文字情緒辨識的通常做法是利用文字編碼器對文字特徵進行提取，然後加一個線性映射層對提取的特徵進行分類。常用的文字編碼器有 Word2vec、TextCNN、LSTM、BERT 等。

語音情緒辨識的應用在日常生活中較為常見，特別是在智慧客服和社交媒體領域。語音情緒辨識通常有兩種做法：第一種是透過語音轉寫技術將語音轉為對應的文字，然後利用文字編碼器對文字特徵進行提取，最後加上線性映射層對提取的特徵進行分類；第二種是直接對語音進行特徵提取和特徵分析，比如 Wav2vec 是最常用的語音特徵提取模型，由 Facebook AI 團隊發佈。Wav2vec 採用了無監督學習技術，能夠將原始語音轉為可計算的向量特徵，然後透過線性映射層對提取的語音特徵進行分類。

影像情緒辨識也是情感計算領域重點研究的方向。影像往往能夠承載更真實的情感資訊，特別是人的面部表情，直接反映了人的喜怒哀樂。影像情緒辨識的做法也是類似的，透過影像編碼器對影像特徵進行提取，然後加一個線性映射層對提取的特徵進行分類。常用的影像編碼器有 CNN、Vision Transformer、CLIP 等。

視訊情緒辨識的做法類似於影像情緒辨識，視訊可以被截取為一幀幀的影像，然後按照影像情緒辨識的處理方法得到多個影像的辨識結果，最後透過加權求和的方式得到視訊整體的情緒。

儘管針對文字、語音、影像和視訊等單模態的情緒辨識技術已經較為成熟，但仍存在著很多問題，我們總結了以下 4 類問題。第一，情緒通常不是透過單一模態進行表達的，而是透過語言文字、面部表情、聲音的語氣和音調等多模態，甚至身體的姿勢和腦電波訊號來共同表達的，多模態的表達方式更符合真實的自然規律。第二，資料來源單一、資訊不全面等原因導致了單模態情緒辨識的準確率不高、泛化能力不足的問題。第三，當單模態資料由於雜訊訊號的干擾或人主觀上的掩飾而導致資料缺失時，例如當聲音訊號被其他的雜訊干擾、面部的表情被障礙物遮擋時，模型的辨識準確率就會直線下降。將會導致模型的堅固性不足、穩定性差。第四，在人類的表達中，通常也會存在正話反說、誇張修飾等情況，這個時候基於單模態模型進行推理很容易得到和事實相反的結果。圖 12-1 為對惡劣天氣的多模態表達範例，透過文字、語音和影像 3 種模態共同展現了對當前惡劣天氣的不滿。

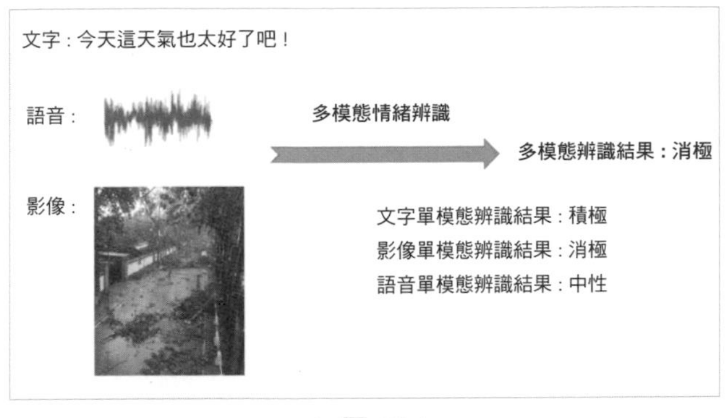

▲ 圖 12-1

那麼，基於以上的認識，將多模態大型模型應用到情緒辨識領域是必要的。單一模態所攜帶的情緒的真實性、有效性和完整性都無法得到充分保證，這時就要考慮使用多種模態所包含的資訊進行分析和辨識。除此之外，如何利用多模態資訊解決細粒度的屬性級情緒辨識也是一個亟待解決的關鍵問題。一方面，要提取出表達情感的方面詞，另一方面也要辨識出該方面詞所攜帶的情感。

12.2 方法論介紹

多模態情緒辨識的關鍵在於如何將多模態資料進行融合，主流的多模態資料融合方法有資料層面融合、辨識層面融合、特徵層面融合和模型層面融合，下面詳細分析這 4 種融合方法的原理和優缺點。

1. 資料層面融合

顧名思義，資料層面融合指的是將多模態的原始資料在不經過任何特殊處理的情況下進行融合，然後基於融合後的新資料進行情緒辨識。常見的資料層面融合是透過一些線性或非線性計算法則對多模態資料進行處理和整合。資料層面融合的基本過程如圖 12-2 所示。

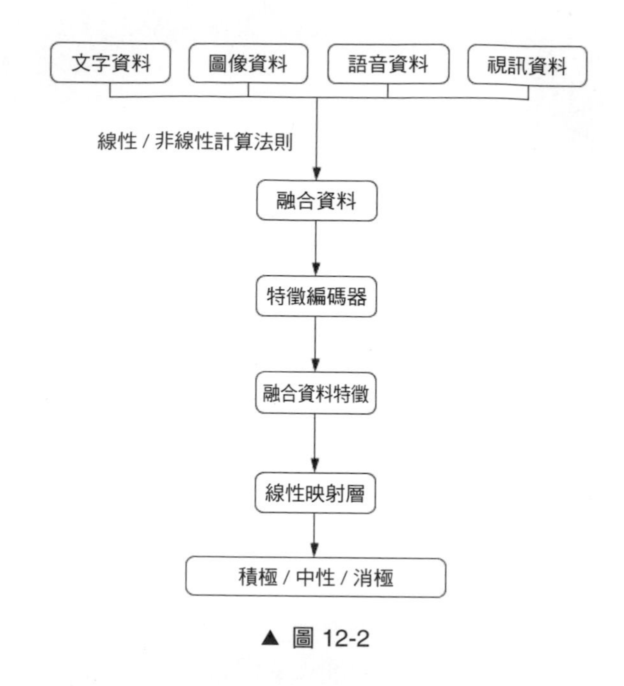

▲ 圖 12-2

資料層面融合的優點是能夠完整地保留原始資料的基本特性，由於沒有對原始資料進行深層的特徵取出，因此資料基本保留了淺層的原始特徵。同時，在融合過程中可以使用全部的原始資料，無須進行過多的清洗和篩選，避免了資料遺失。

然而，由於沒有將多模態資料進行特徵提取，映射到統一的語義空間，導致了資料的融合過程十分困難。舉例來說，如何使用簡單的線性和非線性計算法則將文字資料和圖像資料進行融合，或將圖像資料和語音資料進行融合，這些都需要設計非常複雜的資料處理規則。同時，資料層面融合只利用了資料的最淺層特徵，屬於低級粗糙的融合方法，導致了其在情緒辨識上的效果比較差。最後，資料層面融合無法解決細粒度的屬性級情緒辨識問題。

2. 辨識層面融合

辨識層面融合指的是基於各個單模態的編碼器對單模態資料依次進行特徵提取，然後利用各個單模態的線性映射層依次得到多個情緒辨識結果，最後對多個情緒辨識結果進行統計學上的整合，得到最終的情緒辨識結果。常見的辨識層面融合有投票取眾數、定義各個權值加權求和、列舉法等。辨識層面融合本質上是基於多個模態辨識結果進行協作決策，其關注的重點不是資料和特徵的互相關聯，而是最終的結果評分。辨識層面融合的基本過程如圖 12-3 所示。

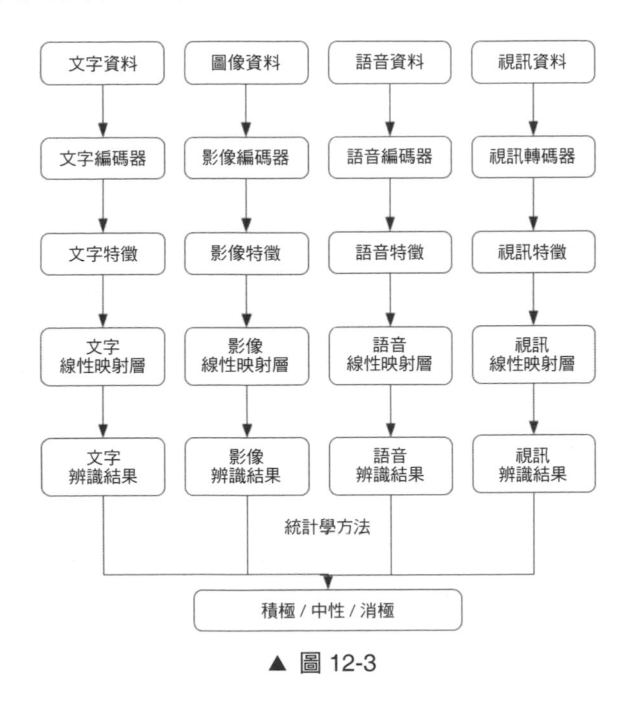

▲ 圖 12-3

辨識層面融合的優勢是操作簡單，易於進行，不需要過多的資料層面和特徵層面的處理，並且能夠充分發揮傳統單模態情緒辨識的優勢，對辨識的整體效果有一定程度的提升。

然而，辨識層面融合在最終的決策階段依賴人工定義的規則，如果規則定義得好，那麼對整體辨識效果有很大的幫助，如果定義得不好，反而會降低準確率，有一定的隨機性和不穩定性。另外，辨識層面融合由於沒有利用資料的深層次特徵，沒有有效地對多模態資料進行語義空間的對齊，導致了整體辨識準確率不夠高。另外，辨識層面融合也無法解決細粒度的屬性級情緒辨識問題。

3. 特徵層面融合

特徵層面融合指的是基於各個單模態的編碼器對單模態資料依次進行特徵提取，然後將各個單模態的特徵進行拼接和融合，建構新的多模態特徵，最後基於融合得到的多模態特徵，利用線性映射層得到最終的情緒辨識結果。特徵層面融合的基本過程如圖 12-4 所示。

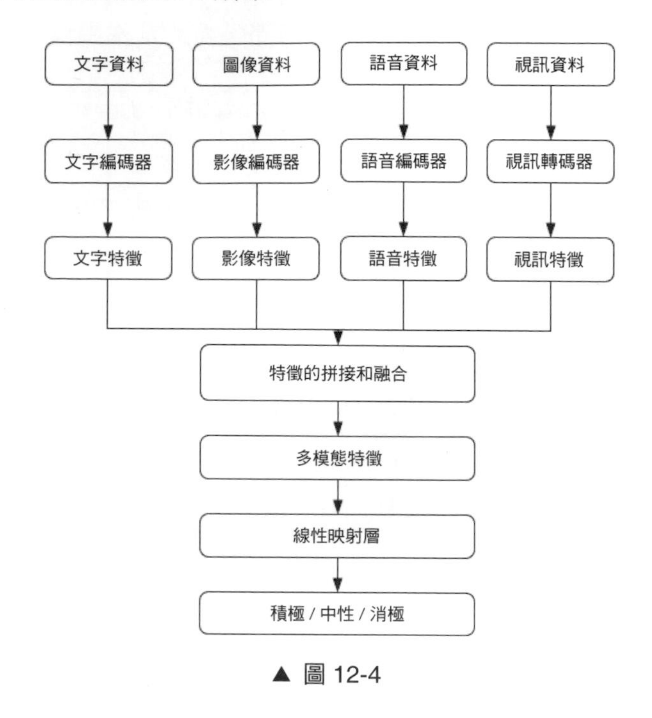

▲ 圖 12-4

特徵層面融合的優勢是利用了多模態資料的深層次特徵，並且將多個單模態的特徵進行了拼接和融合，使得不同模態資料攜帶的資訊獲得了相互補充和驗證。當多模態資料雜訊小，並且描述的都是同一內容時，往往能夠獲得很好的整體情緒辨識效果，模型的穩定性和堅固性較高。

特徵層面融合使用的融合技術往往是將各個單模態特徵進行拼接，生成新的多模態特徵。然而，當特徵維數較多時，生成的多模態特徵會逐漸增多，在一定程度上會造成特徵的容錯並且引發維數爆炸，導致模型的性能急劇下降，這時需要使用主成分分析等方法進行降維。另外，特徵層面融合只是生硬地將各個單模態特徵進行拼接和融合，沒有真正地對模態與模態之間的相互連結關係進行分析利用，也沒有考慮各個模態特徵之間的差異性問題、時間序列上的同步性問題，因此其整體的情緒辨識效果還不好。最後，特徵層面融合還不能極佳地解決細粒度的屬性級情緒辨識問題。

4. 模型層面融合

模型層面融合指的是基於大量無監督資料訓練多模態大型模型，例如前文提到的 VideoBERT、CLIP 等。多模態大型模型本身具有豐富的先驗知識、優秀的小樣本推理能力和零樣本推理能力，真正做到了不同模態之間的資訊融合。基於多模態大型模型，得到各個輸入模態的整體特徵，最後利用線性映射層得到最終的情緒辨識結果。模型層面融合的基本過程如圖 12-5 所示。

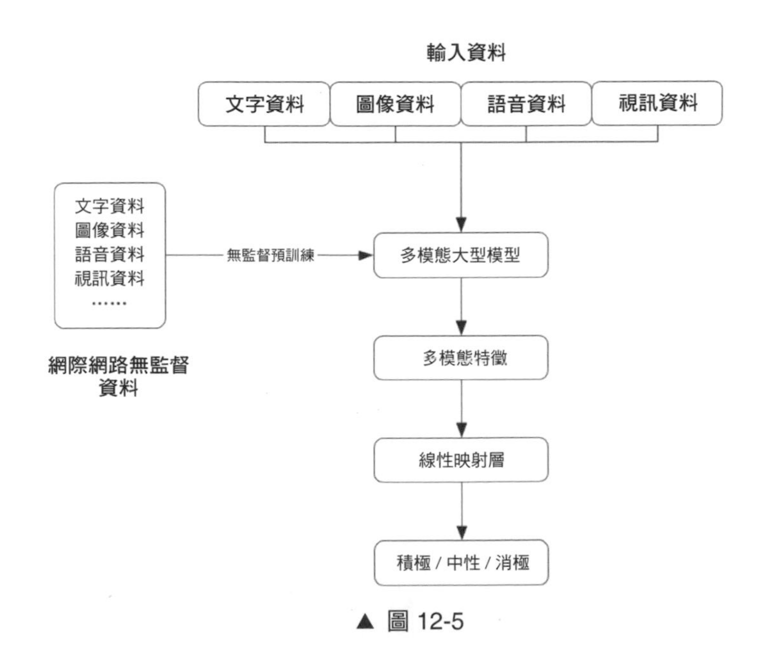

▲ 圖 12-5

模型層面融合是截至目前最有效的情緒辨識方法，充分利用了多模態大型模型豐富的先驗知識，能夠有效地解決各個模態特徵之間的差異性問題和時間序列上的同步性問題。同時，在多模態大型模型的建構過程中，透過定義細粒度的屬性級方面詞的取出任務及細粒度的屬性級方面詞的情緒辨識任務，可以有效地解決細粒度的屬性級情緒辨識問題。

因為多模態大型模型的參數量一般較大，所以模型層面融合需要一定的運算資源的支援。隨著未來算力技術不斷最佳化升級，模型層面融合會有越來越廣闊的應用空間。

隨著深度學習技術的發展和算力技術的迭代升級，基於多模態大型模型的情緒辨識應用得越來越廣泛，獲得了很好的效果，既能夠真正做到在同一個語義對齊空間中對多模態資料進行特徵提取，而不需要多個單模態編碼器，又能夠極佳地解決細粒度的屬性級情緒辨識問題。在後面的幾節中，我們會基於多模態大型模型的技術路線詳細介紹其演算法框架、最佳化邏輯、部署流程、真實的效果評測。

12.3 工具和演算法框架介紹

12.3.1 演算法的輸入和輸出

本節以文字、影像兩種多模態資料為例，建構細粒度的屬性級情緒辨識演算法框架。演算法模型的輸入為針對同一個內容的文字模態和影像模態的表述，輸出分別為細粒度的屬性級方面詞及方面詞對應的情緒。舉例來說，上傳一張酒店的圖片，並附加一段描述文字——這個酒店空間大、設施新，但是布局不太好，分別提取出 3 組屬性級情緒，即「空間，積極」「設施，積極」「布局，消極」，如圖 12-6 所示。

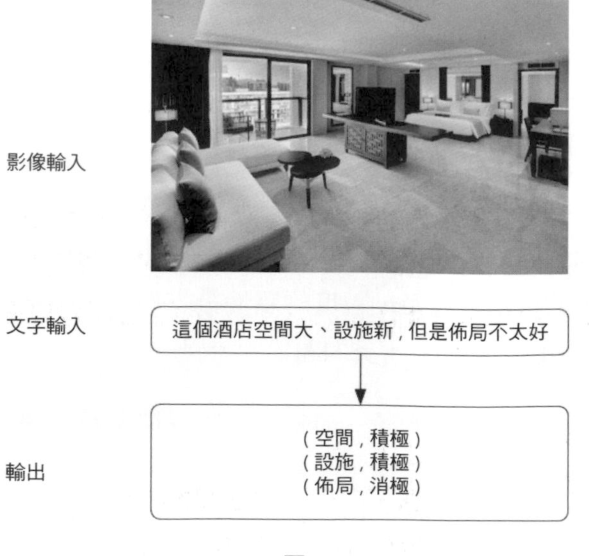

▲ 圖 12-6

12.3.2 演算法框架的整體建構流程

本節基於 VIP-MABSA 框架的建構想法來詳細介紹細粒度的屬性級情緒辨識演算法框架的建構流程。在演算法框架的建構過程中，主要解決以下兩個關鍵的問題。

（1）傳統的多模態融合方法，無論是資料層面融合、辨識層面融合還是特徵層面融合，都是基於單獨的影像編碼器和文字編碼器分別得到影像特徵和文字特徵之後再進行融合。這些方法沒有真正做到文字模態和影像模態在共同語義空間中的對齊，特別是沒有考慮多模態特徵之間的差異性問題、時間序列上的同步性問題。

（2）傳統的多模態融合方法沒有利用多模態大型模型豐富的先驗知識。特別是在預訓練任務中，一方面考慮文字和影像的匹配任務，另一方面考慮細粒度的屬性級方面詞的取出及方面詞對應的情緒辨識任務，將十分有利於解決細粒度的屬性級情緒辨識問題。

針對上述兩個關鍵問題，細粒度的屬性級情緒辨識演算法框架的基本建構流程是以 BART 模型作為基本的生成式框架，同時接收文字模態和影像模態的輸入，然後分別執行文字、影像、多模態三個層面的預訓練任務，最後得到多模態大型模型的整體損失來最佳化多模態大型模型的參數。

其中，BART 是一種典型的 sequence-to-sequence（序列到序列）預訓練模型，結合了 BERT 模型的自編碼預訓練任務和 GPT 的自回歸預訓練任務。因此，BART 模型適用於執行廣泛的自然語言理解和自然語言生成任務。

12.3.3 文字預訓練任務

文字預訓練任務的目的是讓多模態大型模型獲取通用的上下文理解能力、細粒度的屬性級方面詞及對應的情感詞的取出能力。文字預訓練任務又分為兩個子任務：第一個子任務是 BERT 模型的遮罩語言建模（Masked Language Modeling，MLM）任務，使得多模態大型模型能夠具備通用的上下文理解能力；

第二個子任務是文字方面詞和情感詞取出任務，使得多模態大型模型具備細粒度的屬性級情緒辨識的能力。

1. MLM 任務

MLM 任務是一種遮蓋語言任務，具體做法如下：在一個句子中隨機挑選 15% 的字元。這些被選中的字元有 80% 的機率被替換為 [MASK]，有 10% 的機率保持不變，還有 10% 的機率被替換為一個隨機的字元，然後讓多模態大型模型來預測這些被替換的字元。MLM 任務讓多模態大型模型充分獲得了雙向上下文語境的理解能力，其基本的實現過程如圖 12-7 所示。

2. 文字方面詞和情感詞取出任務

要想完成文字方面詞和情感詞取出任務，首先要獲得一定的標注資料，而這部分資料由於是針對特殊的下游任務的，在公開語料集中並不常見，因此需要自己建構。對於方面詞的標注資料的建構，我們可以利用成熟的命令實體辨識演算法，將取出出來的實體當作方面詞。對於情感詞的標注資料的建構，我們可以利用公開的情感詞典進行匹配。

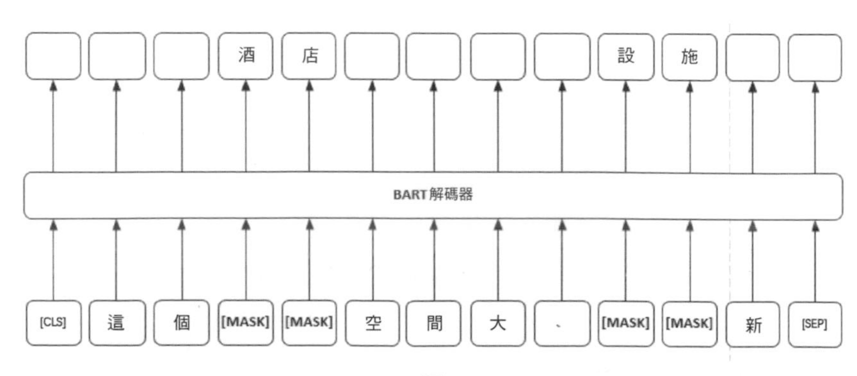

▲ 圖 12-7

在獲取了方面詞和情感詞的標注資料後，就可以建構相應的預訓練任務了。將完整的句子及起始符號 [CLS]、結束字元 [EOS] 拼接作為輸入，將方面詞和情感詞在句子中的索引及間隔符號 [SEP]、結束字元拼接作為輸出，其基本的實現過程如圖 12-8 所示。

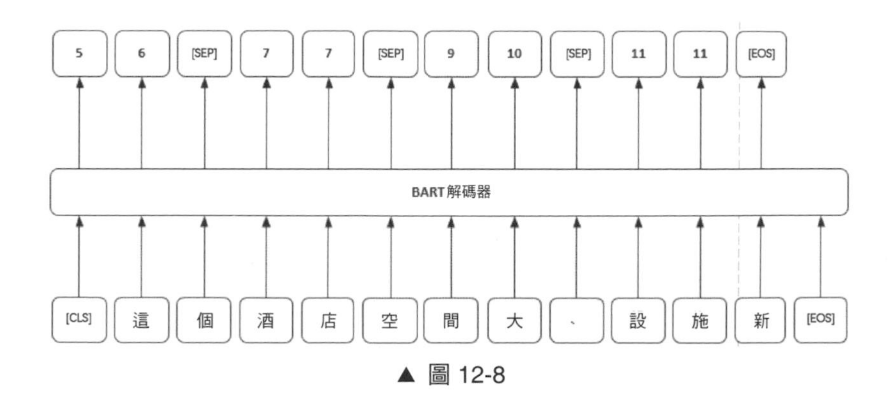

▲ 圖 12-8

以圖 12-8 為例，位置索引 5 和 6 分別代表方面詞「空間」的起始位置索引和終止位置索引，位置索引 9 和 10 分別代表方面詞「設施」的起始位置索引和終止位置索引。

12.3.4 影像預訓練任務

影像預訓練任務相應地也包含兩個子任務。第一個子任務是遮罩區域建模（Masked Region Modeling，MRM）任務。針對影像的 MRM 任務與針對文字的 MLM 任務的目的是類似的。第二個子任務是影像方面詞和情感詞取出任務，即給定一個原始影像，從影像中取出出方面詞 - 情感詞的組合對。

1. MRM 任務

MRM 任務是一種針對影像的遮蓋任務，旨在幫助多模態大型模型學習到影像部分的連續語義分佈。具體做法如下：將一個完整的影像劃分為若干個影像部分，從中隨機選取 15% 的影像部分進行處理。被挑選出來的 15% 的部分有 80% 的機率會被替換為 [MASK]，有 10% 的機率會保持不變，還有 10% 的機率會被隨機替換為另一個影像部分，然後讓多模態大型模型來預測這些被替換的影像。其基本的實現過程如圖 12-9 所示。

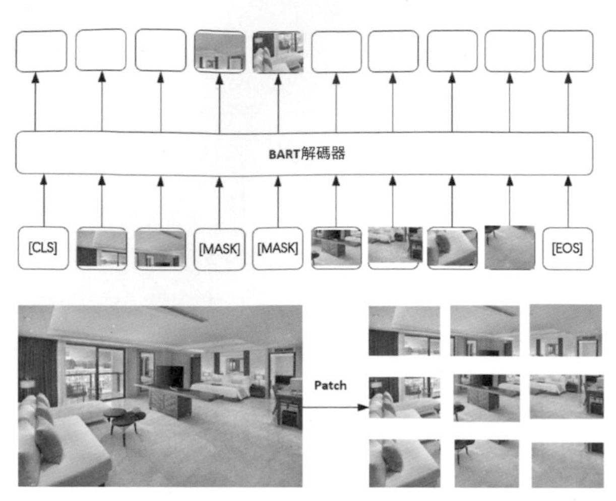

▲ 圖 12-9

需要注意的是，透過多模態大型模型預測被遮蓋的影像並不是還原影像本身，而是預測被遮蓋影像的語義類別分佈。對於輸入的原始影像部分，使用 MLP 分類器得到原始影像語義類別分佈，即正確的語義類別分佈。對於預測生成的影像部分，利用 Faster R-CNN 分類器得到預測的影像語義類別分佈，讓這兩種影像的語義類別分佈盡可能地靠近來最佳化多模態大型模型的參數。

2. 影像方面詞和情感詞取出任務

要想完成影像方面詞和情感詞取出任務，也需要先獲取一定數量的標注資料。開放原始碼工具 DeepSentiBank 是一個針對影像的概念分類器，該分類器是在超過百萬筆影像標注資料上訓練得到的，能夠直接將原始影像轉化為形容詞 - 名詞的組合對。我們基於開放原始碼工具 DeepSentiBank 建構從原始影像到方面詞 - 情感片語合對的標注資料，有了標注語料之後，就可以執行針對影像的方面詞和情感詞取出的預訓練任務了，其基本的實現過程如圖 12-10 所示。

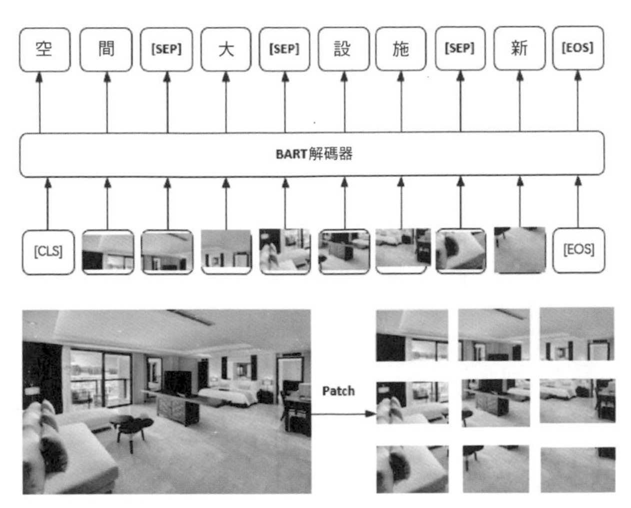

▲ 圖 12-10

12.3.5 多模態預訓練任務

上述的單模態預訓練任務一方面分別對文字和影像進行遮蓋，然後讓多模態大型模型預測被遮蓋的部分，另一方面讓多模態大型模型分別針對文字和影像的輸入來預測方面詞 - 情感片語合對。單模態預訓練任務的監督資料僅來自某一種模態，沒有進行多模態語義的對齊。

多模態預訓練任務和單模態預訓練任務不同，其監督資料來自多模態資料。多模態預訓練任務僅包含一個子任務，即多模態情感分類任務，該任務接收文字 - 影像對作為輸入，傳回多模態的情緒辨識結果，能夠極佳地幫助多模態大型模型對多模態資料進行語義空間的對齊，並讓多模態大型模型學習到這種深層次的對齊關係。多模態預訓練任務的標注資料來自公開資料集 MVSA-Multi，該資料集包含了近 2 萬個文字 - 影像對及對應的情感標籤。其基本的實現過程如圖 12-11 所示。

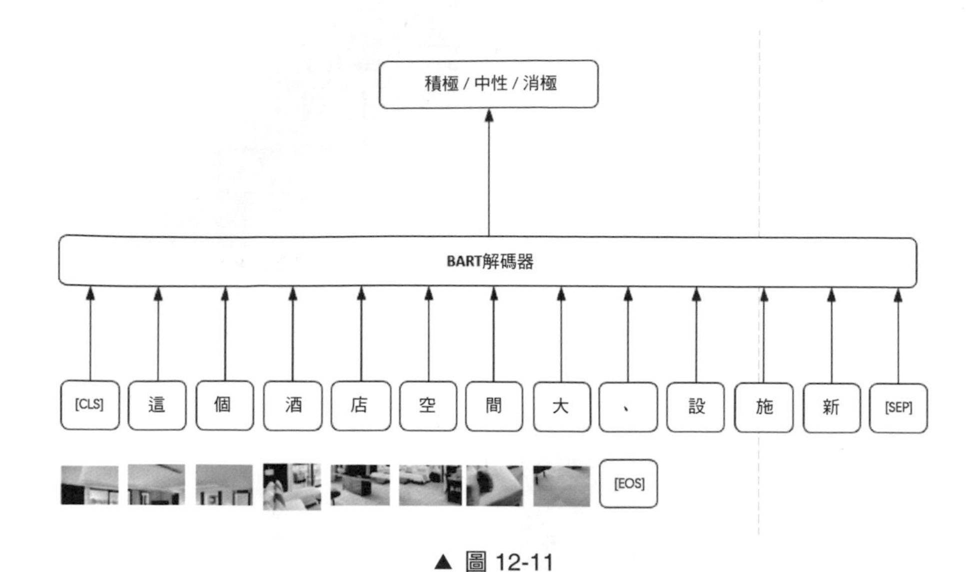

▲ 圖 12-11

在多模態預訓練任務中，多模態大型模型由一個 BART 解碼器和線性分類層組成，將多模態的情感辨識分類作為訓練目標。

12.3.6 演算法的求解

在 12.3.3 節～ 12.3.5 節中，我們分別從文字預訓練任務、影像預訓練任務和多模態預訓練任務的 5 個維度定義了 5 個預訓練子任務，將這 5 個子任務進行組合就獲得了整體的多模態大型模型的架構，如圖 12-12 所示。

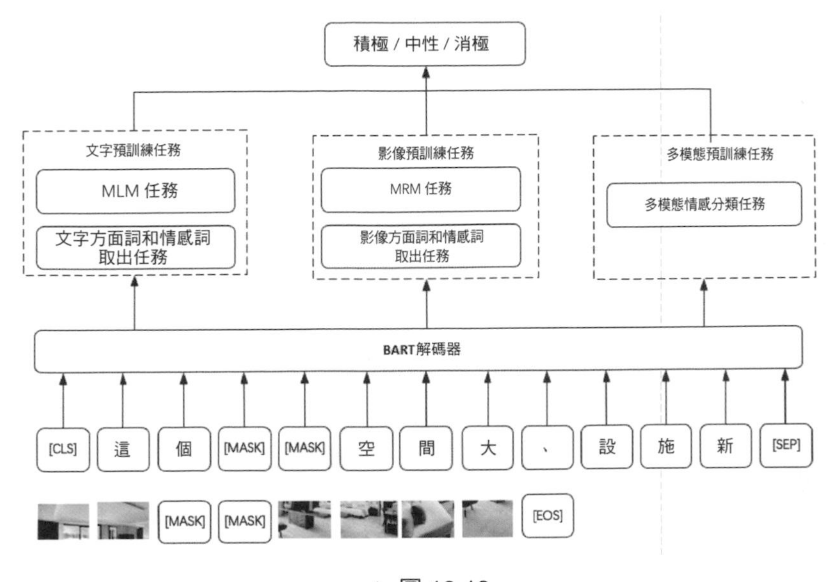

▲ 圖 12-12

這 5 個預訓練子任務都會產生各自的模型損失，將 5 種損失進行加權求和可以得到最終的模型損失，其中各子任務的損失權重定義為超參數，可以根據實際效果靈活調整。最後，採用自動梯度更新策略來調整和最佳化整個多模態大型模型的參數，直至多模態大型模型收斂，就完了演算法的求解過程。

在得到最終的多模態大型模型的權重之後，就可以基於這個多模態大型模型的權重完成具體的下游任務。

12.3.7 演算法的應用

基於多模態大型模型豐富的先驗知識和強大的能力，我們可以透過小樣本甚至零樣本的方式進行下游任務的應用。為了更充分地利用預訓練階段多模態大型模型學習到的知識，在推理預測階段所使用的模型框架和預訓練階段所使用的模型框架保持一致。同時，在推理預測階段，多模態大型模型的輸入形式也和預訓練階段保持一致。

對於多模態情緒辨識的場景，共有 3 種應用方式。

（1）基於輸入的文字 - 影像對，取出其中的方面詞。

（2）基於輸入的文字 - 影像對，給定方面詞，辨識出各個方面詞對應的情緒。

（3）基於輸入的文字 - 影像對，同時取出和辨識出其中的方面詞及方面詞對應的情緒。

至此，就完成了整個多模態大型模型的演算法框架建構、預訓練任務定義、演算法求解和演算法應用。基於多模態大型模型的情緒辨識技術，一方面真正地做到了將不同模態的資料在共同的語義空間中進行對齊，提高了辨識的準確率，另一方面也解決了細粒度的屬性級情緒辨識問題，拓展了下游任務的應用方式。

12.4 最佳化邏輯介紹

基於多模態大型模型的細粒度的屬性級情緒辨識在各項性能指標上都優於傳統的單模態情緒辨識，並且解決了傳統模型無法解決的細粒度的屬性級情緒辨識問題。本節將一一介紹該技術的最佳化邏輯。

1. 模型層面融合

傳統的情緒辨識只能利用單一的資料進行情緒辨識，要想利用多模態資料，勢必要進行多模態的融合。資料層面融合只能提取多模態資料的淺層特徵，並且模態差異較大，導致資料層面融合的操作難度很大。辨識層面融合基於多個單模態模型進行協作推理預測，實施起來較為便捷，但辨識規則過於依賴專家系統，也沒有對多模態資料進行深層語義特徵提取。特徵層面融合將多個單模態資料的特徵進行拼接，然後進行統一的推理預測，雖然模型的整體性能有一定的提升，但生硬的特徵拼接沒有將多模態資料在共同的語義空間中進行對齊，忽略了多模態特徵之間的差異性問題和時間序列上的同步性問題，模型的整體性能還有很大的提升空間。只有模型層面融合才能真正地將多模態資料在共同的語義空間中進行對齊，讓模型學習到多模態資料之間的連結關係，最後進行統一的推理預測，模型的整體辨識準確率才能有質的提升。

2. 細粒度的屬性級情緒辨識的實現

單純的多模態大型模型具有豐富的先驗知識和優秀的零樣本推理能力，在面對具體的下游任務時，如果能夠將下游任務抽象為某一種資料生成方式，並且將這個任務加入多模態大型模型的預訓練任務中，將能夠極大地提升多模態大型模型在具體領域的先驗知識挖掘和獲取能力。然後，在預測推理過程中，多模態大型模型的輸入和推理的框架與預訓練時保持同一種形式，就能夠充分地激發多模態大型模型的先驗知識能力，在下游任務中獲得很好的應用效果。參照這一理念，我們將文字方面詞和情感詞取出任務與影像方面詞和情感詞取出任務加入預訓練任務之中，在下游任務應用時，可以單獨取出出方面詞、基於方面詞取出出情感詞，同時取出出方面詞和情感詞的組合對。這樣就巧妙地解決了細粒度的屬性級情緒辨識問題。

3. 預訓練任務的建構

除了分別建構文字方面詞和情感詞取出任務與影像方面詞和情感詞取出任務，以實現細粒度的屬性級情緒辨識能力，多模態大型模型還應該具有通用的上下文理解能力和連續影像部分的語義理解能力，因此我們又建構了 MLM 任務和 MRM 任務。最重要的是，為了讓多模態資料能夠真正在共同的語義空間中進行連結和對齊，我們建構了多模態預訓練任務。5 個預訓練子任務分別從不同的維度反映了對多模態大型模型能力的需求，各個子任務的損失函數和梯度更新策略也將多模態大型模型的權重參數往最佳的方向牽引。

12.5 部署流程

想深入了解基於多模態大型模型的細粒度的屬性級情緒辨識的預訓練過程的讀者，可以在 GitHub 網站上閱讀 VLP-MABSA 技術的詳細原理。本節將簡介多模態大型模型的部署和使用。

在第 9 章中，我們已經詳細介紹了如何從 0 到 1 部署多模態大型模型，包含使用 Flask、Gradio、FastAPI、Django 等框架進行部署，讀者可以根據各自的軟硬體條件和業務需求進行相應的嘗試，本節不再重複介紹部署方法。在學習了上述知識後，我們只需要撰寫出情緒辨識領域多模態大型模型的推理函數，就可以進行快速的部署和應用。推理函數的核心程式分為以下幾個程式區塊。

第一個程式區塊主要的作用是引入相關的 Python 相依套件，方便後續載入多模態大型模型的權重及對影像的轉換，同時還定義了專案程式的相對路徑和絕對路徑。

```
import os,sys,json
import torch
import requests
from PIL import Image
from transformers import AutoTokenizer ,AutoModel
from transformers import ViltProcessor
sys.path.append(os.path.dirname(os.path.abspath(__file__)))
BASE_DIR=os.path.dirname(os.path.realpath(__file__))
```

第二個程式區塊主要的作用是載入多模態大型模型的詞表、模型權重及資料處理方法，其中 MutilModalBartModel 為預訓練好的多模態大型模型。

```
model_path=os.path.join(BASE_DIR,'checkpoint',\
                'MutilModalBartModel')
tokenizer=AutoTokenizer.from_pretrained(model_path,\
               trust_remote_code=True)
processor=ViltProcessor.from_pretrained model_path,\
               trust_remote_code=True)
model=AutoModel.from_pretrained(model_path,\
               trust_remote_code=True).half().cuda()
```

第三個程式區塊主要的作用是接收輸入的資料，輸入的資料封包含圖像資料和文字資料，其中圖像資料用 Image.open 方法轉為影像串流，以便多模態大型模型計算。

```
url=os.path.join(BASE_DIR,'image','xxx.png')
image=Image.open(requests.get(url，stream=True).raw)
text= '這個酒店空間大、設施新，但是布局不太好'
```

第四個程式區塊主要的作用是對輸入的文字資料和圖像資料進行前置處理之後，將其送入多模態大型模型進行推理預測。多模態大型模型傳回的結果為方面詞的索引及對應的情緒的 ID，最終透過配置字典映射為具體的方面詞及對應的情緒，即積極 / 中性 / 消極。當單一輸入中存在多組方面詞 - 情感片語合對時，將以陣列的形式傳回。

```
input=processor(image,text,return_tensors='pt')
outputs=model(**input)
logits=outputs.logits
idx,start,end=logits.argmax(-1).item()[0]
aspect= text[start:end]
sentiment=model.config.id2sentiment[idx]
```

12.6 效果評測

前面已經介紹過，多模態預訓練任務的標注資料來自公開資料集 MVSA-Multi，該資料集取自社交媒體推特，包含近 2 萬筆文字 - 影像對資料，其標籤有 3 種，分別是積極、中性和消極，均由人工標注而來。下面介紹多模態大型模型效果評測過程中使用的評測資料集、評測指標及評測結果。

12.6.1 評測資料集

Twitter-2015 資料集和 Twitter-2017 資料集分別是 2015 年和 2017 年建構的基於影像 - 文字多模態推文的公開資料集，其中的每一筆資料都包含了原始的推文、推文匹配的圖片、推文包含的方面詞及每個方面詞對應的情緒標籤。這兩個資料集的組成充分滿足細粒度的屬性級情緒辨識的評測需求。

Twitter-2015 資料集和 Twitter-2017 資料集的資料主要分為訓練集、驗證集和測試集。從情緒辨識角度來看，Twitter-2015 資料集和 Twitter-2017 資料集主要用於處理三分類任務，即辨識積極、中性和消極。表 12-1 和表 12-2 分別為上述兩個資料集在不同資料劃分上的樣本數量。

▼ 表 12-1

情緒辨識	訓練集的樣本數量	驗證集的樣本數量	測試集的樣本數量
積極	928 筆	303 筆	317 筆
中性	1883 筆	670 筆	607 筆
消極	368 筆	149 筆	113 筆

▼ 表 12-2

情緒辨識	訓練集的樣本數量	驗證集的樣本數量	測試集的樣本數量
積極	1508 筆	515 筆	493 筆
中性	1638 筆	517 筆	573 筆
消極	416 筆	144 筆	168 筆

Twitter-2015 資料集和 Twitter-2017 資料集的資料樣例分別如表 12-3 和表 12-4 所示。

▼ 表 12-3

推文	圖片	方面詞	情緒
Hanging out with Corey # Blackhawks # WinterClassic		Corey # Blackhawks	消極 消極
Honored to be here in LA @ jworldwatch IWitness Award given to Intel 4 commitment to only use conflict free minerals		LA Intel 4	積極 積極
This is where Abe Lincoln was not only born, but raised . Amy Schumer at Lincoln Center		Abe Lincoln Amy Schumer Lincoln Center	中性 中性 中性 中性

▲ 續表

推文	圖片	方面詞	情緒
First day of school in Chicago and at Cameron Elementary. This kindergartener wasn' t impressed by the mayoral visit		Chicago Cameron Elementary	中性 消極

▼ 表 12-4

推文	圖片	方面詞	情緒
Virtual reality 「Mario Kart」 is coming to Japanese arcades		Mario Kart Japanese	中性 中性
David Gilmour and Roger Waters playing table football .		David Gilmour Roger Waters	積極 積極
Lily' s having a great day at the # SpringFarm Festival		Lily	積極

12.6.2 評測指標

我們使用準確率、精確率、召回率和 F1 值作為情緒辨識領域多模態大型模型效果的評測指標。

準確率指的是所有預測正確的資料筆數與整個資料集總數據筆數的比例。在樣本較為均衡的情況下，準確率能夠較好地反映整體的正確率，但在樣本不均衡的情況下，準確率的意義就不大了。

精確率指的是將正確的資料預測為正確的筆數與全部的預測為正確的資料筆數的比例。精確率更關注的是對正確資料的預測準確程度，精確率的目的是寧願讓多模態大型模型預測漏，也不能讓多模態大型模型預測錯，盡可能地讓預測不出錯。

召回率指的是將正確的資料預測為正確的筆數與全部實際正確資料的筆數的比例。召回率更關注的是盡可能地找出所有實際為正確的資料，即寧願讓多模態大型模型預測錯，也不能讓多模態大型模型預測漏。

F1 值是召回率和精確率的調和平均數。在實際應用過程中，我們希望召回率和精確率都越高越好，但實際上這兩個參數是負相關的，因此我們需要盡可能地平衡二者的影響，給多模態大型模型一個綜合全面的評測。綜合來說，F1 值越高，代表多模態大型模型的整體性能越好。

12.6.3 評測結果

在 12.3.7 節中，我們已經詳細介紹了多模態細粒度的屬性級情緒辨識的 3 個典型應用。下面基於 Twitter-2015 資料集和 Twitter-2017 資料集，針對上述 3 個下游應用，分別舉出多模態大型模型的評測結果及與傳統模型的比較，我們的多模態大型模型在本章統一使用「OURS」來表示。

針對方面詞取出應用的評測結果如表 12-5 所示。

▼ 表 12-5

模型	Twitter-2015 資料集			Twitter-2017 資料集		
	精確率 /%	召回率 /%	F1 值	精確率 /%	召回率 /%	F1 值
LSTM	51.4	53.7	52.5	58.6	59.7	59.2
BERT	57.5	59.4	58.5	59.6	61.7	60.6
BART	62.9	65.0	63.9	65.2	65.6	65.4
ViLBERT	60.3	62.2	61.2	62.3	63.0	62.7
TomBERT	61.7	63.4	62.5	63.4	64.0	63.7
OURS	**65.1**	**68.3**	**66.6**	**66.9**	**69.2**	**68.0**

從表 12-5 中可以看出，多模態大型模型對方面詞取出得到的效果比傳統單

模態模型（即只利用單模態資料訓練得到的模型）得到的效果都好。同時，由於在預訓練任務中加入了方面詞取出任務，其效果也好於其他普通的多模態大型模型。

針對情緒辨識應用的評測結果如表 12-6 所示。

▼ 表 12-6

模型	Twitter-2015 資料集		Twitter-2017 資料集	
	精確率 /%	F1 值	精確率 /%	F1 值
LSTM	70.3	63.4	61.7	58.0
BERT	74.3	70.0	68.9	66.1
BART	74.9	70.1	69.2	66.2
ViLBERT	73.7	69.6	67.7	64.9
TomBERT	77.2	71.8	70.5	68.0
OURS	**78.6**	**73.8**	**73.8**	**71.8**

從表 12-6 中可以看出，對於給定方面詞的情緒辨識應用，基於多模態大型模型的方面詞取出效果依然是最佳的。

針對方面詞 - 情感片語合對的取出和辨識應用的評測結果如表 12-7 所示。

▼ 表 12-7

模型	Twitter-2015 資料集			Twitter-2017 資料集		
	精確率 /%	召回率 /%	F1 值	精確率 /%	召回率 /%	F1 值
RAN	80.5	81.5	81.0	90.7	90.0	90.3
UMT	77.8	81.7	79.7	86.7	86.8	86.7
OSCGA	81.7	82.1	81.9	90.2	90.7	90.4
JLM-META	83.6	81.2	82.4	**92.0**	90.7	91.4
OURS	**83.6**	**87.9**	**85.7**	90.8	**92.6**	**91.7**

從表 12-7 中可以看出，對於方面詞 - 情感片語合對的取出和辨識任務，基於多模態大型模型的效果普遍是比較好的，一方面是因為模型的取出綜合利用了文字和影像多模態的資料，另一方面是因為模型在推理預測時所使用的框架的資料登錄格式與預訓練時保持一致。

12.7 思考

基於多模態大型模型的細粒度的屬性級情緒辨識獲得了一定的研究進展，但同時也存在著若干尚未解決的問題，學術界和工業界未來會逐漸解決這些問題。整體來說，存在著以下最佳化方向。

1. 研究文字 - 影像 - 語音 - 視訊四模態的情緒辨識技術

目前，基於多模態大型模型的情緒辨識技術大多只使用文字 - 影像、文字 - 語音等雙模態資料，還無法實現四模態資料的輸入和輸出。文字 - 影像 - 語音 - 視訊四個模態的語義空間對齊和聯合表徵技術還有待進一步研究。

2. 解決資料缺失問題

在多模態推理預測過程中，通常也會存在某個模態的資料缺失問題，例如視訊資料被遮擋、語音資料由於雜訊過大無法使用等，如何在模態缺失的情況下保持多模態大型模型的堅固性是一個值得研究的課題。

3. 解決模態不平衡問題

多模態大型模型的訓練需要大量的模態對齊資料，但往往存在著模態不平衡問題。文字和圖像資料比較好擷取，但語音和視訊資料往往較難擷取，模態不平衡問題給多模態大型模型的預訓練帶來了挑戰。

4. 解決多模態去噪問題

多模態的原始資料往往存在著一定的雜訊，例如文字資料中附帶著各種表情符號、網頁的雜亂資訊，語音資料中附帶著不相干的雜音等，都會影響多模態大型模型的建構，因此如何更進一步地對多模態資料進行篩選和前置處理將直接影響多模態大型模型的品質。

5. 解決算力資源最佳化問題

多模態大型模型的參數通常在數億到數百億個之間，有的甚至達到數千億個，這使得很大一部分企業和個人研究者沒有條件進行深入的研究。因此，如何採用高效的量化壓縮技術或知識蒸餾技術，將多模態大型模型壓縮到普通消費級顯示卡能夠使用的程度，將是一個重要的最佳化方向。

6. 解決情緒量化壓縮問題

目前的情緒辨識基本上將情緒分為積極、中性、消極 3 類，屬於粒度較粗的劃分。未來如何將情緒的強弱以具體數值的形式進行量化壓縮，進行情緒的精準分析，是一個重要的研究方向。

7. 解決中文問題

目前，在中文語言上，無論是成熟的多模態大型模型、多模態對齊訓練資料還是多模態評測資料都是缺乏的，這嚴重阻礙了中文多模態情緒辨識的發展。

第 13 章

大型模型在軟體研發領域的實戰案例與前端探索

在當今的軟體研發領域中，程式撰寫是一個耗時且容易出錯的過程。LLM 的出現為軟體研發帶來了巨大的變革。透過利用 LLM 的自然語言處理和機器學習技術，軟體研發人員可以更快地撰寫程式，並且可以在程式撰寫過程中獲得更好的建議和支援。這些工具可以自動為軟體研發人員生成程式部分、單元測試用例等，從而提高軟體研發效率和程式品質。

從全域來看，LLM 在軟體研發領域中的應用對於提高軟體研發效率具有重要意義。以下是 LLM 對軟體研發效率提高具體的表現。

（1）縮短開發週期。基於 LLM 的程式生成工具可以幫助軟體研發人員快速生成程式部分，減少手動撰寫程式的時間，從而縮短整個軟體研發週期。

（2）提高程式品質。LLM 可以幫助軟體研發人員在撰寫過程中發現潛在的錯誤和問題，從而提高程式品質。此外，透過自動生成單元測試用例，LLM 可以提高測試覆蓋率，進一步確保程式品質合格。

（3）降低學習成本。LLM 可以幫助軟體研發人員更快地掌握新技術和框架，減少學習成本。透過理解和解讀程式，LLM 可以幫助軟體研發人員更進一步地理解現有程式庫，從而加快開發速度。

（4）提高團隊協作效率。基於 LLM 的拉取請求（Pull Requests，RP）提效功能可以幫助軟體研發人員更快地審查和合併程式，提高團隊協作效率。

下面具體看一看其中的關鍵技術與應用。

13.1 LLM 在軟體研發過程中的單點提效

13.1.1 基於 GitHub Copilot 的程式部分智慧生成

在程式部分智慧生成領域中，GitHub Copilot 是佼佼者。GitHub Copilot 是 GitHub 與 OpenAI 合作開發的軟體研發人員導向的生產力提升工具，可以在 Visual Studio Code、Microsoft Visual Studio、Vim 或 JetBrains 等整合式開發環境（Integrated Development Environment，IDE）中使用，主要面向 Python、JavaScript、TypeScript、Ruby 和 Go 等程式語言，根據軟體研發人員的輸入和上下文程式，自動為軟體研發人員生成程式，從而提高程式設計效率和程式品質。GitHub Copilot 可以透過學習大量的程式庫和文件中的程式，理解軟體研發人員的程式設計意圖，自動生成高品質的程式。

GitHub Copilot 的工作過程是，當軟體研發人員輸入程式時，GitHub Copilot 會基於程式大語言模型 Codex，結合上下文程式和語法提示，自動為軟體研發人員生成程式，並舉出可能的程式選擇。軟體研發人員可以選擇最符合自己需求的程式，並將其插入自己的程式中。GitHub Copilot 能夠協助軟體研發人員自動建立函數、類別、變數等程式結構，自動填充程式區塊、方法或函數，消除重複程式，同時還可以根據由自然語言撰寫的程式註釋生成可執行程式，也可以對程式的語義做出理解和解讀。

GitHub Copilot 的底層 AI 模型得益於 Codex，這是一個基於 GPT-3 的改進版本，主要用於程式設計提效和程式生成。這個模型的訓練使用了大量的英文文字、公共 GitHub 倉庫及其他公開可用的原始程式碼，其中包含了 5400 萬個公共 GitHub 倉庫中的 159GB 程式資料集。

Codex 的目標是理解和生成程式，從而幫助軟體研發人員更高效率地撰寫程式、解決問題和執行各種程式設計任務。為了提高準確性和效率，Codex 還使用了一些其他技術，例如基於語義的程式搜索和程式補全。這些技術可以幫助 Codex 更進一步地理解軟體研發人員的程式設計意圖，並生成更準確和高品質的程式。

Codex 具有以下特點：

（1）支援多語言。Codex 支援多種程式語言，如 Python、JavaScript、TypeScript、Java、C++、Ruby 等，可以幫助軟體研發人員在不同的程式設計環境中實現程式生成。

（2）理解自然語言。Codex 能夠理解自然語言，這使得軟體研發人員可以用自然語言與模型進行交流，描述問題或需求，模型會生成相應的程式部分或解決方案。

（3）具有程式生成能力。Codex 可以根據使用者的需求生成程式部分，包括函數、類別、演算法等。這可以幫助軟體研發人員節省時間，提高程式設計效率。

（4）匯聚了程式設計的知識系統。Codex 具有廣泛的程式設計知識，可以回答關於程式語言、函數庫、框架和工具的問題，幫助軟體研發人員更進一步地理解和使用這些技術。

（5）具有多場景的調配性。Codex 可以被應用於多種場景，如程式審查、程式重構、自動化測試、快速原型開發等。此外，Codex 對初學者來說也是一個很好的學習工具，可以提供程式設計範例和解決方案。

然而，Codex 存在一些局限性：

（1）從程式品質層面來看，雖然 Codex 可以生成程式，但是生成的程式可能並不總是最佳的。軟體研發人員可能需要檢查並最佳化生成的程式以確保其品質合格。

（2）從安全性的角度來看，Codex 可能生成不安全或不符合最佳安全實踐的程式，因此軟體研發人員在使用生成的程式時需要謹慎，需要對生成的程式的安全性做人工評估。

（3）在依賴外部資源這個維度，Codex 可能無法執行需要存取外部資源（如 API 金鑰、資料庫等）的任務，通常也需要軟體研發人員介入。

GitHub Copilot 的優勢在於它可以根據軟體研發人員的輸入和上下文程式，自動生成高品質的程式，大大地提高程式設計效率和程式品質。此外，GitHub Copilot 還可以自動辨識軟體研發人員的程式語言和框架，並提供相應的程式提示和建議，使得軟體研發人員可以更快地學習和掌握新的程式設計技術。所以，GitHub Copilot 是一種非常強大的 AI 程式設計幫手，可以幫助軟體研發人員更快、更準確地撰寫程式，並提高程式品質。它的應用前景非常廣闊，未來有望成為程式設計領域中的重要工具之一。

下面來看一看使用 GitHub Copilot 的幾個具體案例。

第一個案例是使用 GitHub Copilot 根據函數原型定義和函數註釋直接生成函數實現程式。在圖 13-1 中，程式的第 3 行至第 11 行是由軟體研發人員人工輸入的，可以看到人工輸入了函數原型定義及對這個函數需要實現的具體功能的註釋。函數原型定義是基於 Python 語言的，而具體註釋是基於英文自然語言的。根據這些由人提供的資訊，GitHub Copilot 能自動生成完整的函數實現程式（圖中的第 12 行至第 20 行），生成過程完全不需要人工干預，人只需要對生成的程式的準確性與功能進行檢查和確認，這就大大地提高了程式設計效率。

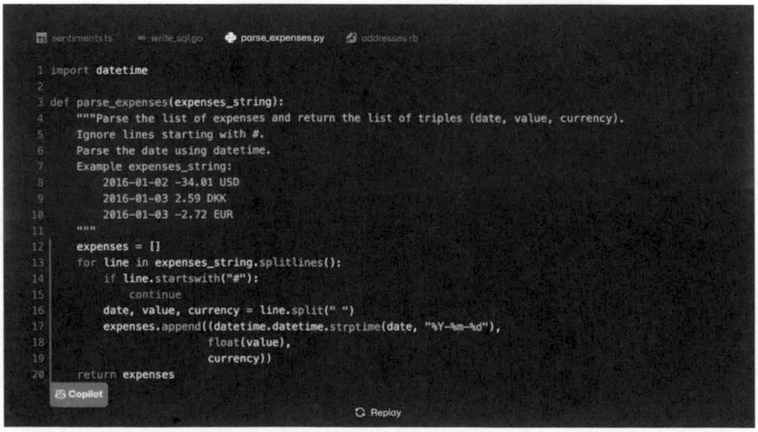

sentiments.ts　write_sql.go　parse_expenses.py　addresses.rb

```
1 import datetime
2
3 def parse_expenses(expenses_string):
4     """Parse the list of expenses and return the list of triples (date, value, currency).
5     Ignore lines starting with #.
6     Parse the date using datetime.
7     Example expenses_string:
8         2016-01-02 -34.01 USD
9         2016-01-03 2.59 DKK
10        2016-01-03 -2.72 EUR
11    """
12    expenses = []
13    for line in expenses_string.splitlines():
14        if line.startswith("#"):
15            continue
16        date, value, currency = line.split(" ")
17        expenses.append((datetime.datetime.strptime(date, "%Y-%m-%d"),
18                         float(value),
19                         currency))
20    return expenses
```

Copilot　Replay

▲ 圖 13-1

第二個案例和第一個案例類似，也是根據函數原型定義和函數註釋生成函數實現程式。圖 13-2 中程式的第 5 行至第 7 行是由軟體研發人員人工輸入的，而程式的第 8 行至第 17 行是由 GitHub Copilot 自動生成的。這個例子使用了 TypeScript 語言，而且生成的程式直接使用了 SaaS 服務。GitHub Copilot 可以準確地理解函數註釋的語義，據此找到合適的 SaaS 服務，並且生成對 SaaS 服務準確呼叫的程式，以此完成函數 isPositive 的實現。

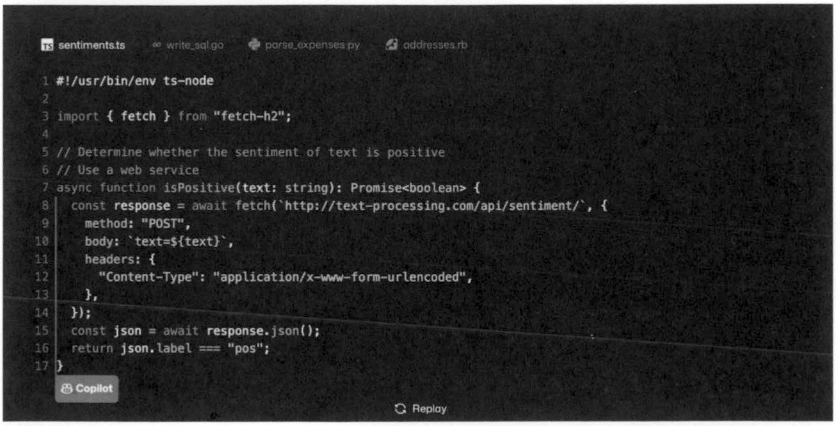

```
sentiments.ts   write_sql.go   parse_expenses.py   addresses.rb

1  #!/usr/bin/env ts-node
2
3  import { fetch } from "fetch-h2";
4
5  // Determine whether the sentiment of text is positive
6  // Use a web service
7  async function isPositive(text: string): Promise<boolean> {
8    const response = await fetch(`http://text-processing.com/api/sentiment/`, {
9      method: "POST",
10     body: `text=${text}`,
11     headers: {
12       "Content-Type": "application/x-www-form-urlencoded",
13     },
14   });
15   const json = await response.json();
16   return json.label === "pos";
17 }
Copilot
Replay
```

▲ 圖 13-2

第三個案例會讓你的印象更深刻。在這個例子中（如圖 13-3 所示），只有程式的第一行是由軟體研發人員人工輸入的，可以看到軟體研發人員只提供了一個類別名 CreateShippingAddresses，然後 GitHub Copilot 就直接生成了這個類別的各種成員變數。因為 GitHub Copilot 能夠從語義上理解 ShippingAddress（收貨地址）的業務含義，所以可以自動推斷出這個類別所需要的各種業務欄位，包括名字、地址、郵遞區號和電話等，這就大大地提高了軟體研發人員的工作效率。

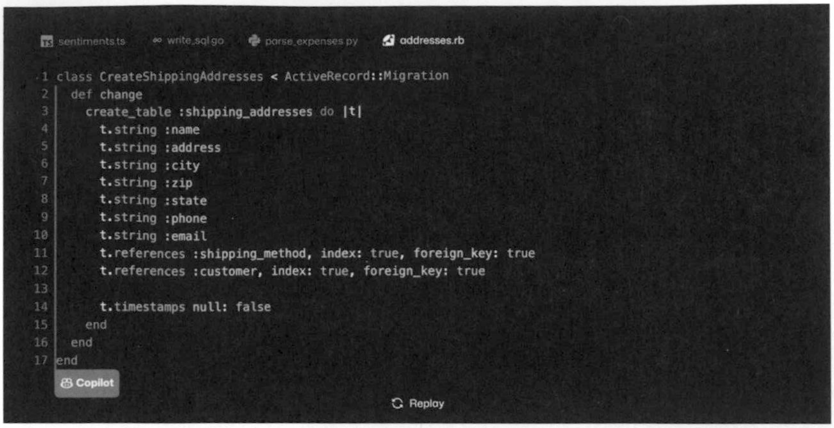

sentiments.ts   write_sql.go   parse_expenses.py   addresses.rb

```ruby
class CreateShippingAddresses < ActiveRecord::Migration
  def change
    create_table :shipping_addresses do |t|
      t.string :name
      t.string :address
      t.string :city
      t.string :zip
      t.string :state
      t.string :phone
      t.string :email
      t.references :shipping_method, index: true, foreign_key: true
      t.references :customer, index: true, foreign_key: true

      t.timestamps null: false
    end
  end
end
```

Copilot

Replay

▲ 圖 13-3

13.1.2 基於 GitHub Copilot X 實現增強的程式部分智慧生成

對於增強的程式部分智慧生成，目前業界處於領先水準的是 GitHub Copilot X。GitHub Copilot X 是 GitHub Copilot 的增強版。與 GitHub Copilot 最大的區別在於 GitHub Copilot 是基於 GPT-3 的，而 GitHub Copilot X 是基於 GPT-4 的。所以，與 GitHub Copilot 相比，GitHub Copilot X 可以處理更複雜的程式設計任務，支援更多的程式語言和框架，並提供更精準的程式提示和建議，而且 GitHub Copilot X 的使用者互動模式也做了較大的最佳化和改進，GitHub Copilot X 使用更自然的對話模式，將對話功能整合到了 IDE 中，具有更友善的使用者體驗。下面透過兩個案例讓你體會一下 GitHub Copilot X 的使用。

第一案例是使用 GitHub Copilot X 發現選中的程式的缺陷，並在此基礎上自動生成修復後的程式，整個過程都是透過聊天的方式在 IDE 中完成的。在圖 13-4 中，我們首先在右邊的 IDE 中選擇一個程式函數的部分，然後在左下角的對話方塊中用自然語言英文輸入了需要 GitHub Copilot X 做的事情，就是對選擇的程式指出缺陷，同時舉出修復後的程式。

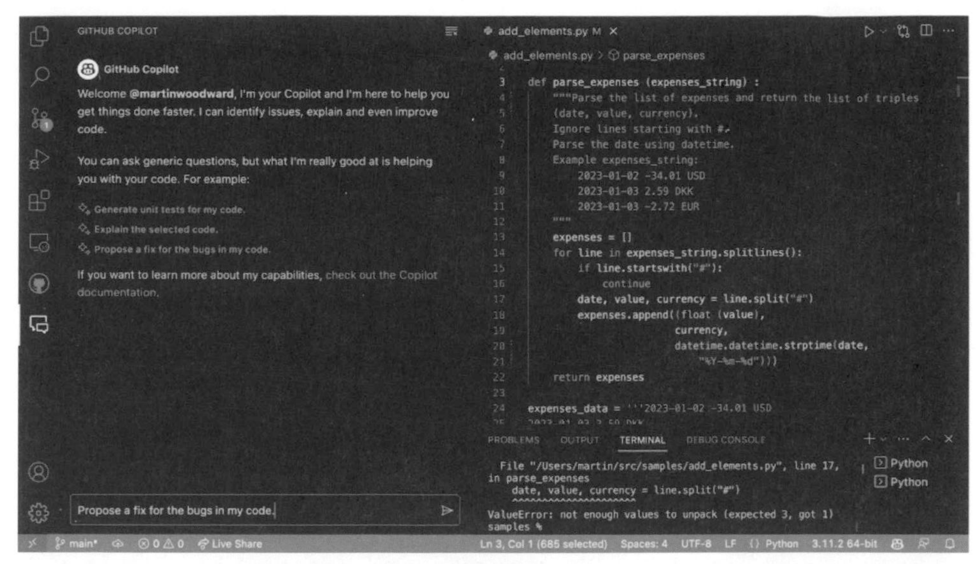

▲ 圖 13-4

如圖 13-5 所示，GitHub Copilot X 指出了程式的缺陷，同時生成了修復後的程式，我們可以直接使用生成的程式去替換有問題的程式。

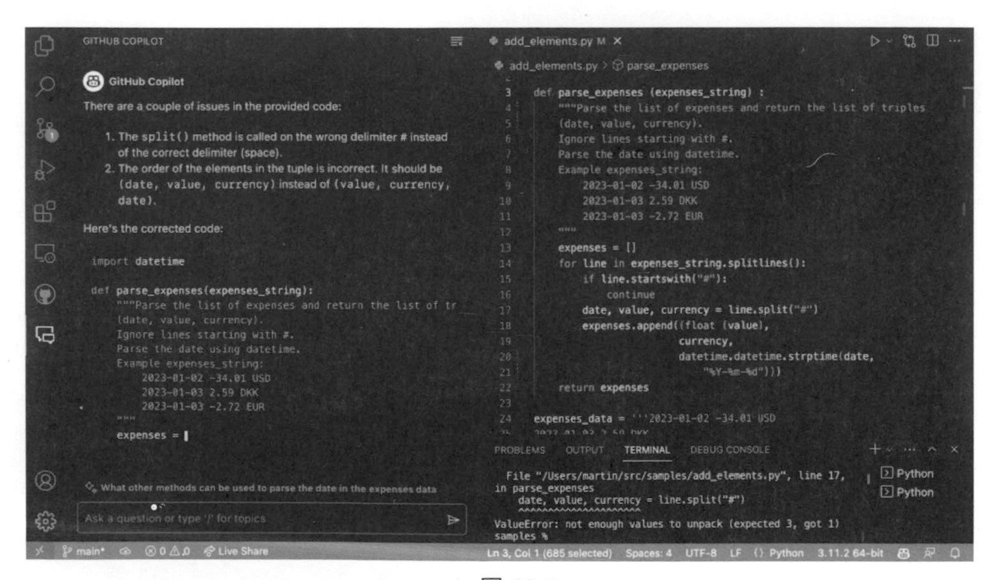

▲ 圖 13-5

如圖 13-6 所示，我們用生成的程式替換了 IDE 中的錯誤程式，整個過程非常順暢。

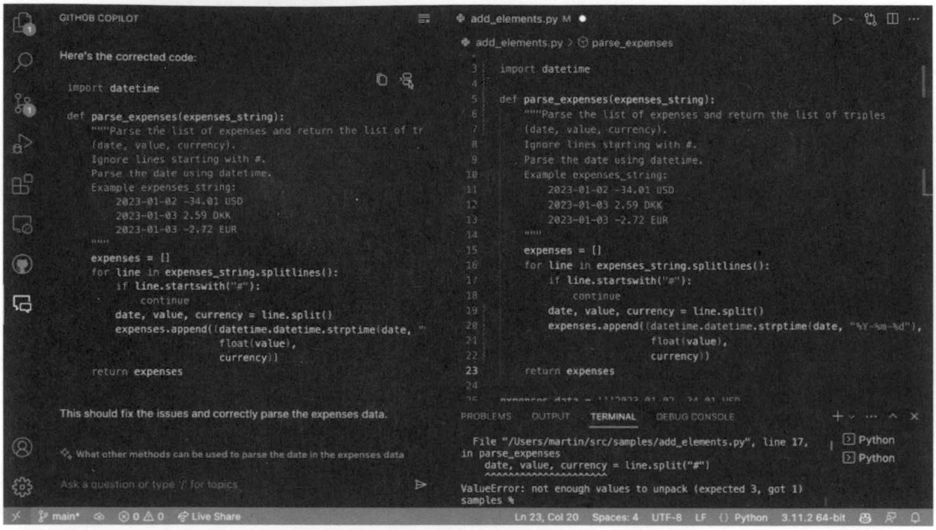

▲ 圖 13-6

13.1.3 基於 GitHub Copilot X 實現對選中的程式的理解與解讀

GitHub Copilot X 還可以實現對程式的理解和解讀。如圖 13-7 所示，我們先在 IDE 中選擇了程式的第三行，第三行程式是一個比較複雜的正規表示法。然後，我們透過聊天的方式要求 GitHub Copilot X 對選中的程式做出解釋，圖 13-8 為對這個正規表示法的作用舉出的詳細說明。

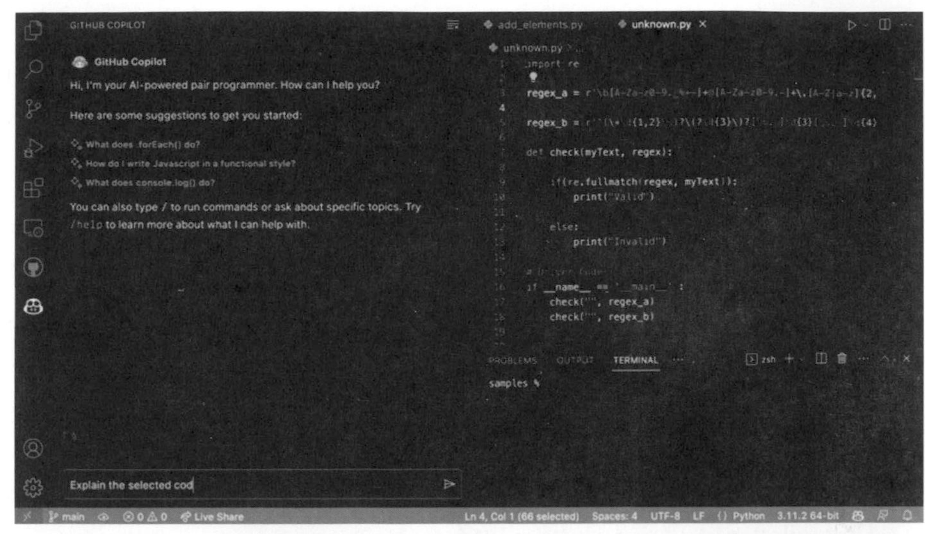

▲ 圖 13-7

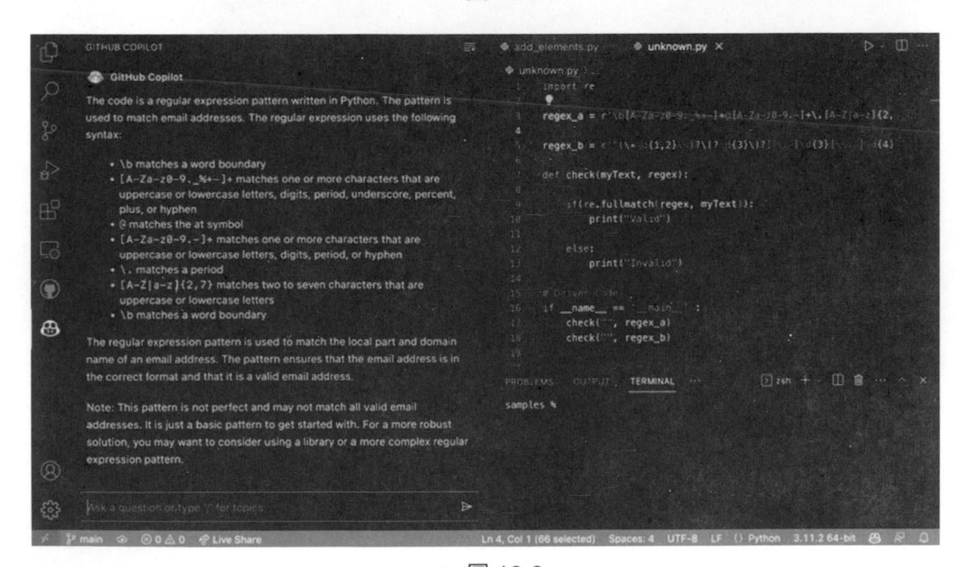

▲ 圖 13-8

13.1.4 基於 GitHub Copilot X 的 Pull Requests 提效

規範化、高品質的 Pull Request（PR）能夠幫助程式審查者更進一步地理解程式的變更目的和實現方式，有助程式審查者更高效率地提出有價值的問題，但是每次撰寫 PR 都需要花費軟體研發人員較多的時間和精力。

為了滿足軟體研發人員的提效需求，GitHub Copilot X 建構了一項功能，允許軟體研發人員在他們的 PR 描述中插入標記。在儲存描述後，GitHub Copilot X 會根據標記動態提取與分析程式的變更資訊，自動生成變更說明。然後，軟體研發人員可以查看或修改 GitHub Copilot X 生成的變更說明。

目前，GitHub Copilot X 支援的標記主要有以下幾種：

（1）copilot: summary：生成摘要總結。

（2）copilot: walkthrough：生成詳細的更改列表，包括指向相關程式部分的連結。

（3）copilot: poem：生成一首詩來描述本次改動。

（4）copilot: all：自動生成 PR 的所有內容。

圖 13-9 展示了 GitHub Copilot X 的 PR 標記功能。

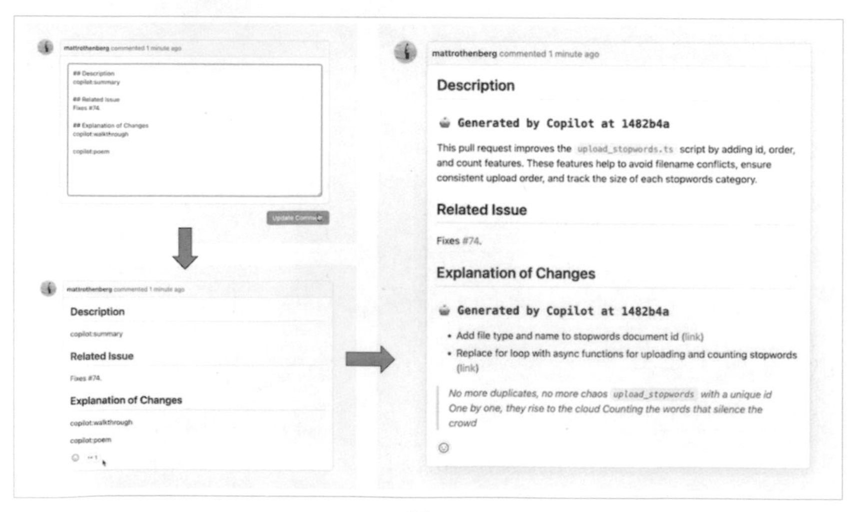

▲ 圖 13-9

另外，GitHub Copilot X 中還有一個被稱為 Gentest 的功能。當 GitHub Copilot X 發現提交的 PR 缺少足夠的測試時，會自動提醒軟體研發人員有測試缺失，而且能夠在此基礎上生成缺失的測試用例。這些測試用例由軟體研發人員人工確認後即可合併。圖 13-10 展示了 Gentest 的使用過程。

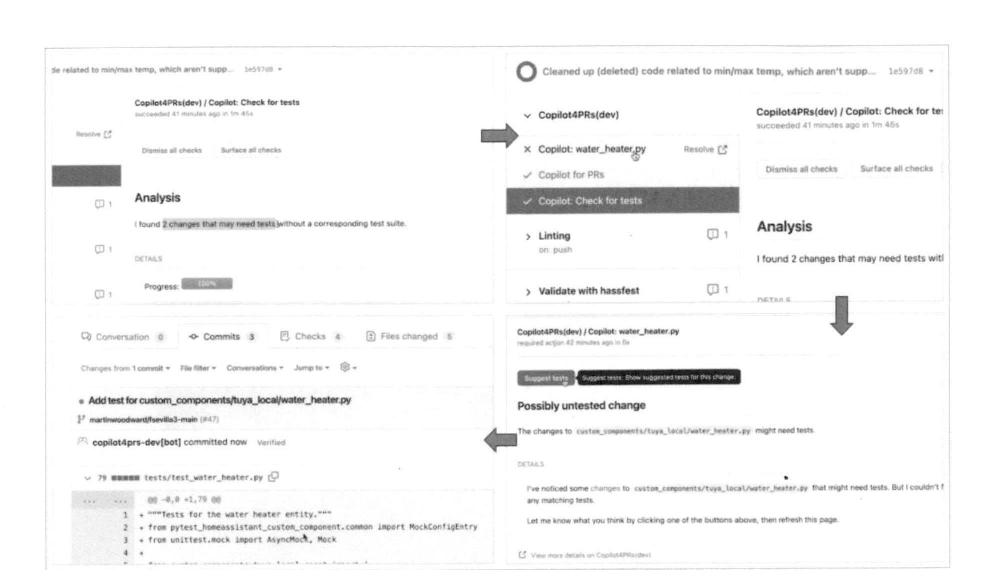

▲ 圖 13-10

13.1.5 基於 LLM 實現的「程式刷」

程式刷有點像我們在做文字編輯時用的格式刷，我們可以透過程式刷把程式「格式化」成我們需要的樣子。在 Copilot Next 專案中增加了程式刷，可以自動修改並更新程式。我們要做的是選擇幾行程式，然後選擇需要應用的程式刷，程式就會自動更新。下面透過 4 個具體的使用案例來介紹一下程式刷的使用。

第一個案例如圖 13-11 所示，上半部分程式的可讀性比較差，比較難理解，在使用可讀性程式刷之後，上半部分程式就被重寫成下面的樣子，下面的程式在保持相同邏輯的基礎上，可讀性和可理解性大幅度提升。

第二個案例如圖 13-12 所示，使用缺陷修復程式刷可以直接辨識並修復程式中的缺陷。上半部分程式中有一個拼寫錯誤，把變數名稱 lo 寫成了 low，使用缺陷修復程式刷，就能自動修復。

ORIGINAL CODE　CODE UPDATED WITH MAKE MORE READABLE BRUSH

```
function ascending(a, b) {
  return a == null || b == null ? NaN : a < b ? -1 : a > b ? 1 : a >= b ? 0 : NaN;
}
```

ORIGINAL CODE　CODE UPDATED WITH MAKE MORE READABLE BRUSH

```
function ascending(a, b) {
  if (a == null || b == null) {
    return NaN;
  } else if (a < b) {
    return -1;
  } else if (a > b) {
    return 1;
  } else if (a >= b) {
    return 0;
  } else {
    return NaN;
  }
}
```

▲ 圖 13-11

ORIGINAL CODE　CODE UPDATED WITH FIX BUG BRUSH

```
function bisectLeft(a, x, lo, hi) {
  if (low == null) lo = 0;
  if (hi == null) hi = a.length;
  while (lo < hi) {
    var mid = lo + hi >>> 1;
    if (ascending(a[mid], x) < 0) lo = mid + 1; else hi = mid;
  }
  return lo;
}
```

ORIGINAL CODE　CODE UPDATED WITH FIX BUG BRUSH

```
function bisectLeft(a, x, lo, hi) {
  if (lo == null) lo = 0;
  if (hi == null) hi = a.length;
  while (lo < hi) {
    var mid = lo + hi >>> 1;
    if (ascending(a[mid], x) < 0) lo = mid + 1; else hi = mid;
  }
  return lo;
}
```

▲ 圖 13-12

第三個案例是 Debug 程式刷。有些時候軟體研發人員需要對程式進行偵錯，尤其在多處理程序和多執行緒的場景中，需要在程式中加入一些額外的日誌（log）用於偵錯，但是這個工作如果由軟體研發人員人工去做效率比較低，而且沒有技術難度，只是增加了工作量，此時 Debug 程式刷就能發揮作用了。圖 13-13 展示了使用 Debug 程式刷前後程式的對比。

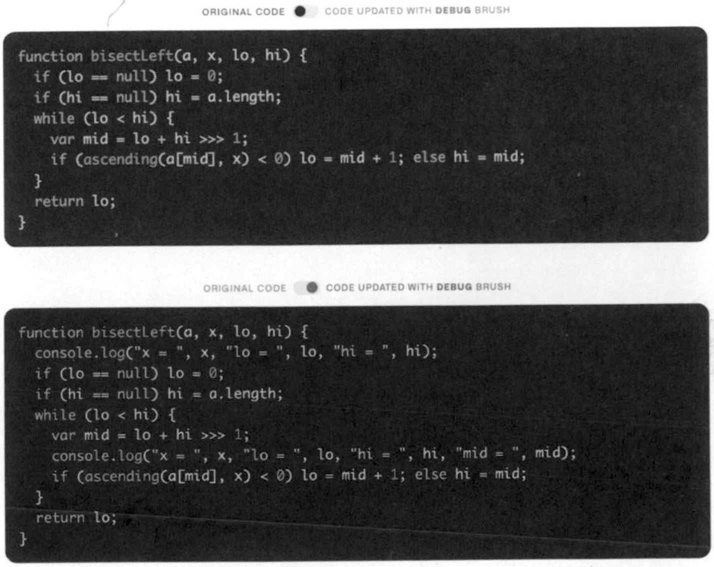

ORIGINAL CODE ● CODE UPDATED WITH DEBUG BRUSH

```
function bisectLeft(a, x, lo, hi) {
  if (lo == null) lo = 0;
  if (hi == null) hi = a.length;
  while (lo < hi) {
    var mid = lo + hi >>> 1;
    if (ascending(a[mid], x) < 0) lo = mid + 1; else hi = mid;
  }
  return lo;
}
```

ORIGINAL CODE ● CODE UPDATED WITH DEBUG BRUSH

```
function bisectLeft(a, x, lo, hi) {
  console.log("x = ", x, "lo = ", lo, "hi = ", hi);
  if (lo == null) lo = 0;
  if (hi == null) hi = a.length;
  while (lo < hi) {
    var mid = lo + hi >>> 1;
    console.log("x = ", x, "lo = ", lo, "hi = ", hi, "mid = ", mid);
    if (ascending(a[mid], x) < 0) lo = mid + 1; else hi = mid;
  }
  return lo;
}
```

▲ 圖 13-13

第四個案例是堅固性程式刷，如圖 13-14 所示，堅固性程式刷可以增強前端程式的堅固性，避免出現相容性問題。

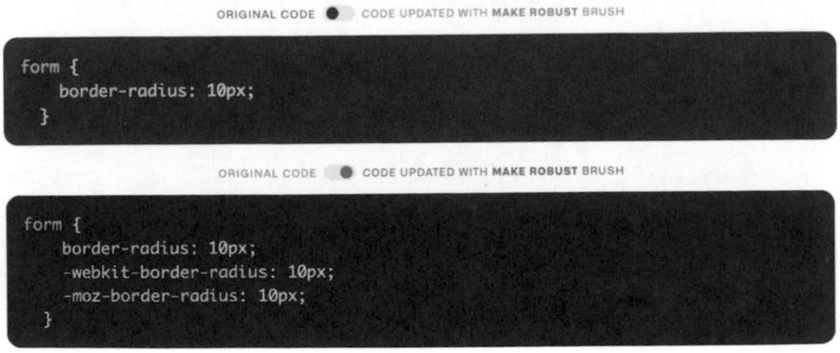

ORIGINAL CODE ● CODE UPDATED WITH MAKE ROBUST BRUSH

```
form {
    border-radius: 10px;
  }
```

ORIGINAL CODE ● CODE UPDATED WITH MAKE ROBUST BRUSH

```
form {
    border-radius: 10px;
    -webkit-border-radius: 10px;
    -moz-border-radius: 10px;
  }
```

▲ 圖 13-14

13.1.6 使用 Copilot Voice 實現語音驅動的程式開發

軟體研發人員不使用鍵盤，直接動一動嘴，是不是就可以把程式寫了呢？Copilot Voice 提供了這樣的功能，不僅可以用語音寫程式，還可以用語音來控制 IDE 中的各項操作，包括程式跳躍、編譯打包等。圖 13-15 所示為 Copilot Voice 的使用範例。

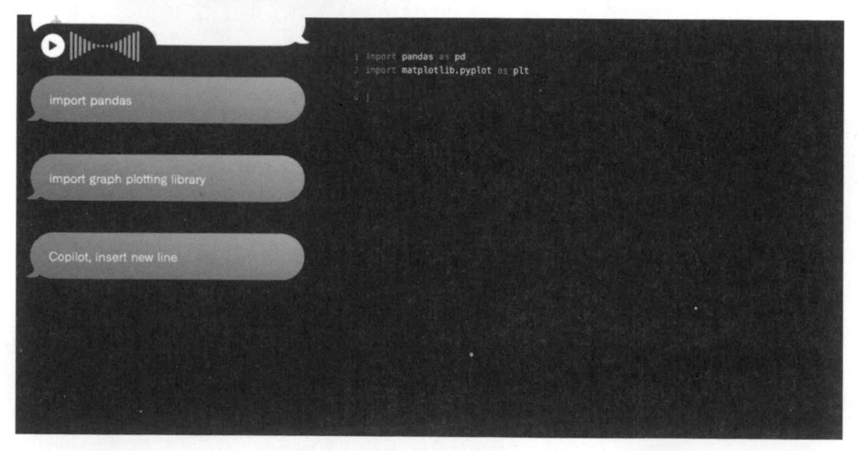

（a）

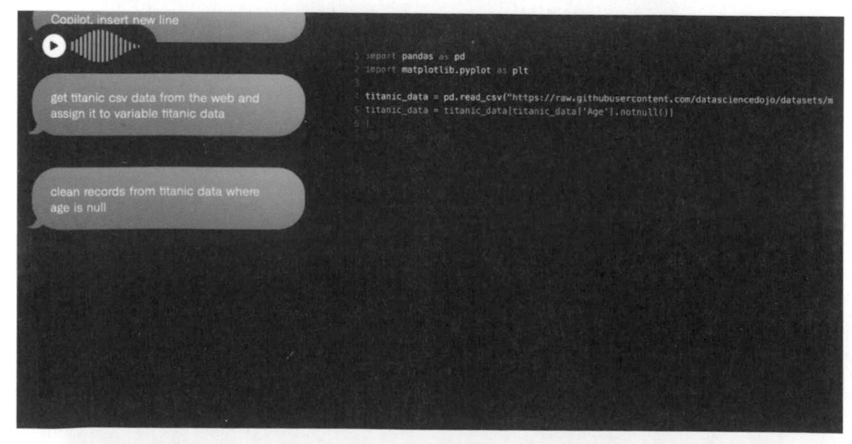

（b）

▲ 圖 13-15

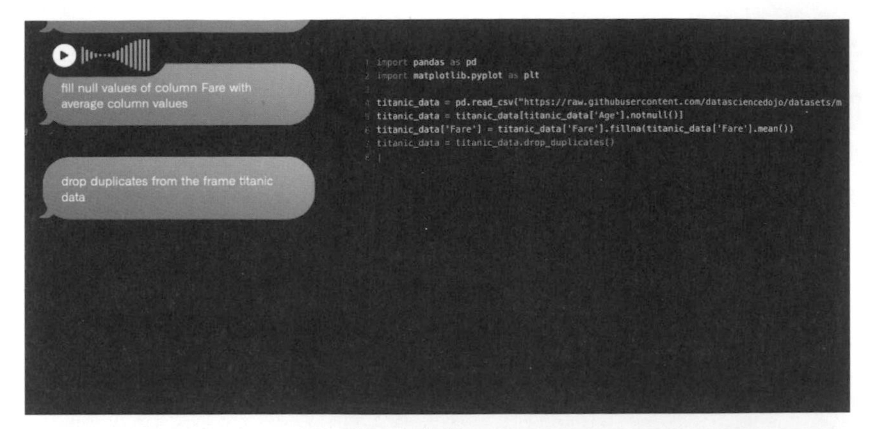
fill null values of column Fare with average column values
drop duplicates from the frame titanic data
import pandas as pd
import matplotlib.pyplot as plt
titanic_data = pd.read_csv("https://raw.githubusercontent.com/datasciencedojo/datasets/m
titanic_data = titanic_data[titanic_data['Age'].notnull()]
titanic_data['Fare'] = titanic_data['Fare'].fillna(titanic_data['Fare'].mean())
titanic_data = titanic_data.drop_duplicates()

(c)

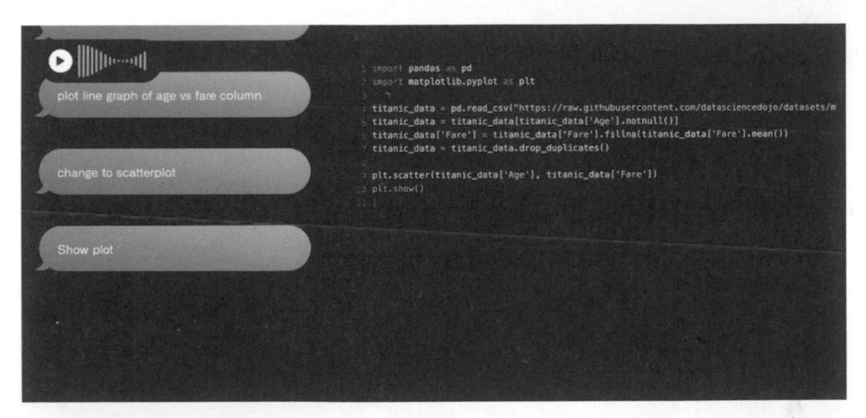
plot line graph of age vs fare column
change to scatterplot
Show plot
import pandas as pd
import matplotlib.pyplot as plt
titanic_data = pd.read_csv("https://raw.githubusercontent.com/datasciencedojo/datasets/m
titanic_data = titanic_data[titanic_data['Age'].notnull()]
titanic_data['Fare'] = titanic_data['Fare'].fillna(titanic_data['Fare'].mean())
titanic_data = titanic_data.drop_duplicates()
plt.scatter(titanic_data['Age'], titanic_data['Fare'])
plt.show()

(d)

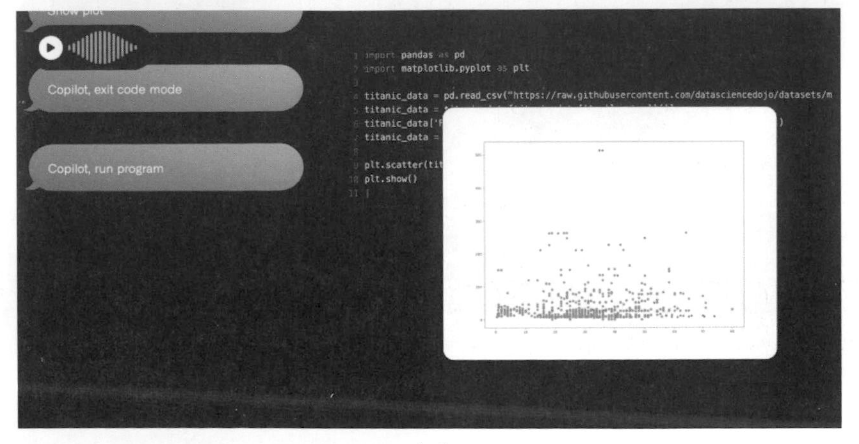
Copilot, exit code mode
Copilot, run program
import pandas as pd
import matplotlib.pyplot as plt
titanic_data = pd.read_csv("https://raw.githubusercontent.com/datasciencedojo/datasets/m
plt.show()

(e)

▲ 圖 13-15（續）

13.1.7 使用 Copilot CLI 實現命令列的自動生成

目前，軟體研發人員使用的開發終端的功能一般十分強大，可以透過命令列完成各種操作，但是要成為一個使用命令列的高手可能需要多年的經驗累積。即使你已經熟練掌握了大部分命令列的使用方法，在很多時候也需要瀏覽幫助頁面獲得更多的資訊，有時候為了方便起見乾脆直接借助網路進行資訊搜索，希望找到相關的答案，比如為什麼會出現堆疊記憶體溢位（Stack Overflow）的錯誤，以便指導下一步操作。你是否經常遇到記不住某些命令和命令列參數的困擾？你是否希望可以直接告訴開發終端你想要它做什麼？ Copilot CLI 就能幫你解決這個問題。

透過使用 Copilot CLI 的「××」互動模式，你就能將操作要求轉換成具體的命令列，從此再也不需要死記硬背這些命令和參數了。圖 13-16 展示了如何使用 Copilot CLI 生成「列出 js 檔案」命令列的過程，圖 13-17 展示了生成「使用 curl 發起 request」命令列的過程。

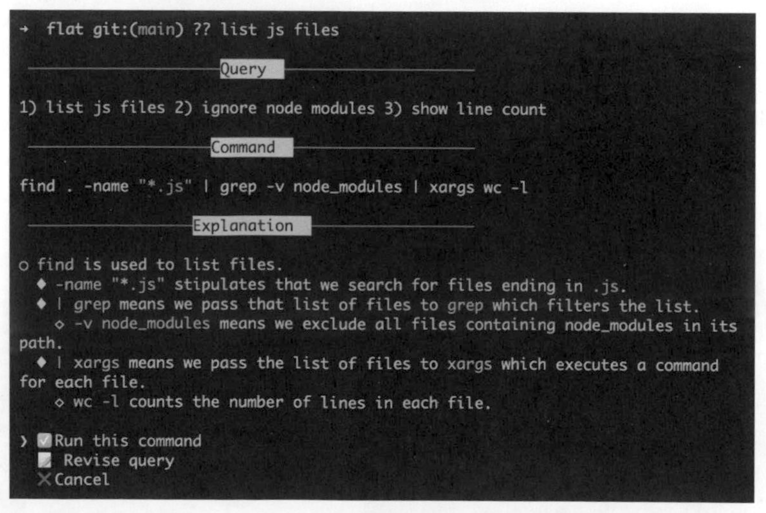

▲ 圖 13-16

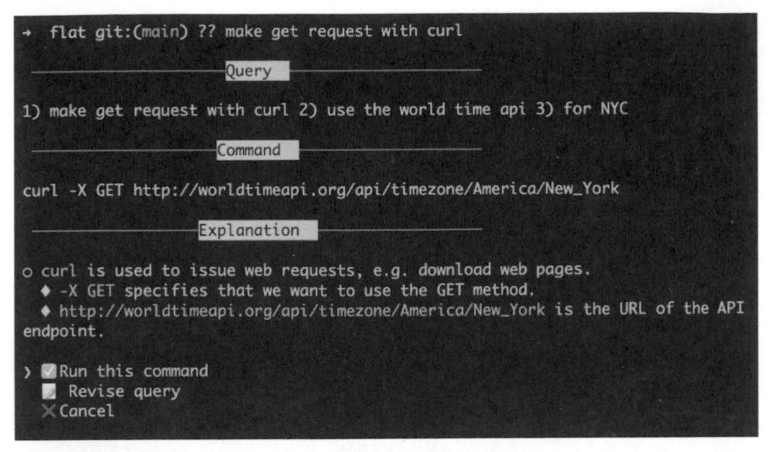

▲ 圖 13-17

13.1.8 使用 TestPilot 實現單元測試用例的自動生成

TestPilot 讓撰寫單元測試用例變得輕鬆。TestPilot 可以根據現有的程式和文件自動生成單元測試用例。與許多其他工具不同，TestPilot 生成的單元測試用例的可讀性強，具有有意義的斷言，並且可以根據軟體研發人員的回饋逐步改進其建議。當在 IDE 中選中一個函數進行實現時，TestPilot 會掃描文件註釋和程式範例，然後根據找到的資訊為該函數生成一系列的單元測試用例。你可以立即執行單元測試用例，如果不通過，那麼你可以將看到的任何錯誤回饋給 TestPilot，並互動式地最佳化生成的單元測試用例，直到達到最佳狀態。

舉例來說，套件 Deque.prototype.clear 中的方法 js-sdsl。該套件的文件中包含此方法的以下程式範例（如圖 13-18 所示）。

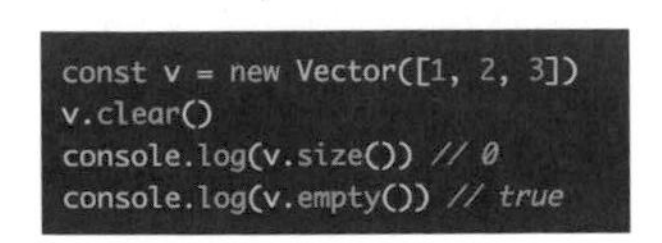
```
const v = new Vector([1, 2, 3])
v.clear()
console.log(v.size()) // 0
console.log(v.empty()) // true
```

▲ 圖 13-18

根據此範例，TestPilot 可以自動生成以下單元測試用例（如圖 13-19 所示）。

```
const assert = require('chai').assert
const js_sdsl = require('js-sdsl')
describe('test js_sdsl', function () {
  it('test js_sdsl.Deque.prototype.clear', function () {
    let v = new js_sdsl.Deque([1, 2, 3])
    v.clear()
    assert.equal(v.size(), 0)
    assert.equal(v.empty(), true)
  })
})
```

▲ 圖 13-19

TestPilot 現在作為 Copilot Labs 的一部分提供，可以和 IDE 無縫整合。圖 13-20 所示為 TestPilot 的使用頁面。

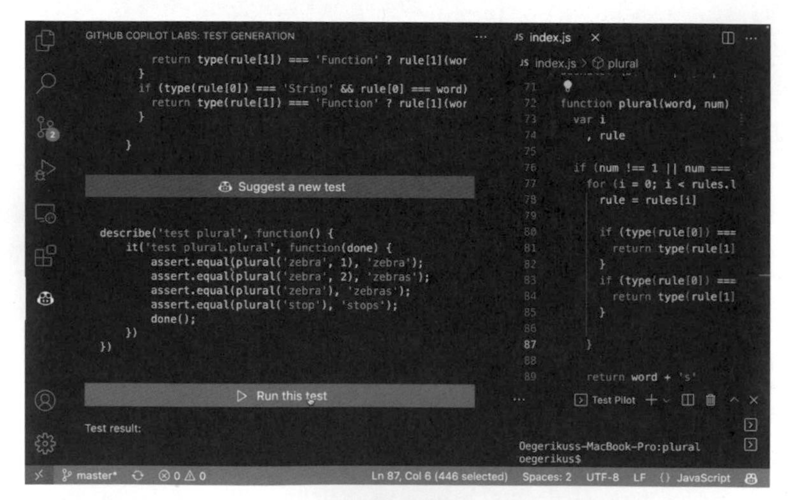

▲ 圖 13-20

在許多流行和不太流行的 npm 套件上測試了 TestPilot，並測量了生成的單元測試用例的敘述覆蓋率，發現通常可以達到 60% ～ 80% 的行覆蓋率，這個效果是相當不錯的。圖 13-21 展示了其中一部分資料。

PACKAGE	STATEMENT COVERAGE
bluebird	68.2%
image-downloader	75.8%
js-sdsl	36.5%
simple-statistics	80.1%
zip-a-folder	88.0%

▲ 圖 13-21

13.1.9 更多的應用

除了上面介紹的，LLM 在軟體研發過程中的應用還有很多，下面羅列更多的用途：SQL 敘述的智慧生成、SQL 敘述執行計畫的調優、更高效和更精準的靜態程式檢查與自動修復、智慧輔助的程式評審、智慧輔助的程式重構、介面測試程式的自動生成、BDD 測試用例步驟和描述的自動映射、更高級的重複程式檢查（語義重複檢查）、失敗測試用例的自動分析與歸因、更精準的技術問答等。

13.2 程式大語言模型為軟體研發帶來的機遇與挑戰

看完上面關於 LLM 在軟體研發各個環節中的應用，你可能會得出以下結論：「完蛋了，軟體研發人員要大面積失業了。」真的會這樣嗎？我們要回答這個問題，就需要從全域來看，首先要搞清楚對軟體研發來說，什麼變了、什麼沒有變？

13.2.1 對軟體研發來說，什麼變了

看了前面幾節的案例，你應該已經能夠體會到 LLM 對軟體研發單點效率提高的各種可能性，看到了軟體研發的變化。我把這些變化總結為基礎編碼能力的知識平權，進而帶來軟體研發的局部效率提高。

以前，工程師個體掌握一門電腦語言及相應的資料結構和演算法，需要較長的學習週期，很多經驗和模式還需要在大量實踐中進行總結。每個軟體研發人員都在重複著這個過程，現在 LLM 讓一個沒有接受過系統培訓的個體也能擁有同樣的能力，個體和個體之間的能力差異被 LLM 拉平了，這就是知識平權。如果說 ChatGPT 實現了數位時代的知識平權，那麼 Codex 類的程式大語言模型實現了基礎軟體開發能力的知識平權。

可以說，LLM 降低了軟體研發的門檻，可以讓更多對軟體研發感興趣的人更輕鬆地參與到軟體研發工作中。同時，LLM 提高了程式設計的效率和品質，

使軟體研發人員可以在更短的時間內完成更多的工作，因而能留出更多的時間思考軟體編碼之外的更多事情，這些事情包括但不限於業務價值提升、業務模式抽象、架構設計最佳化、架構模式沉澱、軟體工程能力提升、研發效能改進等。

哈佛大學前電腦科學教授，曾在 Google 和蘋果公司擔任高級工程師的 Matt Welsh 發佈了一個視訊，其中的主要觀點是「LLM 的出現將預示著程式設計的終結」。他認為軟體研發人員會被淘汰，未來只有產品經理和程式審查員。我不知道你怎麼看待這個觀點。我的觀點是，在抱有敬畏之心的同時，我們不要輕易下結論。為什麼？因為對軟體研發來說，還有很多東西是沒有變的，而這些沒有變的才是軟體工程中的核心問題和主要矛盾。

13.2.2 對軟體研發來說，什麼沒有變

在討論這個問題之前，我們先來思考一下軟體研發的本質到底是什麼。

如果你認真思考，就會發現軟體研發屬於「手工業」。所以，軟體研發在很大程度上還依賴於個人的能力。手工業模式可以有效地支援軟體的研發，但是在軟體規模大了以後，手工業模式就不行了。

剛開始的時候，軟體功能比較簡單，一個想法從形成到上線，一個人花半天就搞定了。隨著軟體功能的豐富和複雜程度增加，需要增加很多細分團隊，當軟體團隊發展到數百人的時候，對軟體新任務的開發，往往需要涉及多個團隊（需求、產品經理、開發、測試、運行維護等團隊），花費好幾周才能完成。由此可見，隨著時間的演進，軟體研發的效率大幅降低，其中一個核心因素就是軟體規模擴大和軟體複雜度增加。

軟體規模和軟體複雜度的關係有點類似於人的身高和體重的關係。90cm 高的孩子的體重大概為 30 斤。他長到 180cm，體重大概為 150 斤。身高增長了一倍，體重卻足足增長了 4 倍。軟體規模可以類比成身高，而軟體複雜度可以類比成體重，軟體規模增加，必然伴隨著軟體複雜度更快增加。

軟體複雜度包含以下兩個層面：軟體系統層面的複雜度和軟體研發流程層

面的複雜度。在軟體系統層面，對大型軟體來說，「When things work, nobody knows why」（當事情成功時，往往沒人知道為什麼）儼然已經是常態。在軟體研發流程層面，一個簡單的改動，哪怕只有一行程式改動，也需要經歷完整的流程，涉及多個團隊、多個工具系統的相互協作。可以說，對大型軟體來說，複雜才是常態，不複雜才不正常。

所以，我們現在面對的是軟體工程的問題，程式設計不等於軟體工程，程式設計只是軟體工程的一部分。軟體工程的四大內在特性（複雜度、一致性、可變性、不可見性）並沒有因為 LLM 的出現而發生本質上的變化，這才是軟體工程面臨的主要矛盾。

從複雜度的角度來看，問題域本身的複雜度並沒有變，本質複雜度也沒有變，變的可能只是一部分的隨機複雜度。雖然局部程式設計變簡單，或更高效了，但是需求分析和軟體設計並沒有因為 LLM 的出現而變得簡單。另外，如果考慮到現代的軟體需要結合 LLM 的能力去實現更多的產品創新，比如將 LLM 的能力應用於智慧客服、遊戲 NPC（非玩家角色）、數字人、數位孿生和傳統辦公等，問題域會變得更廣，也會更複雜。

從一致性的角度來看，由於軟體研發的本質依然是「知識手工業者的大規模協作」，所以我們非常需要一致性。如果系統是一致的，就表示相似的事情以相似的方式完成，錯並不可怕，可怕的是錯得千變萬化。LLM 的出現並沒有提高軟體研發的一致性，甚至由於 LLM 本身的機率屬性，使用 LLM 生成程式的不一致性問題反而被放大了。

從可變性的角度來看，軟體會隨著需求不斷演進和變化，所以架構設計和模組抽象只能當下，它天然是短視導向的，或說是有局限性的。對於這種局限性，即使最佳秀的架構師也很難避免。在敏捷開發模式下這個問題更被凸顯了出來，而且需求本身就是零散的，目標也是模糊的，在沒有全域視圖的情況下，架構自然就有局限性，所以需要不斷迭代。對於每次迭代，你能得到的資訊僅是宏大視圖中的小小一角，根本沒有全貌，LLM 對此也是無能為力的。

從不可見性的角度來看，軟體的客觀存在不具有空間的形體特徵，設計上的不同關注點會由不同的軟體工程圖來展現，比如統一模組化語言（UML）中的時序圖、類別圖等。綜合疊加這些圖是困難的，而且強行視覺化的效果會造成圖異常複雜，反而失去了視覺化的價值。設計無法視覺化就限制了有效的溝通和交流。

如果以上四點再疊加上大型軟體的規模效應，其中包含軟體系統本身的規模和軟體研發團隊的規模，問題就更嚴重了，會顯著增加軟體研發過程中的溝通成本、決策成本、認知成本和試錯成本，而這些才是軟體工程的本質問題，這些本質問題自始至終都沒有變，LLM 對解決這些問題也基本無能為力。

基於上述分析，我們可以看到，軟體工程的核心矛盾並沒有變，現代軟體工程應對的是規模化場景下的複雜性問題，基於 LLM 實現的程式設計提效只是其中的一小部分，而其中最重要的需求和程式演進模式都沒有發生本質變化，我們接下來分別展開討論。

1. 需求的重要性沒有變，在 LLM 時代還被放大了

只有需求足夠清楚，生成的程式才會準確。如何準確、全面地描述需求成了關鍵。面向自然語言程式設計，首先你要有能力把話說清楚。但是問題是：你能說清楚嗎？

我們透過一些實踐發現，要把需求描述到讓它生成正確的程式，需要的工作量似乎已經接近甚至超過程式設計了。為什麼會這樣？有以下兩個方面的原因。

一是因為大多數的程式實現是命令式的（imperative），而需求描述是宣告式的（declarative），這兩者對人的要求完全不一樣。軟體研發人員接受的教育是程式設計，而非需求描述，也就是說軟體研發人員更擅長寫程式，而非描述需求。

二是因為在當前的開發模式下，軟體研發人員用程式幫需求描述（產品經理）做了很多代償。很多在需求描述中沒有明確提及的內容被軟體研發人員用

程式直接實現了（代償）。而現在要倒過來先把需求的細節完全厘清，這可能不是軟體研發人員的工作習慣。軟體研發人員更善於用程式而非自然語言來描述事務。

舉個例子：我們要實現一個排序演算法 sort。如何清楚地描述這個需求？sort 演算法輸出的數字必須是從小到大排列的，這樣描述需求就夠了嗎？其實遠遠不夠，怎麼處理重複數字？排序資料的數量有沒有上限？如果有，那麼如何提示？排序時長需要有逾時設計嗎？是預先判定還是中途判斷？演算法複雜度有明確要求嗎？演算法需要應對併發嗎？併發的規模怎麼樣？等等。

一個軟體的需求，不僅是功能性的，還有很多非功能性的，這些都需要描述清楚。另外，在程式實現的時候，還要考慮為可測試而設計，為可擴展而設計，為可運行維護而設計，為可觀測而設計等。原本這些都由開發人員代償了，現在要用需求生成程式，就必須提前說清楚。

所以，我們的結論是，軟體從業者高估了程式設計的複雜度，但是卻低估了功能和設計的深度。

2. 程式是持續「生長」出來的，需要持續更新

對現行的軟體研發範式來說，在需求發生變動後，一般會在原有程式的基礎上改動，而不直接從頭生成全部程式。這時，LLM 本質上做的是局部程式設計輔助。在局部程式設計輔助過程中，經常需要對程式做局部修改，而這往往並不容易。

我們知道，程式的資訊熵大於自然語言的資訊熵，用資訊熵更低的自然語言去描述程式，尤其是準確描述大段程式中的若干個位置往往是困難的。想像一下，如果只用線上聊天的方式對別人說在程式的什麼地方修改，那麼效率是很低的，與指著螢幕，或使用專門的程式評審（Code Review）工具相比，效率的差距是巨大的。如果需要進一步描述如何修改，就更困難，因為大機率需要用到很多程式上下文的相關描述，所以對 Prompt（提示詞）的表述要求及長度要求都很高。

另外，LLM 接納修改意見後的輸出本身也是不穩定和不收斂的，同時也具有不可解釋性。LLM 本質上不是基於修改意見進行改寫，而是基於修改意見重新寫了一份。輸出的程式需要人重複地閱讀和理解，使得認知成本變高了。

同時，LLM 的原理決定了其會「一本正經地胡說八道」，會混合捏造一些不存在的東西，可以說 AI 的混合捏造是 AI 在無知情況下的「自信」反應，而這在程式生成上是災難性的，比如會將不同類型的 SQL 敘述混在一起使用，會分不清 Go 語言的 os.Kill 和 Python 語言的 os.kill()。這個問題可能需要使用 AI 稽核 AI 的方式來解決。

剛才提到，要在原有程式的基礎上修改，就需要利用已有的程式上下文，而非從 0 開始。要實現這一點，一個「最樸素」的做法就是把整個專案的程式都貼上到 Prompt 裡，但這樣並不現實。因為 GPT-3.5 限制最多只能使用 4096 個 Token，GPT-4 限制最多只能使用 8192 個 Token，除非專案非常小，否則專案的全部程式的長度大機率會超過限制。這個問題可能需要用 LangChain 框架結合向量資料庫來解決。

LangChain 框架是一個連接使用者程式和 LLM 導向的中間層，透過輸入自己的知識庫來「訂製化」自己的 LLM。11.3.1 節已經詳細闡述了 LangChain 框架的知識，這裡不再贅述。使用嵌入層（embedding）建立基於專案特定的向量知識庫，實現「基於特定文件的問答」，有望提高特定領功能變數代碼生成的準確性。

13.3 在 LLM 時代，對軟體研發的更多思考

13.3.1 思考 1：替代的是「藍領程式設計師」，共生的是工程師

在軟體研發過程中，在虛擬程式碼等級的設計完成後，「最後一公里」的編碼實現會被 LLM 替代，因為基於記憶的簡單重複編碼不是人類的優勢，而是機器的優勢。這部分工作現在是「藍領程式設計師」做的，所以很多不涉及設計的「藍領程式設計師」可能會被 LLM 替代。

工程師需要關注業務理解、需求拆分、架構設計、設計取捨，並在此基礎上學會使用 Prompt 與 AI 工具合作。這就是共生。

另外，特別要提的是，短期內率先學會使用 LLM 的工程師必將獲益，但是很快大家都會使用，這個時候能力就再次被拉平了。所以，作為共生的工程師，我們更需要在以下 3 個方面提高自己的能力。

（1）鍛煉需求理解、需求分析、需求拆分的能力。

（2）鍛煉架構設計、架構分析、設計取捨的能力，並推動設計的文件化和規範化。

（3）學會系統思考，理解問題的本質，而非單純地學習應用（授人以魚不如授人以漁）。

13.3.2 思考 2：有利於控制研發團隊規模，保持小團隊的效率優勢

隨著軟體規模持續擴大，需要參與到軟體專案中的人越來越多，與此相對應的是，各個環節的分工越來越細。因此，人與人之間需要的溝通量呈現指數級增長。溝通所需的時間有時候遠遠大於節省下來的時間。簡而言之，當人員數量超過一個臨界點時，增加人員並不能提高任務的完成效率，很多時候反而會因為溝通成本的增加而變得更混亂，這就是軟體團隊規模的「詛咒」。

在軟體規模大了之後，需要的軟體研發人員必然會更多，團隊規模一定會加速擴大。LLM 的出現，讓基礎程式設計工作在一定程度上實現了自動化，這樣非常有利於控制研發團隊規模，保持小團隊的效率優勢。

13.3.3 思考 3：不可避免的「暗知識」

LLM 的成功在很大程度上來自對已有的網際網路文字語料和專業書籍等資料的學習。在軟體工程領域中，需要學習的不僅是程式，還應該包括需求分析和軟體設計。

但是，很多需求分析和軟體設計並不以文件的形式存在，往往存在於軟體研發人員和架構師的腦子裡，或在討論的過程中。就算有文件，文件和程式大機率不同步。即使文件和程式同步，文件（需求分析和軟體設計）背後也經常有大量的方案對比，甚至有很多在原有「債務」基礎上的設計妥協，這些決策過程一般都不會明確地被記錄下來。這些沒有被文件記錄下來的知識被稱為「暗知識」。

雖然我們說，只要有足夠的資料，LLM 就可以學到需求分析和軟體設計知識，但是這些「暗知識」本身就很難被捕捉到，「足夠的資料」這一前提在需求分析和軟體設計時可能難以滿足。

另外，在實際的軟體研發中，可能不能一次性表達清楚需求，需要一邊開發一邊寫清楚需求，敏捷開發更如此。所以，對於解決一些通用的，不需要特定領域知識的問題，LLM 的表現會比較好，但是對於解決那些專用的，需要特定領域知識（私域知識）的問題，LLM 就可能不擅長。

總之，「你能想到的多過你能說出來的，你能說出來的多過你能寫下來的。」所以，這就天然限制了 LLM 能力的上限，因為用於訓練 LLM 的語料僅限於寫下來的那部分。

13.3.4 思考 4：Prompt 即程式，程式不再是程式

我們大膽地設想，當軟體需求發生變化的時候，我們不再改程式，而是直接修改需求對應的 Prompt，然後基於 Prompt 直接生成完整的程式，將會是軟體研發範式的改變。在這種範式下，我們需要確保程式不能由人為修改，必須都由 Prompt 直接生成，此時我們還需要對 Prompt 做版本管理，或許會出現類似於今天程式管理的 Prompt 版本管理的「新物種」。

從本質上來看，Prompt 即程式，而原本的程式不再是程式了，這就真正實現了基於自然語言指令（Prompt）的程式設計，此時的程式設計範式將從 Prompt to Code（指令轉程式）轉變為 Prompt as Code（指令即程式）。

更進一步思考，在實現了 Prompt as Code 後，我們是否還需要程式設計？關於程式的很多專案化實踐還重要嗎？現在我們之所以認為程式專案化很重要，是因為程式是由人撰寫的，是由人維護的。如果程式由LLM撰寫，由LLM維護，那麼現有的軟體架構系統還適用嗎？這個時候或許才真正實現了軟體研發範式的進化。

13.3.5 思考 5：Prompt to Executable 軟體研發範式的可能性

再深入一步思考，指令可執行（Prompt to Executable）的基礎設施會出現嗎？

程式只是軟體工程的一部分，而非軟體工程的全部，你想想你每天用多少時間編碼。一般來講，編碼完成後往往要經歷持續整合和持續交付等一系列的軟體工程實踐，才能向終端使用者交付價值。所以，全新的軟體研發範式是否可以實現從 Prompt 直接到可執行的程式實例？這才是軟體工程範式的改變。目前，或許 Serverless 是可能實現這個變化的架構之一。

13.4 思考

彼得．德魯克說過：「動盪時代的最大風險不是動盪本身，而是企圖以昨天的邏輯來應對動盪。」我們還在用以往的邏輯分析今天 LLM 對軟體工程的影響，這個大前提可能本來就是錯的，全新的時代需要全新的思維模式，讓我們拭目以待。

Note